The Quest for Deep Learning

百面深度学习

算法工程师带你去面试

100+ Interview Questions for
Algorithm Engineers

诸葛越　江云胜　主编

葫芦娃　著

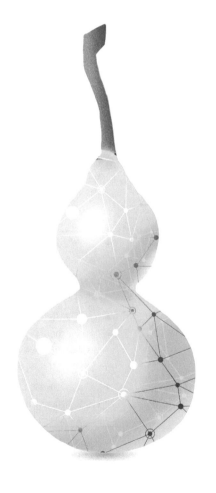

人民邮电出版社
北京

图书在版编目（CIP）数据

百面深度学习：算法工程师带你去面试 / 诸葛越，
江云胜主编；葫芦娃著. -- 北京：人民邮电出版社，
2020.7
　ISBN 978-7-115-53097-4

　Ⅰ．①百… Ⅱ．①诸… ②江… ③葫… Ⅲ．①机器学
习—算法 Ⅳ．①TP181

中国版本图书馆CIP数据核字(2020)第002422号

内 容 提 要

深度学习是目前学术界和工业界都非常火热的话题，在许多行业有着成功应用。本书由
Hulu 的近 30 位算法研究员和算法工程师共同编写完成，专门针对深度学习领域，是《百面
机器学习：算法工程师带你去面试》的延伸。全书内容大致分为两部分，第一部分介绍经典
的深度学习算法和模型，包括卷积神经网络、循环神经网络、图神经网络、生成模型、生成
式对抗网络、强化学习、元学习、自动化机器学习等；第二部分介绍深度学习在一些领域的
应用，包括计算机视觉、自然语言处理、推荐系统、计算广告、视频处理、计算机听觉、自
动驾驶等。

本书仍然采用知识点问答的形式来组织内容，每个问题都给出了难度级和相关知识点，
以督促读者进行自我检查和主动思考。书中每个章节精心筛选了对应领域的不同方面、不同
层次上的问题，相互搭配，展示深度学习的"百面"精彩，让不同读者都能找到合适的内容。

本书适合相关专业的在校学生检查和加强对所学知识点的掌握程度，求职者快速复习和
补充相关的深度学习知识，以及算法工程师作为工具书随时参阅。此外，非相关专业但对人
工智能或深度学习感兴趣的研究人员，也可以通过本书大致了解一些热门的人工智能应用、
深度学习模型背后的核心算法及其思想。

◆ 主　　编　诸葛越　江云胜
　　著　　　　葫芦娃
　　责任编辑　俞　彬
　　责任印制　王　郁　马振武

◆ 人民邮电出版社出版发行　北京市丰台区成寿寺路 11 号
　邮编　100164　电子邮件　315@ptpress.com.cn
　网址　https://www.ptpress.com.cn
　廊坊市印艺阁数字科技有限公司印刷

◆ 开本：720×960　1/16
　印张：28　　　　　　　　　2020 年 7 月第 1 版
　字数：522 千字　　　　　　2024 年 12 月河北第 20 次印刷

定价：99.00 元
读者服务热线：(010)81055410　印装质量热线：(010)81055316
反盗版热线：(010)81055315
广告经营许可证：京东市监广登字 20170147 号

机器会思考吗？

这样一个简单的问题，可以引起无穷无尽的讨论，而且没有答案。什么叫思考呢？机器会答题算不算思考？能够答题且正确率超过人类算不算思考？能够下棋打败人类算不算思考？能够自己学习进步算不算思考？能够骗过人算不算思考？能够发明新东西算不算思考？思考要带有情绪吗？做出错误的决定，算思考吗？等一下，如果人做了错误的决定，那么他思考了吗？如果机器和人做了同样错误的决定，他们都算思考后的决定吗？

当我们在这些问题里面越陷越深，越来越找不到答案的时候，也许你终于认识到人的大脑实在是太强大了。人的大脑多个层次之间，直觉、感性、理性同时发挥作用又有机结合。人的大脑的学习能力不是规则可以确定的，不是程序所能编写的，也不是训练可以达到的。常常，连我们自己对自己的思考过程都不是特别了解。

这时候你可能就有另一个想法：也许我们还没有办法完全理解自己的大脑和思考的过程，但是我们能不能构造一些机器，让它们来模拟人的大脑的思考和处理事情的过程呢？如果我们真的能构造成这样的机器，这个机器又能够像大脑一样工作，那么即使我们不完全理解这些机器，它们也可能像人的大脑一样思考吗？

这就是深度学习后面的基础技术——神经网络的最初想法。如果我们想象人的大脑是一些神经元搭起来的，然后互相之间通信，最后得出一个思考和判断的结果，我们能不能也用机器模拟这些神经元，让它们互相通信，最后经过训练做出和人一样的好的思考和判断呢？

大家知道，机器学习（Machine Learning）是人工智能（Artificial Intelligence，AI）的一个子领域，而深度学习（Deep Learning）是

机器学习的一个子领域，它基于人工神经网络（Artificial Neural Networks），灵感来源于对人的大脑结构和功能的研究。虽然人工神经网络在二十世纪四五十年代就被发明了，但是因为计算复杂度的限制和一些理论或算法的不足，导致它只是在学术界被当作机器学习的方法之一来研究。近年来，随着计算能力的加强，深度学习到达了可以被实际应用的标准线，它的威力被释放出来，在这次人工智能的浪潮中起到了推波助澜的作用。

深度学习有着传统机器学习和传统计算机程序没有的优点，这个优点就是，它能够处理人们并不完全懂得的问题，而且更擅长处理含噪声或不完全的数据。不能精确定义、有噪声和数据不完全，实际生活中的场景经常是这样的。所以说，深度学习更加贴近生活。人工神经网络的模式匹配和学习能力使它能够解决许多难以或不可能通过标准计算和统计方法解决的问题。

2018年夏天，我们15个为Hulu公司工作的"葫芦娃"做了一个尝试，出版了一本关于机器学习的书，叫《百面机器学习：算法工程师带你去面试》。这本书获得了意想不到的成功，读者反馈该书非常实用，是机器学习领域非常好的原创入门书。让我们感到欣慰的是，许多学生留言说他们读了这本书，从中学到了不少机器学习的基本信息，大家把它看作一本特别好的机器学习入门书。而我们最喜欢的反馈是，这是一本真正做机器学习工作的人写的、对大家很有实际帮助的书。

部分读者评论如下。

1. 知识点讲解得很到位，而且很多是从实际问题出发，很接地气，业务实践者深度理解知识点的利器。

2. 技术面必备参考书，问题涉及面广，细节考察到位，难度把握得当，非常满意，五星好评。

3. 完全超出了预想，书写得比想象的好多了，一看作者就是做了多年机器学习相关工作的"老油条"了，并且有异于市面上千篇一律的经典书籍的注重公式推导和概念阐述，这本书有些是实践应用多年才会有的思考，里面的很多问题也很有意思，第一次发现原来可以通过这个角度重新思考。总之是很棒的一本书，正在阅读中，期待有更多的收获！

……

在《百面机器学习：算法工程师带你去面试》的成功鼓励下，在读者和人民邮电出版社编辑的支持下，我们更加有了信心，今年再接再厉出版《百面深度学习：算法工程师带你去面试》。我们阅读了读者的反馈，希望能够保持上一本书的优点，比如说它同样也是很实际的，都是在实际工作中会遇到的问题；比如说它不是面面俱到，但是能够给大家带来比较好的思考和帮助。同时，我们也对可能的方面做了一些改进。

在组织一群人写书方面，我们也有了较多的经验。同时，我们得到了非常多的帮助，这次参加写作的同学有近 30 人。本书的结构一开始就设计得比较好，利用 Git 等协作工具，我们能够像做工程项目一样进行多人合作，同步写作，交叉审核，这使我们能够在比较合适的时间完成这本书，并且保证质量。

因为深度学习这个方向相对比较崭新，新的技术还在不断出现，所以我们的一些问题和答案也需要读比较多的新资料，而不是很现成的。在写书的这几个月中，我们也不断地更新内容以跟上学术界的新发展。我们希望这本书给大家启发，一起探讨，而不完全是灌输给大家知识。市面上除了几部经典的教科书类的作品，关于深度学习的实践类图书并不多，我们希望能够补上这个空缺。

人工智能和深度学习算法还在日新月异地发展中，这本书也会不断更新，推出新版本。希望得到读者朋友们的悉心指正，让我们一起跟上这个技术领域的进步步伐。

诸葛越，江云胜

2020 年 5 月

目　录
CONTENTS

目　录
CONTENTS

问题	页码	难度级	笔记
原始 GAN 在理论上存在哪些问题？	118	★★★★★	
原始 GAN 在实际应用中存在哪些问题？	121	★★★★★	

第 6 章　强化学习

问题	页码	难度级	笔记
什么是强化学习？如何用马尔可夫决策过程来描述强化学习？	148	★☆☆☆☆	
举例说明时序差分强化学习和蒙特卡洛强化学习的区别。	154	★☆☆☆☆	
强化学习中的有模型学习和免模型学习有什么区别？	151	★★☆☆☆	
基于策略迭代和基于价值迭代的强化学习方法有什么区别？	153	★★☆☆☆	
什么是 Q-learning？	155	★★☆☆☆	
简述强化学习在人工智能领域的一些应用场景。	163	★★☆☆☆	
什么是 DQN？它与传统 Q-learning 有什么联系与区别？	160	★★★☆☆	
简述 Sarsa 和 Sarsa(λ) 算法，并分析它们之间的联系与区别。	157	★★★★☆	

第 7 章　元学习

问题	页码	难度级	笔记
元学习适合哪些学习场景？可解决什么样的学习问题？	173	★★☆☆☆	
使用学习优化算法的方式处理元学习问题，与基于记忆的元学习模型有哪些区别？	196	★★☆☆☆	
学习公共初始点的方法与预训练的方法有什么不同？	205	★★☆☆☆	
元学习与有监督学习 / 强化学习具体有哪些区别？	174	★★★☆☆	
给定一个传统的多分类数据集，如何构造一份适于元学习的 K 次 N 分类数据集？	181	★★★☆☆	
如何用最近邻方法将一个普通的神经网络训练过程改造为元学习过程？	184	★★★☆☆	
元学习中非参数方法相比参数方法有什么优点？	187	★★★☆☆	
带读 / 写操作的记忆模块（如神经图灵机）在元学习中可以起到什么样的作用？	191	★★★☆☆	
基于初始点的元学习方法中的两次反向传播有什么不同？	206	★★★☆☆	
试概括并列举当前元学习方法的主要思路。它们大致可以分为哪几类？	177	★★★★☆	
如何用微调训练的方法将一个普通的神经网络训练过程改造为元学习过程？	186	★★★★☆	
如何基于 LSTM 设计一个可学习的优化器？	197	★★★★☆	
基于初始点的元学习模型，用在强化学习中时与分类或回归任务有何不同？	206	★★★★☆	
从理论上简要分析一下元学习可以帮助少次学习的原因。	175	★★★★★	

问题	页码	难度级	笔记
DeepLab 系列模型中每一代的创新是什么？是为了解决什么问题？	243	★★★☆☆	
图像标注任务的评测指标有哪些？简述它们各自的评测重点和存在的不足。	253	★★★☆☆	
如何通过单幅图像进行 3D 人体姿态识别？	261	★★★☆☆	

第 10 章　自然语言处理

问题	页码	难度级	笔记
神经机器翻译模型经历了哪些主要的结构变化？分别解决了哪些问题？	278	★☆☆☆☆	
常见的词嵌入模型有哪些？它们有什么联系和区别？	272	★★☆☆☆	
神经机器翻译如何解决未登录词的翻译问题？	280	★★☆☆☆	
如何对文本中词的位置信息进行编码？	289	★★☆☆☆	
语言模型的任务形式是什么？语言模型如何帮助提升其他自然语言处理任务的效果？	274	★★★☆☆	
训练神经机器翻译模型时有哪些解决双语语料不足的方法？	281	★★★☆☆	
在给文本段落编码时如何结合问题信息？这么做有什么好处？	288	★★★☆☆	
如何使用卷积神经网络和循环神经网络解决问答系统中的长距离语境依赖问题？ Transformer 相比以上方法有何改进？	284	★★★★☆	
对话系统中哪些问题可以使用强化学习来解决？	292	★★★★★	

第 11 章　推荐系统

问题	页码	难度级	笔记
一个典型的推荐系统通常包括哪些部分？每个部分的作用是什么？有哪些常用算法？	304	★★☆☆☆	
推荐系统中为什么要有召回？在召回和排序中使用的深度学习算法有什么异同？	306	★★☆☆☆	
如何从神经网络的角度理解矩阵分解算法？	308	★★☆☆☆	
最近邻问题在推荐系统中的应用场景是什么？具体算法有哪些？	317	★★☆☆☆	
评价点击率预估模型时为什么选择 AUC 作为评价指标？	320	★★☆☆☆	
如何使用深度学习方法设计一个根据用户行为数据计算物品相似度的模型？	310	★★★☆☆	
如何用深度学习的方法设计一个基于会话的推荐系统？	314	★★★☆☆	
评价点击率预估模型时，线下 AUC 的提高一定可以保证线上点击率的提高吗？	322	★★★☆☆	
二阶因子分解机中稀疏特征的嵌入向量的内积是否可以表达任意的特征交叉系数？引入深度神经网络的因子分解机是否提高了因子分解机的表达能力？	315	★★★★☆	

问题	页码	难度级	笔记
第 12 章　计算广告			
在实时竞价场景中，制定广告主的出价策略是一个什么问题？	342	★☆☆☆☆	
简述CTR预估中的因子分解机模型（如FM、FFM、DeepFM等）。	328	★★☆☆☆	
如何对CTR预估问题中用户兴趣的多样性进行建模？	332	★★★☆☆	
多臂老虎机算法是如何解决CTR预估中的冷启动问题的？	334	★★★☆☆	
设计一个深度强化学习模型来完成竞价策略。	345	★★★☆☆	
简述一个可以提高搜索广告召回效果的深度学习模型。	339	★★★★☆	
设计一个基于强化学习的算法来解决广告主的竞价策略问题。	343	★★★★☆	
第 13 章　视频处理			
图像质量评价方法有哪些分类方式？列举一个常见的图像质量评价指标。	360	★☆☆☆☆	
设计一个深度学习网络来实现帧内预测。	351	★★☆☆☆	
如何利用深度学习良好的图像特征提取能力来更好地解决 NR-IQA 问题？	362	★★☆☆☆	
超分辨率重建方法可以分为哪几类？其评价指标是什么？	364	★★☆☆☆	
如何使用深度学习训练一个基本的图像超分辨率重建模型？	368	★★☆☆☆	
设计一个深度学习网络来实现环路滤波模块。	353	★★★☆☆	
如何在较高的监控视频压缩比的情况下，提升人脸验证的准确率？	356	★★★☆☆	
在基于深度学习的超分辨率重建方法中，怎样提高模型的重建速度和重建效果？	370	★★★☆☆	
如何用深度学习模型预测网络中某一节点在未来一段时间内的带宽情况？	378	★★★☆☆	
怎样将图像的超分辨率重建方法移植到视频的超分辨率重建任务中？	374	★★★★☆	
如何利用深度学习完成自适应码率控制？	382	★★★★★	
第 14 章　计算机听觉			
音频事件识别领域常用的数据集有哪些？	400	★☆☆☆☆	
简述音频信号特征提取中经常用到的梅尔频率倒谱系数的计算过程。	392	★★☆☆☆	
简单介绍一些常见的音频事件识别算法。	401	★★☆☆☆	
分别介绍一下传统的语音识别算法和当前主流的语音识别算法。	396	★★★☆☆	

第一部分

算法和模型

第 1 章

卷积神经网络

如何让机器学会看这个世界？生物的视觉认知过程给了我们诸多启示。Hubel 和 Wiesel 在 1962 年的研究[1]揭示了生物通过多层视细胞（如外侧膝状体核，Lateral Geniculate Nucleus）和视神经对视觉刺激进行逐层处理、从而理解复杂的视觉特征并形成高层语义认知的机制，两位也由此获得了 1981 年的诺贝尔生物学和医学奖。这项研究极富启发性，8 年后（1989 年），卷积神经网络（Convolutional Neural Network，CNN）的雏形首次被 Yann LeCun 提出。直至今日，卷积神经网络作为计算机视觉中最基本、最重要的模型之一，已堪堪走过了 30 年。一般人或许不知道它的来历，也不知道它在 1998 年 LeNet-5 网络提出之后经历过怎样的低潮，但会始终记得 2012 年 AlexNet 在 ILSVRC（ImageNet Large Scale Visual Recognition Challenge，大规模视觉识别竞赛）上一举夺魁这样的里程碑事件，以及随后多年深度学习和人工智能的爆发式发展。自 2012 年的崭露头角到现在的广泛应用，卷积神经网络的基本组件和模型结构经历了数个阶段的发展。本章将首先回顾卷积的基础操作，然后介绍几种卷积的变种，最后梳理一下近些年卷积神经网络在整体结构和基础模块上的发展，以帮助读者对卷积和卷积神经网络有一个清晰的认识。

卷积基础知识

场景描述

作为卷积神经网络的最基本组件，卷积操作的具体细节和相关性质是面试中经常被问到的问题。本节整理了几个较为常见的关于卷积的基础知识点，帮助读者回顾卷积操作的一些具体细节。

知识点

卷积操作、卷积核、感受野（Receptive Field）、特征图（feature map）、卷积神经网络

问题 **1** 简述卷积的基本操作，并分析其与全连接层的区别。　　难度：★☆☆☆☆

分析与解答

在卷积神经网络出现之前，最常见的神经网络被称为多层感知机（Multi-Layer Perceptron，MLP）。这种神经网络相邻层的节点是全连接的，也就是输出层的每个节点会与输入层的所有节点连接，如图 1.1（a）所示。与全连接网络不同，卷积神经网络主要是由卷积层构成的，它具有**局部连接**和**权值共享**等特性，如图 1.1（b）所示。

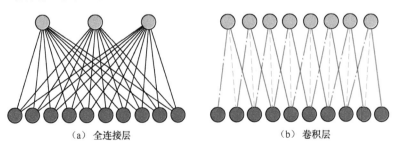

（a）全连接层　　　　　　　　（b）卷积层

图 1.1　卷积层和全连接层的对比

具体来说，卷积层是通过特定数目的卷积核（又称滤波器）对输入的多通道（channel）特征图进行扫描和运算，从而得到多个拥有更高层语义信息的输出特征图（通道数目等于卷积核个数）。图 1.2 形象地描绘了卷积操作的基本过程：下方的绿色方格为输入特征图，带灰色阴影部分是卷积核施加的区域；卷积核不断地扫描整个输入特征图，最终得到输出特征图，也就是上方的棕色方格。需要说明的是，输入特征图四周的虚线透明方格，是卷积核在扫描过程中，为了保证输出特征图的尺寸满足特定要求，而对输入特征图进行的边界填充（padding），一般可以用全零行 / 列来实现。

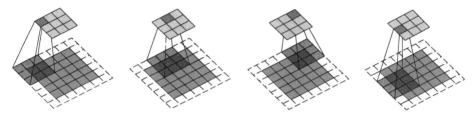

图 1.2　卷积操作的示意图

图 1.3 给出了一个单通道二维卷积运算的具体例子[2]。假设，输入特征图的尺寸为 5×5，卷积核尺寸为 3×3，扫描步长为 1，不对输入特征图进行边界填充。那么，图 1.3 中的 9 个子图分别表示卷积核在扫描过程中的 9 个可能的位置，其中，输入特征图上的带灰色阴影区域是卷积核滑动的位置，而输出特征图上的棕色方格是该滑动位置对应的输出值。

以第一个子图（左上角）为例，可以看到此时卷积核在输入特征图上的滑动位置即为左上角的 3×3 灰色阴影区域，输入特征图在该区域对应的取值分别为 [3,3,2,0,0,1,3,1,2]，而卷积核的参数取值为 [0,1,2,2,2,0,0,1,2]，所以输出特征图上对应的棕色方格的取值即为上述两个向量的点积，也即 3×0+3×1+2×2+0×2+0×2+1×0+3×0+1×1+2×2=12。

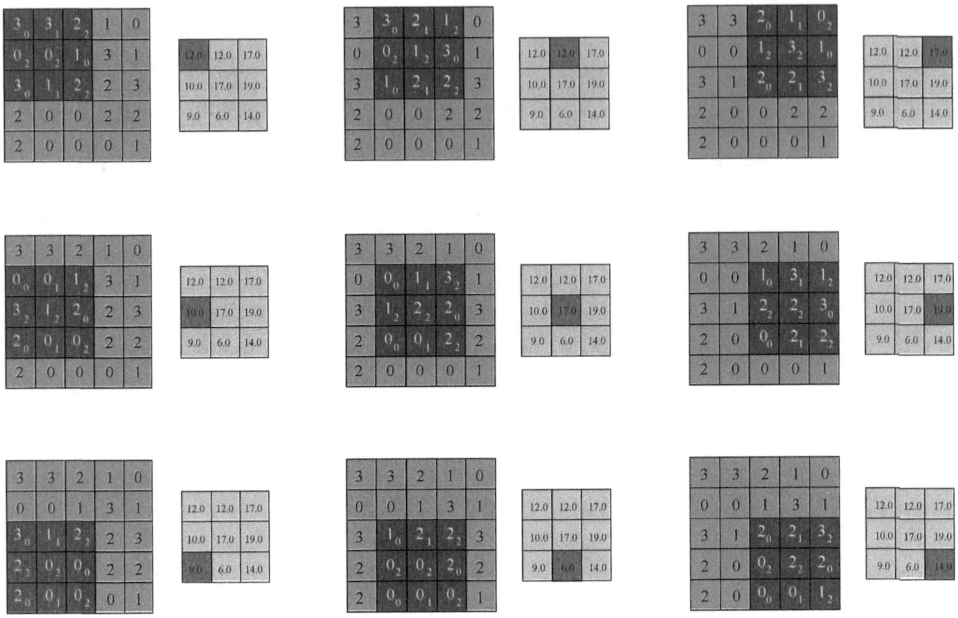

图 1.3　一个卷积运算过程的示例

了解了卷积的基本运算过程之后，我们就能更深刻地理解卷积的特性及其与全连接层的区别。

- **局部连接**：卷积核尺寸远小于输入特征图的尺寸，输出层上的每个节点都只与输入层的部分节点连接。这个特性与生物视觉信号的传导机制类似，存在一个感受野的概念。与此不同，在全连接层中，节点之间的连接是稠密的，输出层每个节点会与输入层所有节点都存在关联。

- **权值共享**：卷积核的滑动窗机制，使得输出层上不同位置的节点与输入层的连接权值都是一样的（即卷积核参数）。而在全连接层中，不同节点的连接权值都是不同的。

- **输入 / 输出数据的结构化**：局部连接和权值共享，使得卷积操作能够在输出数据中大致保持输入数据的结构信息。例如，输入数据是二维图像（不考虑通道），采用二维卷积，则输出数据中不同节点仍然保持着与原始图像基本一致的空间对应关系；输入数据是三维的视频（即多个连续的视频帧），采用三维卷积，则输出数据中也能保持着相应的空间、时间对应关系。若是将结构化信息（如二维图像）输入全连接层，其输出数据会被展成扁平的一维数组，从而丧失输入数据和输出数据在结构上的对应关系。

卷积的局部连接、权值共享等特性，使其具有远小于全连接层的参数量和计算复杂度，并且与生物视觉传导机制有一定的相似性，因此被广泛用于处理图像、视频等高维结构化数据。

问题 2 在卷积神经网络中，如何计算各层的感受野大小？

难度：★★☆☆☆

分析与解答

在卷积神经网络中，由于卷积的局部连接性，输出特征图上的每个节点的取值，是由卷积核在输入特征图对应位置的局部区域内进行卷积而得到的，因此这个节点的取值会受到该卷积层的输入特征图，也就是上一层的输出特征图上的某个局部区域内的值的影响，而上一层的输出特征图上的每一点的值亦会受到上上一层某个区域的影响。感受野的定义是，对于某层输出特征图上的某个点，在卷积神经网络的原始输入数据上能影响到这个点的取值的区域。

以二维卷积神经网络为例，如果网络的原始输入特征图的尺寸为 $L_w \times L_h$，记网络第 i 层节点的感受野大小为 $R_e^{(i)}$，其中 $e \in \{w, h\}$ 分别代表宽和高两个方向，则可按照式（1-1）～式（1-4）来计算。

- 若第 i 层为卷积层或池化层（pooling layer），则有

$$R_e^{(i)} = \min\left(R_e^{(i-1)} + \left(k_e^{(i)} - 1 \right) \prod_{j=0}^{i-1} s_e^{(j)}, \quad L_e \right) \qquad （1\text{-}1）$$

其中，$k_e^{(i)}$ 是第 i 层卷积核／池化核的尺寸，$s_e^{(j)}$ 是第 j 层的步长。特别地，对于第 0 层，即原始输入层，有

$$\begin{cases} R_e^{(0)} = 1 \\ s_e^{(0)} = 1 \end{cases} \qquad （1\text{-}2）$$

- 若第 i 层为激活层、批归一化层等，则其步长为 1，感受野大小为

$$R_e^{(i)} = R_e^{(i-1)} \qquad （1-3）$$

- 若第 i 层为全连接层，则其感受野为整个输入数据全域，即

$$R_e^{(i)} = L_e \qquad （1-4）$$

图 1.4 是感受野的简单示意图，可以看到，当第 $i-1$ 层和第 $i-2$ 层的卷积核大小为 3×3、步长为 1 时，则第 i 层在第 $i-2$ 层上的感受野大小为 5×5。若想进一步计算第 i 层在原始输入数据上的感受野大小，则还需要知道前面所有层的信息（如卷积核大小、步长等）。

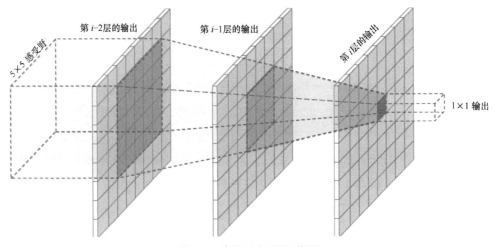

图 1.4　卷积层感受野示意图

问题 **3**　**卷积层的输出尺寸、参数量和计算量。**　难度：★★☆☆☆

假设一个卷积层的输入特征图的尺寸为 $l_w^{(i)} \times l_h^{(i)}$，卷积核大小为 $k_w \times k_h$，步长为 $s_w \times s_h$，则输出特征图的尺寸 $l_w^{(o)} \times l_h^{(o)}$ 如何计算？如果输入特征图的通道数为 $c^{(i)}$，输出特征图的通道数为 $c^{(o)}$，在不考虑偏置项（bias）的情况下，卷积层的参数量和计算量是多少？

分析与解答

■ 输出尺寸

假设在卷积核的滑动过程中，我们对输入特征图的左右两侧分别进行了 p_w 列填充，上下两侧分别进行了 p_h 行填充，填充后的特征图尺寸为 $(l_w^{(i)} + 2p_w) \times (l_h^{(i)} + 2p_h)$，则输出特征图的尺寸为

$$l_e^{(o)} = \frac{l_e^{(i)} + 2p_e - k_e}{s_e} + 1, \quad e \in \{w, h\} \tag{1-5}$$

上述公式在步长 $s_e > 1$ 时，可能会出现非整数情况，此时，很多深度学习框架会采取向下取整的方式，放弃输入特征图的一部分边界数据，使得最终的输出特征图的尺寸为

$$l_e^{(o)} = \left\lfloor \frac{l_e^{(i)} + 2p_e - k_e}{s_e} \right\rfloor + 1, \quad e \in \{w, h\} \tag{1-6}$$

例如，Caffe 和 PyTorch 会放弃输入特征图的左侧和上侧的一部分数据，使得卷积核滑动窗恰好能到达最右下角的点。

有些深度学习框架（如 TensorFlow、Keras）在做卷积运算时无法显式指定输入特征图的边界填充尺寸（当然可以在做卷积之前手动填充），只能选择以下几种预先定义好的填充模式。

- 若选择 padding=same 模式，则会在输入特征图的左右两侧一共填充 $p_w^+ = k_w - 1$ 列，上下两侧一共填充 $p_h^+ = k_h - 1$ 行，最终的输出特征图的尺寸为

$$l_e^{(o)} = \left\lfloor \frac{l_e^{(i)} - 1}{s_e} \right\rfloor + 1, \quad e \in \{w, h\} \tag{1-7}$$

例如在 TensorFlow 中，如果 p_e^+ 为偶数，则在输入特征图的左右两侧或上下两侧填充相等数目的列 / 行；如果为奇数，会让右侧 / 下侧比左侧 / 上侧多填充一列 / 行。

- 若选择 padding=valid 模式，则不会对输入特征图进行边界填充，而是直接放弃右侧和下侧卷积核无法滑动到的区域，此时输出特征图的尺寸为

$$l_e^{(o)} = \left\lfloor \frac{l_e^{(i)} - k_e}{s_e} \right\rfloor + 1, \quad e \in \{w, h\} \tag{1-8}$$

■ **参数量**

卷积层的参数量，主要取决于每个卷积核的参数量以及卷积核的个数。在这里，每个卷积核含有$c^{(i)} k_w k_h$个参数，而卷积核的个数即输出特征图的通道个数$c^{(o)}$，因此参数总量为

$$c^{(i)} c^{(o)} k_w k_h \tag{1-9}$$

■ **计算量**

卷积层的计算量，由卷积核在每个滑动窗内的计算量以及整体的滑动次数决定。在每个滑动窗内，卷积操作的计算量大约为$c^{(i)} k_w k_h$，而卷积核的滑动次数即输出特征图的数据个数，也就是$c^{(o)} l_w^{(o)} l_h^{(o)}$，因此整体的计算量为

$$c^{(i)} c^{(o)} l_w^{(o)} l_h^{(o)} k_w k_h \tag{1-10}$$

一般情况下，有$k_e \ll l_e^{(i)}, p_e \ll l_e^{(i)}, e \in \{w, h\}$，因此上式可以近似简写为

$$c^{(i)} c^{(o)} l_w^{(i)} l_h^{(i)} k_w k_h / (s_w s_h) \tag{1-11}$$

卷积的变种

随着卷积神经网络在各种问题中的广泛应用，卷积层也逐渐衍生出了许多变种。本节将挑选几个比较有代表性的卷积的变种，通过问答形式让读者了解其原理和应用场景。

分组卷积（Group Convolution）、**转置卷积**(Transposed Convolution)、**空洞卷积**（Dilated/Atrous Convolution）、**可变形卷积**（Deformable Convolution）

问题 *1* 简述分组卷积及其应用场景。 难度：★ ★ ☆ ☆ ☆

分析与解答

在普通的卷积操作中，一个卷积核对应输出特征图的一个通道，而每个卷积核又会作用在输入特征图的所有通道上（即卷积核的通道数等于输入特征图的通道数），因此最终输出特征图的每个通道都与输入特征图的所有通道相连接。也就是说，普通的卷积操作，在"通道"这个维度上其实是"全连接"的，如图 1.5 所示。

所谓分组卷积，其实就是将输入通道和输出通道都划分为同样的组数，然后仅让处于相同组号的输入通道和输出通道相互进行"全连接"，如图 1.6 所示。如果记 g 为输入 / 输出通道所分的组数，则分组卷积能够将卷积操作的参数量和计算量都降低为普通卷积的 $1/g$。

分组卷积最初是在 AlexNet[3] 网络中引入的。当时，为了解决单个 GPU 无法处理含有较大计算量和存储需求的卷积层这个问题，就采用分组卷积将计算和存储分配到多个 GPU 上。后来，随着计算硬件的不断升级，这个方向上的需求已经大为减少。目前，分组卷积更多地被用来构建用于移动设备的小型网络模型。例如，深度可分离卷积（Depthwise Separable Convolution）[4] 就极为依赖分组卷积。不过，分组卷积也有一个潜在的问题：虽然在理论上它可以显著降低计算量，但是对内存的访问频繁程度并未降低，且现有的 GPU 加速库（如 cuDNN）对其优化的程度有限，因此它在效率上的提升并不如理论上显著[5]。

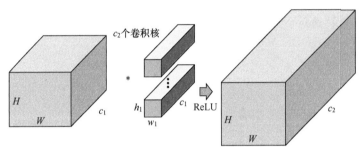

图 1.5　普通卷积

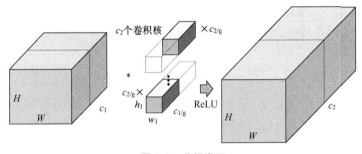

图 1.6　分组卷积

问题 **2**　**简述转置卷积的主要思想以及应用场景。**　　难度：★★★☆☆

分析与解答

普通的卷积操作可以形式化为一个矩阵乘法运算，即

$$y = Ax \tag{1-12}$$

其中，x 和 y 分别是卷积的输入和输出（展平成一维向量形式），维度分别为 $d^{(i)}$ 和 $d^{(o)}$；A 是由卷积核、滑动步长决定的常对角矩阵，维度为 $d^{(o)} \times d^{(i)}$，其每一行对应着卷积核的一次滑动位置。以一维卷积为例，假设输入向量 $x = [a,b,c,d,e,f,g]^{\mathrm{T}}$，卷积核为 $K = [x, y, z]$，卷积的滑动步长为 2，则输出向量为

$$y = x * K = \begin{bmatrix} ax+by+cz \\ cx+dy+ez \\ ex+fy+gz \end{bmatrix} = \begin{bmatrix} x & y & z & 0 & 0 & 0 & 0 \\ 0 & 0 & x & y & z & 0 & 0 \\ 0 & 0 & 0 & 0 & x & y & z \end{bmatrix} \begin{bmatrix} a \\ b \\ c \\ d \\ e \\ f \\ g \end{bmatrix} \triangleq Ax \quad (1\text{-}13)$$

反过来，记 A^{T} 为矩阵 A 的转置，定义如下矩阵运算：

$$\hat{y} = A^{\mathrm{T}} \hat{x} \qquad (1\text{-}14)$$

其所对应的操作被称为转置卷积，$\hat{x}$ 和 $\hat{y}$ 分别是转置卷积的输入和输出，维度分别为 $d^{(o)}$ 和 $d^{(i)}$。转置卷积也被称为反卷积（deconvolution）[6]，它可以看作是普通卷积的一个"对称"操作，这种"对称性"体现在以下两个方面。

- 转置卷积能将普通卷积中输入到输出的尺寸变换逆反过来。例如，式（1-12）中的普通卷积将特征图尺寸由 $d^{(i)}$ 变为 $d^{(o)}$，而式（1-14）中的转置卷积则可以将特征图尺寸由 $d^{(o)}$ 复原为 $d^{(i)}$。这里需要注意的是，输入特征图经过普通卷积操作后再经过转置卷积，只是复原了形状，并不能复原具体的取值（因此将转置卷积称为反卷积并不是很合适）。

- 根据矩阵运算的求导知识，在式（1-12）所示的普通卷积中，输出 y 对于输入 x 的导数为 $\partial y / \partial x = A^{\mathrm{T}}$；而在式（1-14）所示的转置卷积中，输出 $\hat{y}$ 对于输入 $\hat{x}$ 的导数为 $\partial \hat{y} / \partial \hat{x} = A$。由此可以看出，转置卷积的信息正向传播与普通卷积的误差反向传播所用的矩阵相同，反之亦然。

以式（1-14）为例，我们可以写出转置卷积的具体计算公式：

$$\hat{y} = A^{\mathrm{T}}\hat{x} = \begin{bmatrix} x & 0 & 0 \\ y & 0 & 0 \\ z & x & 0 \\ 0 & y & 0 \\ 0 & z & x \\ 0 & 0 & y \\ 0 & 0 & z \end{bmatrix} \begin{bmatrix} \hat{a} \\ \hat{b} \\ \hat{c} \end{bmatrix} = \begin{bmatrix} z & y & x & 0 & 0 & 0 & 0 & 0 & 0 \\ 0 & z & y & x & 0 & 0 & 0 & 0 & 0 \\ 0 & 0 & z & y & x & 0 & 0 & 0 & 0 \\ 0 & 0 & 0 & z & y & x & 0 & 0 & 0 \\ 0 & 0 & 0 & 0 & z & y & x & 0 & 0 \\ 0 & 0 & 0 & 0 & 0 & z & y & x & 0 \\ 0 & 0 & 0 & 0 & 0 & 0 & z & y & x \end{bmatrix} \begin{bmatrix} 0 \\ 0 \\ \hat{a} \\ 0 \\ \hat{b} \\ 0 \\ \hat{c} \\ 0 \\ 0 \end{bmatrix} \quad (1\text{-}15)$$

可以看到，等号的右侧实际上就是一个普通卷积对应的矩阵乘法。因此，转置卷积本质上就是一个对输入数据进行适当变换（补零 / 上采样）的普通卷积操作。在具体实现时，以二维卷积为例，一个卷积核尺寸为 $k_w \times k_h$、滑动步长为 (s_w, s_h)、边界填充尺寸为 (p_w, p_h) 的普通卷积，其所对应的转置卷积可以按如下步骤来进行。

（1）对输入特征图进行扩张（上采样）：相邻的数据点之间，在水平方向上填充 $s_w{-}1$ 个零，在垂直方向上填充 $s_h{-}1$ 个零。

（2）对输入特征图进行边界填充：左右两侧分别填充 $\hat{p}_w = k_w - p_w - 1$ 个零列，上下两侧分别填充 $\hat{p}_w = k_w - p_w - 1$ 个零行。

（3）在变换后的输入特征图上做卷积核大小为 $k_w \times k_h$、滑动步长为 $(1,1)$ 的普通卷积操作。

在上述步骤（2）中，转置卷积的边界填充尺寸 $(\hat{p}_w, \hat{p}_h)$ 是根据与之对应的普通卷积的边界填充尺寸 (p_w, p_h) 来确定的，很多深度学习框架（如 PyTorch）就是按照这个思路来设定转置卷积的边界填充尺寸。但在有些计算框架（如 TensorFlow）中，做卷积时无法显式指定边界填充尺寸，只能选择一些预定义的填充模式（如 padding=same 或 padding=valid），此时，转置卷积的边界填充尺寸是根据与之对应的普通卷积的边界填充模式来设定的（具体细节参见 01 节的问题 3）。

需要注意的是，当滑动步长大于 1 时，卷积的输出尺寸公式中含有向下取整操作（参见 01 节的问题 3），故而普通卷积层的输入尺寸与输出尺寸是多对一关系，此时转置卷积无法完全恢复之前普通卷积的输入尺寸，需要通过一个额外的参数来直接或间接地指定之前的输入尺寸（如

TensorFlow 中的 output_shape 参数、PyTorch 中的 output_padding 参数）。

普通卷积和转置卷积所处理的基本任务是不同的。前者主要用来做特征提取，倾向于压缩特征图尺寸；后者主要用于对特征图进行扩张或上采样，代表性的应用场景如下。

- 语义分割 / 实例分割等任务：由于需要提取输入图像的高层语义信息，网络的特征图尺寸一般会先缩小，进行聚合；此外，这类任务一般需要输出与原始图像大小一致的像素级分割结果，因而需要扩张前面得到的具有较高语义信息的特征图，这就用到了转置卷积。
- 一些物体检测、关键点检测任务，需要输出与源图像大小一致的热图。
- 图像的自编码器、变分自编码器、生成式对抗网络等。

问题 3 简述空洞卷积的设计思路。

难度：★★☆☆☆

分析与解答

上一问中提到，在语义分割（Semantic Segmentation）任务中，一般需要先缩小特征图尺寸，做信息聚合；然后再复原到之前的尺寸，最终返回与原始图像尺寸相同的分割结果图。常见的语义分割模型，如全卷积网络（Fully Convolutional Networks, FCN）[7]，一般采用池化操作（pooling）来扩大特征图的感受野，但这同时会降低特征图的分辨率，丢失一些信息（如内部数据结构、空间层级信息等），导致后续的上采样操作（如转置卷积）无法还原一些细节，从而限制最终分割精度的提升。

如何不通过池化等下采样操作就能扩大感受野呢？空洞卷积[8]应运而生。顾名思义，空洞卷积就是在标准的卷积核中注入"空洞"，以增加卷积核的感受野。空洞卷积引入了扩张率（dilation rate）这个超参数来指定相邻采样点之间的间隔：扩张率为 r 的空洞卷积，卷积核上相邻数据点之间有 $r-1$ 个空洞，如图 1.7 所示（图中有绿点的方格表示有效的采样点，黄色方格为空洞）。尺寸为 $k_w \times k_h$ 的标准卷积核，其所对应的扩张率为 r 的空洞卷积核尺寸为 $k_e + (r-1)(k_e-1), e \in \{w, h\}$。特别地，扩张率为1的空洞卷积实际上就是普通卷积（没有空洞）。

空洞卷积感受野的计算，与上一节中介绍的普通卷积感受野的计算方式基本一致，只是将其中的卷积核尺寸替换为扩张后的卷积核尺寸（即包括空洞在内）。以图 1.7 为例，假设依次用图（a）、（b）、（c）中的空洞卷积来搭建三层神经网络：第一层是图 1.7（a）中 $r=1$ 的空洞卷积，扩张后的卷积核尺寸为 3×3；第二层是图 1.7（b）中 $r=2$ 的空洞卷积，扩张后的卷积核尺寸为 5×5；第三层是图 1.7（c）中 $r=4$ 的空洞卷积，扩张后的卷积核尺寸为 9×9。根据上一节中介绍的感受野计算公式，可以算得第一层、第二层、第三层的感受野依次为 3×3、7×7、15×15（如图 1.7 中黄色阴影部分所示）。如果采用普通的 3×3 卷积核，则三层连接起来的感受野只有 7×7。由此可以看出，空洞卷积利用空洞结构扩大了卷积核尺寸，不经过下采样操作即可增大感受野，同时还能保留输入数据的内部结构。

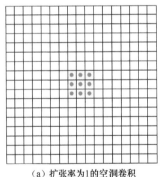 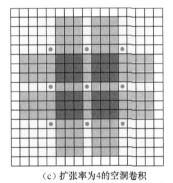

（a）扩张率为1的空洞卷积　　　　（b）扩张率为2的空洞卷积　　　　（c）扩张率为4的空洞卷积

图 1.7　空洞卷积示意图

问题 4　可变形卷积旨在解决哪类问题？　　难度：★★★☆☆

分析与解答

深度卷积神经网络在许多视觉任务上获得了重大突破，其强大的特征提取能力避免了传统的人工特征工程的弊端。然而，普通的卷积操作是在固定的、规则的网格点上进行数据采样，如图 1.8（a）所示，这束缚了网络的感受野形状，限制了网络对几何形变的适应能力。为了克服这个限制，可变形卷积 [9] 在卷积核的每个采样点上添加一个可学习的偏移量（offset），让采样点不再局限于规则的网格点，如图 1.8（b）所示。图 1.8（c）和图 1.8（d）是可变形卷积的两个特例：前者在水平方向上对卷积核有较大拉伸，体现了可变形卷积的尺度变换特性；后者则是对卷积核进行旋转。特别地，图 1.8（c）中的可变形卷积核有点类似于上一问中的空洞卷积；实际上，空洞卷积可以看作一种特殊的可变形卷积。

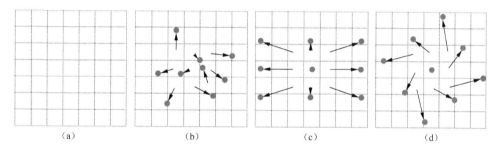

（a） （b） （c） （d）

图 1.8 普通卷积与可变形卷积的对比

可变形卷积让网络具有了学习空间几何形变的能力。具体来说，可变形卷积引入了一个平行分支来端到端地学习卷积核采样点的位置偏移量，如图 1.9 所示。该平行分支先根据输入特征图计算出采样点的偏移量，然后再在输入特征图上采样对应的点进行卷积运算。这种结构让可变形卷积的采样点能根据当前图像的内容进行自适应调整。

我们以二维卷积为例，详细说明可变形卷积的计算过程。假设卷积核尺寸为 3×3，记 $\mathcal{R} = \{(-1,-1),(-1,0),(-1,1),(0,-1),(0,0),(0,1),(1,-1),(1,0),(1,1)\}$，它对应着卷积核的 9 个采样点。首先来看普通卷积，它可以用公式形式化为

$$y(\boldsymbol{p}_0) = \sum_{\boldsymbol{p}_n \in \mathcal{R}} \boldsymbol{w}(\boldsymbol{p}_n) \cdot \boldsymbol{x}(\boldsymbol{p}_0 + \boldsymbol{p}_n) \qquad （1\text{-}16）$$

其中，$x(\cdot)$和$y(\cdot)$分别是卷积层的输入特征图和输出特征图，p_0是滑动窗的中心点，p_n是卷积核的采样点。对于可变形卷积，它的计算公式则是

$$y(p_0) = \sum_{p_n \in \mathcal{R}} w(p_n) \cdot x(p_0 + p_n + \Delta p_n) \qquad （1\text{-}17）$$

其中，Δp_n是采样点的位置偏移量。由于Δp_n是在网络中端到端地学习得到的，它可能不是整数，这会导致$p_0 + p_n + \Delta p_n$不在整数网格点上，此时需要采用双线性插值：

$$x(p) = \sum_{q} G(q, p) \cdot x(q) \qquad （1\text{-}18）$$

其中，p是任意位置点（例如取$p = p_0 + p_n + \Delta p_n$），$q$是整数网格点，$G(q, p) = \max(0, 1 - |q_x - p_x|) \cdot \max(0, 1 - |q_y - p_y|)$是双线性插值核。

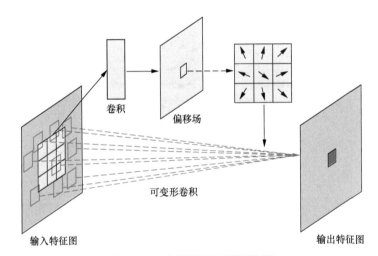

图1.9　可变形卷积的网络结构图

适应物体在不同图片中出现的复杂几何形变（如尺度、形态、非刚性形变等），一直是物体识别领域的难点，可变形卷积网络给出了一个可行的解决方案。它可以端到端地学习几何形变的偏移量，不需要额外的监督信息，并且只增加了少许计算量，最终却能带来效果的显著提升。图1.10是可变形卷积的一组效果示意图，图中绿点是激活点，红点是激活点对应的三层3×3可变形卷积核的采样位置（共$9 \times 9 \times 9 = 729$个点）。可以看到，红色采样点基本覆盖了检测物体的

全部区域，这说明可变形卷积会根据物体的尺度、形态进行自适应调整[9]。

图 1.10 可变形卷积的效果示意图

卷积神经网络的整体结构

场景描述

卷积神经网络从 2012 年的崭露头角到现在的广泛应用，其基本的模型结构经历了数个阶段的发展。熟悉这些发展中的关键节点，不仅有利于我们更好地了解卷积神经网络结构设计的一般规律和准则，而且能让我们更深入地理解机器视觉的认知过程。本节将较为具体地梳理卷积神经网络结构在近年来的主要发展，以帮助读者对整个发展过程中的各种逻辑有一个清晰的认识。

知识点

卷积神经网络、AlexNet、VGGNet、Inception、残差神经网络（Residual Network, ResNet）

问题　简述卷积神经网络近年来在结构设计上的主要发展和变迁（从 AlexNet 到 ResNet 系列）。　难度：★★★★☆

分析与解答

■ AlexNet

AlexNet 首次亮相是在 2012 年的 ILSVRC 大规模视觉识别竞赛上，它将图像分类任务的 Top-5 错误率降低到 15.3%，大幅领先于其他传统方法。AlexNet 是首个实用性很强的卷积神经网络（在此之前的 LeNet-5[10] 网络一般用于手写字符识别），其主要网络结构是堆砌的卷积层和池化层，最后在网络末端加上全连接层和 Softmax 层以处理多分类任务。在具体实现中，AlexNet 还做了一些细节上的改进。

- 采用修正线性单元（Rectified Linear Unit, ReLU）作为激活函数（替换了之前常用的 Sigmoid 函数），缓解了深层网络训练时的梯度消失问题。
- 引入了局部响应归一化（Local Response Normalization, LRN）模块。
- 应用了 Dropout 和数据扩充（data augmentation）技术来提升训练效果。
- 用分组卷积来突破当时 GPU 的显存瓶颈。

▩ VGGNet

VGGNet[11] 出现在 2014 年的 ILSVRC 上，单个模型就将图像分类任务的 Top-5 错误率降低到 8.0%; 如果采用多模型集成(ensemble)，则可以将错误率进一步降至 6.8%。相比于 AlexNet，VGGNet 做了如下改变。

- 用多个 3×3 小卷积核代替之前的 5×5、7×7 等大卷积核，这样可以在更少的参数量、更小的计算量下，获得同样的感受野以及更大的网络深度。
- 用 2×2 池化核代替之前的 3×3 池化核。
- 去掉了局部响应归一化模块。

整体来说，VGGNet 网络结构设计更加简洁，整个网络采用同一种卷积核尺寸（3×3）和池化核尺寸（2×2），并重复堆叠了很多基础模块，最终的网络深度也达到了近 20 层。

▩ GoogLeNet/Inception-v1

在 VGGNet 简单堆砌 3×3 卷积的基础上，Inception 系列网络深入地探索了网络结构的设计原则。参考文献 [12] 认为，网络性能和表达能力正相关于网络规模，即网络深度和宽度；但过深或过宽的网络会导致参数量非常庞大，这会进一步带来诸如过拟合、梯度消失或爆炸、应用场景受限等问题。一种改进手段是将当前网络中的全连接和卷积等密集连接结构转化为稀疏连接形式，这可以降低计算量，同时维持网络的表达能力。另外，自然界中生物的神经连接也大都是稀疏的。据此，Inception 系列网络提出了 **Inception 模块**，它将之前网络中的大通道卷积层替换为由多个小通道卷积层组成的多分支结构，如图 1.11（a）所示。其内在的数学依据是，一个大型稀疏矩阵通常可以分解为多个小的稠密矩阵，也就是说，可以用多个小的稠密矩阵来近似一个大型稀疏矩阵。实际上，Inception 模块会同时使用 1×1、3×3、5×5 的 3 种卷积核进行多路特征提取，这样能使网络稀疏化的同时，增强网络对多尺度特征的适应性。

除了 Inception 模块之外，Inception-v1 在网络结构设计上还有如下创新。

- 提出了瓶颈（bottleneck）结构，即在计算比较大的卷积层之前，先使用1×1卷积对其通道进行压缩以减少计算量（在较大卷积层完成计算之后，根据需要有时候会再次使用1×1卷积将其通道数复原），如图 1.11（b）所示。
- 从网络中间层拉出多条支线，连接辅助分类器，用于计算损失并进行误差反向传播，以缓解梯度消失问题。
- 修改了之前 VGGNet 等网络在网络末端加入多个全连接层进行分类的做法，转而将第一个全连接层换成全局平均池化层（Global Average Pooling）。

Inception-v1 网络最终在 ImageNet 2012 数据集上，将图像分类任务的 Top-5 错误率降至 6.67%。

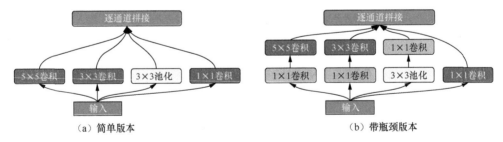

（a）简单版本 　　　　　　　　　　　（b）带瓶颈版本

图 1.11　Inception-v1 网络中使用的 Inception 模块

Inception-v2 和 Inception-v3

Inception-v2/v3 是在同一篇论文里提出的，参考文献 [13] 中提出了 4 点关于网络结构设计的准则。

- 避免表达瓶颈（representational bottleneck），尤其是在网络的前几层。具体来说，将整个网络看作由输入到输出的信息流，我们需要尽量让网络从前到后各个层的信息表征能力逐渐降低，而不能突然剧烈下降或是在中间某些节点出现瓶颈。

- 特征图通道越多，能表达的解耦信息就越多，从而更容易进行局部处理，最终加速网络的训练过程。

- 如果要在特征图上做空间域的聚合操作（如 3×3 卷积），可以在此之前先对特征图的通道进行压缩，这通常不会导致表达能力的损失。

- 在限定总计算量的情况下，网络结构在深度和宽度上需要平衡。

文中采用了与 VGGNet 类似的卷积分解的思路，将 5×5 卷积核分解为两个 3×3 卷积核，或者更一般地，将 $(2k+1)\times(2k+1)$ 卷积核分解为 k 个 3×3 卷积核。此外，文中还提出了另一种卷积分解思路：将 $k\times k$ 卷积分解为 $1\times k$ 卷积与 $k\times 1$ 卷积的串联；当然也可以进一步将 $1\times k$ 卷积和 $k\times 1$ 卷积的组织方式由串联改成并联。

图 1.12 展示了各版本 Inception 模块的结构示意图，图 1.12（a）是 Inception-v1 中使用的原始 Inception 模块；图 1.12（b）、图 1.12（c）、图 1.12（d）是 Inception-v2/v3 中使用的、经过卷积分解的 Inception 模块，分别是 Inception-A（将大卷积核分解为小卷积核）、Inception-B（串联 $1\times k$ 和 $k\times 1$ 卷积）和 Inception-C（并联 $1\times k$ 和 $k\times 1$ 卷积）。

为了缓解单纯使用池化层进行下采样带来的表达瓶颈问题，文中还提出了一种下采样模块：在原始 Inception 模块的基础上略微修改，并将每条支路最后一层的步长改为 2，如图 1.13 所示。

此外，论文中尝试给从网络中间层拉出的辅助分类器的全连接层加上批归一化和 Dropout，实验表明这能提升最终的分类效果。同时，文中还将输入图片尺寸由 224×224 扩大为 299×299。最终，Inception-v3 在 ImageNet 2012 数据集的图像分类任务上，单模型能使 Top-5 错误率降到 4.20%；如果采用标签平滑、多模型集成等辅助训练措施，则能进一步将错误率降至 3.50%，具体参见该论文中的讨论。

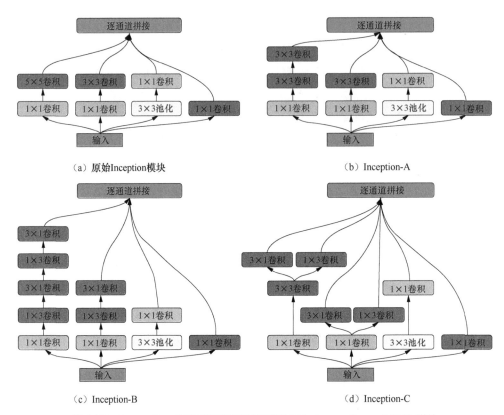

（a）原始Inception模块

（b）Inception-A

（c）Inception-B

（d）Inception-C

图 1.12　Inception 模块及其卷积分解后的变种：Inception-A/B/C 模块

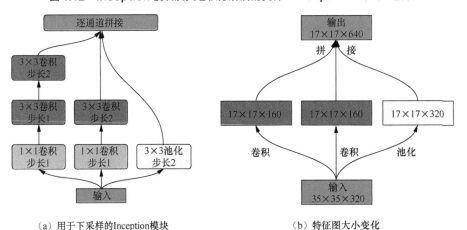

（a）用于下采样的Inception模块

（b）特征图大小变化

图 1.13　Inception-v2/v3 中的下采样模块

至于 Inception-v2 与 Inception-v3 的具体区别，有人认为 Inception-v2 是 Inception-v3 在不使用辅助训练措施下的版本，也有人根据 Google

的示例代码认为 Inception-v2 仅为 Inception-v1 加上批归一化并使用 Inception-A 模块的简单改进版本，这里我们不再具体细分。

ResNet

ResNet[14] 的提出源于这样一种现象：随着网络层数的加深，网络的训练误差和测试误差都会上升。这种现象称为网络的退化（degeneration），它与过拟合显然是不同的，因为过拟合的标志之一是训练误差降低而测试误差升高。为解决这个问题，ResNet 采用了跳层连接（shortcut connection），即在网络中构筑多条"近道"，这有以下两点好处。

- 能缩短误差反向传播到各层的路径，有效抑制梯度消失的现象，从而使网络在不断加深时性能不会下降。
- 由于有"近道"的存在，若网络在层数加深时性能退化，则它可以通过控制网络中"近道"和"非近道"的组合比例来退回到之前浅层时的状态，即"近道"具备自我关闭能力。

ResNet 的跳层连接，使得现有网络结构可以进一步加深至百余层甚至千余层，而不用担心训练困难或性能损失。在实际应用中，ResNet-152 模型在 ImageNet 2012 数据集的图像分类任务上，单模型能使 Top-5 错误率降至 4.49%，采用多模型集成可进一步将错误率降低到 3.57%。

Inception-v4 和 Inception-ResNet

Inception-v4 在 Inception-v3 上的基础上，修改了网络初始几层的结构（文中称为 Stem），同时应用了 Inception-A、Inception-B、Inception-C 模块，还在原来 Inception-v3 的下采样模块的基础上提出并应用了 Reduction-A、Reduction-B 模块，其网络结构如图 1.14 所示。Inception-v4 在 ImageNet 2012 数据集的图像分类任务上，能使 Top-5 错误率降至 3.8%。

此外，参考文献 [15] 还提出了基于残差网络跳层连接的 Inception-ResNet 系列网络，如图 1.15 所示。引入残差结构可以显著加速 Inception 网络的训练。在 ImageNet 2012 数据集的图像分类任务上，Inception-ResNet-v1 和 Inception-ResNet-v2 单模型的 Top-5 错误率分别是 4.3% 和 3.7%；如果使用 3 个 Inception-ResNet-v2 进行集成，则可以使错误率降至 3.1%。

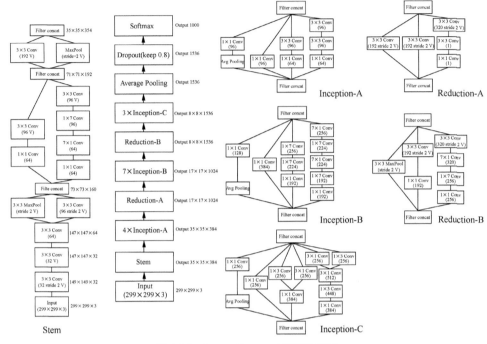

图 1.14　Inception-v4 网络结构图

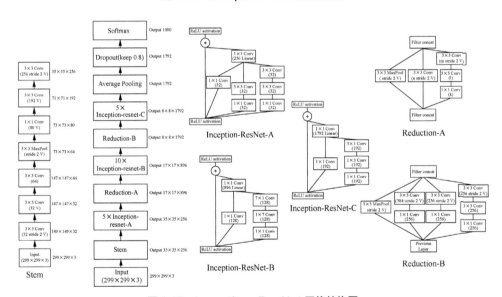

图 1.15　Inception-ResNet 网络结构图

ResNeXt

ResNeXt[16] 是对 ResNet 中残差块（residual block）结构的一个

小改进。具体来说，原残差块是一个瓶颈结构，如图 1.16（a）所示；ResNeXt 缩小了瓶颈比，并将中间的普通卷积改为分组卷积，如图 1.16（b）所示。该结构可以在不增加参数量的前提下，提高准确率，同时还减少了超参数的数量。

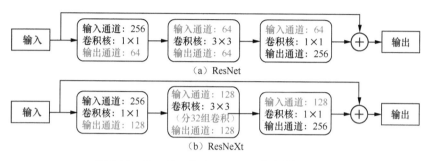

图 1.16　ResNet 和 ResNeXt 中残差块的对比

·总结与扩展·

　　卷积神经网络的基本结构在过去几年里发生了很多变化，从简单的堆砌卷积层，到堆砌 3×3 卷积层，到 Inception 系列网络中的细节设计，可以说卷积神经网络的结构设计已经逐渐精细了。此外，近两年来还涌现出了许多其他的优秀模型，如通过神经网络架构搜索（Neural Architecture Search，NAS）得到的 NASNet[17]、获得 2017 年 ILSVRC 大规模视觉识别竞赛冠军的 SENet[18] 等。本节受篇幅限制不再讲解，感兴趣的读者可自行阅读相关论文。图 1.17 绘制了多种卷积神经网络在计算量、参数量以及在 ImageNet 2012 数据集上的分类效果（包括 Top-1 正确率和 Top-5 正确率）等方面的对比图[19]，供读者参考。

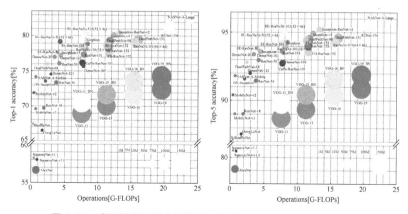

图 1.17　卷积神经网络在计算量、参数量、性能等方面的对比图

卷积神经网络的基础模块

场景描述

上一节介绍了卷积神经网络整体结构的演变过程,其中涌现出一批非常重要的基础模块。本节主要关注卷积神经网络发展过程中具有里程碑意义的基础模块,了解它们的原理和设计细节。

知识点

批归一化(Batch Normalization, BN)、全局平均池化(Global Average Pooling)、瓶颈结构、沙漏结构(hourglass)

问题 *1* 批归一化是为了解决什么问题? 它的参数有何意义? 它在网络中 一般放在什么位置?

难度:★ ★ ★ ☆ ☆

分析与解答

在机器学习中,一般会假设模型的输入数据的分布是稳定的。如果这个假设不成立,即模型输入数据的分布发生变化,则称为协变量偏移(covariate shift)。模型的训练集和测试集的分布不一致,或者模型在训练过程中输入数据的分布发生变化,这些都属于协变量偏移现象。

同样,对于一个复杂的机器学习系统,在训练过程中一般也会要求系统里的各个子模块的输入分布是稳定的,如果不满足,则称为内部协变量偏移(internal covariate shift)。对于深度神经网络,其在训练过程中,每一层的参数都会随之更新。以第 i 层为例,其输入数据与之前所有层(第 1 层到第 $i-1$ 层)的网络参数取值都有很大关系;在训练过程中,如果之前层的参数被更新后,第 i 层的输入数据的分布必然也跟着发生变化，此即为内部协变量偏移。网络越深，这种现象越明显。内部协变量偏移会给深度神经网络的训练过程带来诸多问题：

- 网络每一层需要不断适应输入数据的分布的变化，这会影响学习效率，并使学习过程变得不稳定。
- 网络前几层参数的更新，很可能使得后几层的输入数据变得过大或者过小，从而掉进激活函数的饱和区，导致学习过程过早停止。
- 为了尽量降低内部协变量偏移带来的影响，网络参数的更新需要更加谨慎，在实际应用中一般会采用较小的学习率（避免参数更新过快），而这会降低收敛速度。

在之前的网络训练过程中，一般会采用非饱和型激活函数（如 ReLU）、精细的网络参数初始化、保守的学习率等方法来降低内部协变量偏移带来的影响。这些方法会使网络的学习速度太慢，并且最终效果也特别依赖于网络的初始化。

批归一化 [20] 就是为了解决上述问题而提出的，它的主要作用是确保网络中的各层，即使参数发生了变化，其输入 / 输出数据的分布也不能产生较大变化，从而避免发生内部协变量偏移现象。采用批归一化后，深度神经网络的训练过程更加稳定，对初始值不再那么敏感，可以采用较大的学习率来加速收敛。

批归一化可以看作带参数的标准化，具体公式为

$$y^{(k)} = \gamma^{(k)} \frac{x^{(k)} - \mu^{(k)}}{\sqrt{(\sigma^{(k)})^2 + \varepsilon}} + \beta^{(k)} \qquad (1\text{-}19)$$

其中，$x^{(k)}$ 和 $y^{(k)}$ 分别是原始输入数据和批归一化后的输出数据，$\mu^{(k)}$ 和 $\sigma^{(k)}$ 分别是输入数据的均值和标准差（在 mini-batch 上），$\beta^{(k)}$ 和 $\gamma^{(k)}$ 分别是可学习的平移参数和缩放参数，上标 k 表示数据的第 k 维（批归一化在数据各个维度上是独立进行的），ε 是为防止分母为 0 的一个小量。

可以看到，在批归一化过程中，设置了两个可学习的参数 β 和 γ，它们有如下作用。

- 保留网络各层在训练过程中的学习成果。如果没有 β 和 γ，批归一化退化为普通的标准化，这样在训练过程中，网络各层的参数虽然在更新，但是它们的输出分布却几乎不变（始终是均值为 0、

标准差为 1），不能有效地进行学习。添加 β 和 γ 参数后，网络可以为每个神经元自适应地学习一个量身定制的分布（均值为 β、标准差为 γ），保留每个神经元的学习成果。

- 保证激活单元的非线性表达能力。上面提到，没有 β 和 γ，批归一化的输出分布始终是均值为 0、标准差为 1。此时，如果激活函数采用诸如 Sigmoid、Tanh 等函数，则经过批归一化的数据基本上都落在这些激活函数的近似线性区域，没能利用上它们的非线性区域，这会极大地削弱模型的非线性特征提取能力和整体的表达能力。添加 β 和 γ 参数后，批归一化的数据就可以进入激活函数的非线性区域。

- 使批归一化模块具有自我关闭能力。若 β 和 γ 分别取数据的均值和标准差，则可以复原初始的输入值，即关闭批归一化模块。因此，当批归一化导致特征分布被破坏，或者使网络泛化能力减弱时，可以通过这两个参数将其关闭。

至于批归一化在网络中的位置，直觉上看无论是放在激活层之前还是之后都有一定道理。

- 把批归一化放在激活层之前，可以有效避免批归一化破坏非线性特征的分布；另外，批归一化还可以使数据点尽量不落入激活函数的饱和区域，缓解梯度消失问题。

- 由于现在常用的激活函数是 ReLU，它没有 Sigmoid、Tanh 函数的那些问题，因此也可以把批归一化放在激活层之后，避免数据在激活层之前被转化成相似的模式从而使得非线性特征分布趋于同化。

在具体实践中，原始论文 [20] 是将批归一化放在激活层之前的，但学术界和工业界也有不少人曾表示倾向于将批归一化放在激活层之后（如论文共同作者 Christian Szegedy、Keras 作者 Francois Cholle、知名数据科学平台 Kaggle 的前首席科学家 Jeremy Howard 等人）。从近两年的论文来看，有一大部分是将批归一化放在激活层之后的，如 MobileNet v2[21]、ShuffleNet v2[5]、NASNet-A[17]。批归一化究竟应该放在什么位置，仍是一个存争议的问题。

问题 **2** 用于分类任务的卷积神经网络的最后几层一般是什么层？在最近几年有什么变化？

难度：★ ★ ★ ☆ ☆

分析与解答

用于分类任务的卷积神经网络，其前面若干层一般是卷积层、池化层等，但是网络末端一般是几层全连接层。这是因为一方面卷积层具有局部连接、权值共享的特性，其在不同位置是采用相同的卷积核进行特征提取的。也就是说，卷积层的特征提取过程是局部的（卷积核尺寸一般远小于图片尺寸），且是位置不敏感的。而且，参考文献 [22] 中的实验表明，即使强迫卷积层学习如何对位置信息进行编码，其效果也不理想。因此，如果整个网络全部采用卷积层（包括池化层等），网络也许能知道图片中不同位置有哪些元素（高层语义信息），但无法提取这些元素之间的关联关系（包括空间位置上的相关性、语义信息上的相关性）。而对于分类任务，不仅需要考虑一张图像中的各个元素，还需要考虑它们之间的关联关系（全局信息）。举例来说，假设要做人脸检测任务，仅仅找出图片上的眼、鼻、口等人脸元素是不够的，它们之间的相对位置关系也非常重要（如果一张图片中人脸的各个器官被随机打乱，我们显然不会认为这还是一张人脸）。为了提取不同元素之间的关联关系，我们需要一个全局的、位置敏感的特征提取器，而全连接层就是最方便的选择，其每个输出分量与所有的输入分量都相连，并且连接权重都是不同的。当然，卷积层也不是完全不能对位置信息进行编码，如果使用与输入特征图同样尺寸的卷积核就可以，但这实际上等价于一个全连接层（卷积的输出通道数目对应着全连接层的输出单元个数）。

从另一方面来理解，多个全连接层组合在一起就是经典的分类模型——多层感知机。我们可以把卷积神经网络中前面的卷积层看作是为多层感知机提取深层的、非线性特征。从这个角度讲，最后几层也可以接其他的分类模型，如支持向量机等，但这样就脱离了神经网络体系，处理起来不太方便，不利于模型进行端到端的训练和部署。

最近几年，分类网络在卷积层之后、最后一层之前通常采用全局平均池化[23]，它与全连接层有着相似的效果（可以提取全局信息），并且具有如下优点。

（1）参数量和计算量大大降低。假设输入特征图的尺寸为 $w \times h$，通道数为 c，则全局平均池化的参数量为零，计算量仅为 cwh；而如果选择接一个输出单元数为 k 的全连接层，则参数量和计算量均为 $cwhk$。对于 AlexNet、VGGNet 等这种全连接层单元数动辄 1024 或 4096 的网络，全局平均池化与普通卷积层的计算量能相差千余倍。

（2）具有较好的可解释性，比如，我们可以知道特征图上哪些点对最后的分类贡献最大。

问题 3 卷积神经网络中的瓶颈结构和沙漏结构提出的初衷是什么？可以应用于哪些问题？

难度：★★★★☆

分析与解答

■ 瓶颈结构

瓶 颈 结 构 是 在 GoogLeNet/Inception-v1 中 提 出 的，而 后 的 ResNet、MobileNet 等很多网络也采用并发展了这个结构。瓶颈结构的初衷是为了降低大卷积层的计算量，即在计算比较大的卷积层之前，先用一个 1×1 卷积来压缩大卷积层输入特征图的通道数目，以减小计算量；在大卷积层完成计算之后，根据实际需要，有时候会再次使用一个 1×1 卷积来将大卷积层输出特征图的通道数目复原。由此，瓶颈结构一般是一个小通道数的 1×1 卷积层，接一个较大卷积层，后面可能还会再跟一个大通道数的 1×1 卷积层（可选），如图 1.18 所示。

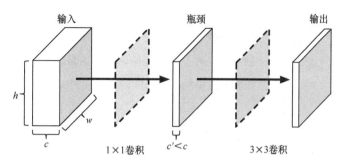

图 1.18 瓶颈结构示意图

瓶颈结构是卷积神经网络中比较基础的模块，它可以用更小的计算代价达到与之前相似甚至更好的效果（因为瓶颈结构会增加网络层数，所以特征提取能力可能也会有相应提升）。瓶颈结构基本上可以用于所有的卷积神经网络中，场景包括物体检测和分割、生成式对抗网络等大方向，以及诸如人脸匹配、再识别、关键点检测等细分领域。

■ **沙漏结构**

沙漏结构也是卷积神经网络中比较基础的模块，它类似于瓶颈结构，但尺度要更大，涉及的层也更多。沙漏结构一般包括以下两个分支。

（1）自底向上（bottom-up）分支：利用卷积、池化等操作将特征图的尺寸逐层压缩（通道数可能增加），类似于自编码器中的编码器（encoder）。

（2）自顶向下（top-down）分支：利用反卷积或插值等上采样操作将特征图的尺寸逐层扩大（通道数可能降低），类似于自编码器中的解码器（decoder）。

参考文献 [24] 用一个具有沙漏结构的网络来解决人体姿态估计任务，其基本单元如图 1.19 所示；整个网络则由多个沙漏结构堆叠而成，如图 1.20 所示。此外，在物体检测任务中，沙漏结构也有着大量应用，如 TDM（Top-Down Modulation）[25]、FPN（Feature Pyramid Network）[26]、RON（Reverse connection with Objectness prior Networks）[27]、DSSD（Deconvolutional Single-Shot Detector）[28]、RefineDet[29] 等模型，它们的网络结构如图 1.21 所示。图中的 RFB

（Reverse Fusion Block）是将上采样后的深层特征和浅层特征进行融合的模块。在这些应用中，沙漏结构的作用一般是将多尺度信息进行融合；同时，沙漏结构单元中堆叠的多个卷积层可以提升感受野，增强模型对小尺寸但又依赖上下文的物体（如人体关节点）的感知能力。

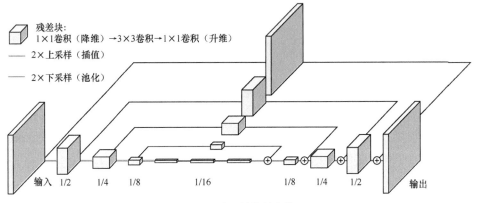

图 1.19　沙漏结构基本单元

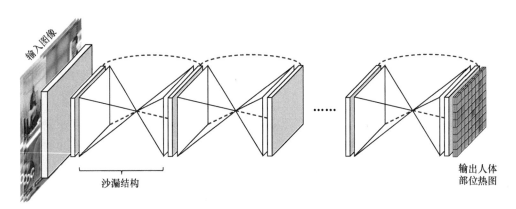

图 1.20　用于人体姿态估计的沙漏结构网络示意图

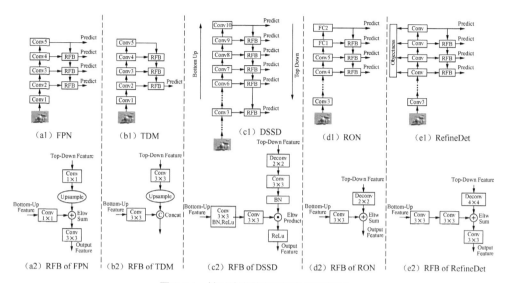

图 1.21 基于沙漏结构的物体检测模型

参考文献

[1] HUBEL D H, WIESEL T N. Receptive fields, binocular interaction and functional architecture in the cat's visual cortex[J]. The Journal of Physiology, Wiley Online Library, 1962, 160(1): 106–154.

[2] DUMOULIN V, VISIN F. A guide to convolution arithmetic for deep learning[J]. arXiv preprint arXiv:1603.07285, 2016.

[3] HINTON G E, KRIZHEVSKY A, SUTSKEVER I. Imagenet classification with deep convolutional neural networks[C]//Advances in Neural Information Processing Systems, 2012: 1097–1105.

[4] HOWARD A G, ZHU M, CHEN B, et al. Mobilenets: Efficient convolutional neural networks for mobile vision applications[J]. arXiv preprint arXiv:1704.04861, 2017.

[5] MA N, ZHANG X, ZHENG H-T, et al. Shufflenet v2: Practical guidelines for efficient cnn architecture design[C]//Proceedings of the European Conference on Computer Vision, 2018: 116–131.

[6] ZEILER M D, KRISHNAN D, TAYLOR G W, et al. Deconvolutional networks[J]. IEEE, 2010.

[7] LONG J, SHELHAMER E, DARRELL T. Fully convolutional networks for semantic segmentation[C]//Proceedings of the IEEE Conference on Computer Vision and Pattern Recognition, 2015: 3431–3440.

[8] YU F, KOLTUN V. Multi-scale context aggregation by dilated convolutions[J]. arXiv preprint arXiv:1511.07122, 2015.

[9] DAI J, QI H, XIONG Y, et al. Deformable convolutional networks[C]//Proceedings of the IEEE International Conference on Computer Vision, 2017: 764–773.

[10] LECUN Y, BOTTOU L, BENGIO Y, et al. Gradient-based learning applied to document recognition[J]. Proceedings of the IEEE, Taipei, Taiwan, 1998,

86(11): 2278–2324.

[11] SIMONYAN K, ZISSERMAN A. Very deep convolutional networks for large-scale image recognition[J]. arXiv preprint arXiv: 1409. 1556, 2014.

[12] SZEGEDY C, LIU W, JIA Y, et al. Going deeper with convolutions[C]//Proceedings of the IEEE Conference on Computer Vision and Pattern Recognition, 2015: 1–9.

[13] SZEGEDY C, VANHOUCKE V, IOFFE S, et al. Rethinking the inception architecture for computer vision[C]//Proceedings of the IEEE Conference on Computer Vision and Pattern Recognition, 2016: 2818–2826.

[14] HE K, ZHANG X, REN S, et al. Deep residual learning for image recognition[C]//Proceedings of the IEEE Conference on Computer Vision and Pattern Recognition, 2016: 770–778.

[15] SZEGEDY C, IOFFE S, VANHOUCKE V, et al. Inception-v4, inception-resnet and the impact of residual connections on learning[C]//31st AAAI Conference on Artificial Intelligence, 2017.

[16] XIE S, GIRSHICK R, DOLLÁR P, et al. Aggregated residual transformations for deep neural networks[C]//Proceedings of the IEEE Conference on Computer Vision and Pattern Recognition, 2017: 1492–1500.

[17] ZOPH B, VASUDEVAN V, SHLENS J, et al. Learning transferable architectures for scalable image recognition[C]//Proceedings of the IEEE Conference on Computer Vision and Pattern Recognition, 2018: 8697–8710.

[18] HU J, SHEN L, SUN G. Squeeze-and-excitation networks[C]//Proceedings of the IEEE Conference on Computer Vision and Pattern Recognition, 2018: 7132–7141.

[19] BIANCO S, CADENE R, CELONA L, et al. Benchmark analysis of representative deep neural network architectures[J]. IEEE Access, IEEE, 2018, 6: 64270–64277.

[20] IOFFE S, SZEGEDY C. Batch normalization: Accelerating deep network training by reducing internal covariate shift[J]. arXiv preprint arXiv:1502.03167, 2015.

[21] SANDLER M, HOWARD A, ZHU M, et al. MobileNetv2: Inverted residuals

and linear bottlenecks[C]//Proceedings of the IEEE Conference on Computer Vision and Pattern Recognition, 2018: 4510–4520.

[22] LIU R, LEHMAN J, MOLINO P, et al. An intriguing failing of convolutional neural networks and the coordconv solution[C]//Advances in Neural Information Processing Systems, 2018: 9605–9616.

[23] LIN M, CHEN Q, YAN S. Network in network[J]. arXiv preprint arXiv:1312.4400, 2013.

[24] NEWELL A, YANG K, DENG J. Stacked hourglass networks for human pose estimation[C]//European Conference on Computer Vision. Springer, 2016: 483–499.

[25] SHRIVASTAVA A, SUKTHANKAR R, MALIK J, et al. Beyond skip connections: Top-down modulation for object detection[J]. arXiv preprint arXiv:1612.06851, 2016.

[26] LIN T-Y, DOLLÁR P, GIRSHICK R, et al. Feature pyramid networks for object detection[C]//Proceedings of the IEEE Conference on Computer Vision and Pattern Recognition, 2017: 2117–2125.

[27] KONG T, SUN F, YAO A, et al. RON: Reverse connection with objectness prior networks for object detection[C]//Proceedings of the IEEE Conference on Computer Vision and Pattern Recognition. 2017: 5936–5944.

[28] FU C-Y, LIU W, RANGA A, et al. DSSD: Deconvolutional single shot detector[J]. arXiv preprint arXiv:1701.06659, 2017.

[29] ZHANG S, WEN L, BIAN X, et al. Single-shot refinement neural network for object detection[C]//Proceedings of the IEEE Conference on Computer Vision and Pattern Recognition, 2018: 4203–4212.

第 2 章

循环神经网络

循环神经网络（Recurrent Neural Network, RNN）是一类用于处理序列数据的网络结构，最早是在二十世纪八十年代被提出的。循环神经网络的输入通常是连续的、长度不固定的序列数据。循环神经网络能够较好地处理序列信息，并能捕获长距离样本之间的关联信息。此外，循环神经网络能够用隐节点状态保存序列中有价值的历史信息，使得网络能够学习到整个序列的浓缩的、抽象的信息。近年来，得益于计算能力的大幅提升和网络设计的改进（如长短期记忆网络、注意力机制模型等），循环神经网络在处理序列数据任务中取得了突破性进展，特别是在语音识别、文字预测等领域有着更好的刻画能力，表现出较大优势。

循环神经网络与序列建模

场景描述

序列数据广泛存在于各种任务中，如中英文翻译、语音识别等。这类任务通常需要实现输入序列到输出序列的转换。在传统机器学习的方法中，序列建模常用隐马尔可夫模型（Hidden Markov Model，HMM）和条件随机场（Conditional Random Field，CRF）。近几年，循环神经网络凭借强大的表征能力，在序列数据任务中的表现可谓令人惊叹连连，成为序列建模任务的默认配置。循环架构与序列建模有着非常紧密的联系。本节将学习循环神经网络是如何进行序列建模的。

知识点

循环神经网络、卷积神经网络、基于时间的反向传播（Back-Propagation Through Time, BPTT）、TextCNN、时间卷积网络（Temporal Convolutional Networks, TCN）

问题 *1* 描述循环神经网络的结构及参数更新方式。

难度：★★☆☆☆

分析与解答

在回答问题之前，先想一想，如果要用卷积神经网络来处理长度为 n 的序列数据，该怎么设计？你可能会想到定义一个包含 n 个输入的卷积神经网络，每一个输入都会有相应的网络单元进行处理；为了降低参数量，这些网络单元之间可能会设计一些共享参数或连接的机制。其实，循环神经网络的思路与其类似。为了处理序列数据，循环神经网络设计了循环 / 重复的结构，这部分结构通常称为事件链。事件链间存在依赖关系，即 t 时刻的定义及计算需要参考 $t{-}1$ 时刻的定义及计算。图 2.1（a）是一个典型的循环神经网络的基本结构图，若将其在时间步上进行展开，可以得到右侧的展开图（有时也称为计算图）。展开图显示了网络中各节点在不同时刻下的状态，其大小取决于输入序列的长度。从图 2.1 中可以看出，循环神经网络可以将输入序列映射为同等长度的输出序列。

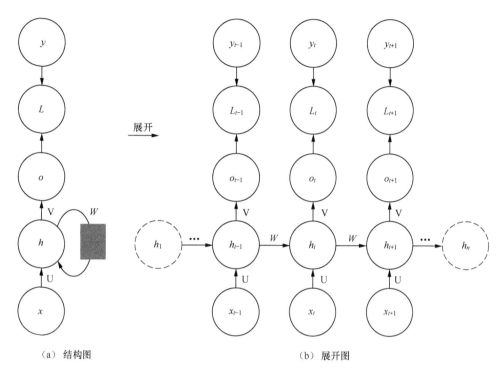

（a）结构图   （b）展开图

图 2.1 循环神经网络

下面以图 2.1 为例，具体说明循环神经网络的计算过程。记网络的输入序列为 $x_1, x_2, \cdots, x_n$，则网络展开后可以看作一个 n 层的前馈神经网络，第 t 层对应着 t 时刻的状态（$t = 1, 2, \cdots, n$）。记第 t 层（时刻）的输入状态、隐藏状态、输出状态分别为 x_t、h_t、o_t，训练时的目标输出值为 y_t，则有

- 隐藏状态 h_t 由当前时刻的输入状态 x_t 和上一时刻的隐藏状态 h_{t-1} 共同决定。

$$h_t = \sigma(Ux_t + Wh_{t-1} + b) \qquad （2-1）$$

其中，U 是输入层到隐藏层的权重矩阵，W 是不同时刻的隐藏层之间的连接权重，b 是偏置向量，$\sigma(\cdot)$ 是激活函数（通常采用 Tanh 函数）。可以看到，与一般的前馈神经网络相比，循环神

经网络有一个不同点：当前时刻的隐藏状态不仅与当前时刻的输入状态有关，还受上一时刻的隐藏状态影响。

- 输出状态o_t的计算公式为

$$o_t = g(Vh_t + c) \qquad （2-2）$$

其中，V是隐藏层到输出层的权重矩阵，c是偏置向量，$g(\cdot)$是输出层的激活函数（对于分类任务可以采用 Softmax 函数）。

- 在训练时，网络在整个序列上的损失可以定义为不同时刻的损失之和：

$$L = \sum_t L_t = \sum_t \mathrm{Loss}(o_t, y_t) \qquad （2-3）$$

其中，L_t表示t时刻的损失，而 $\mathrm{Loss}(\cdot, \cdot)$ 则是损失函数（对于分类任务一般可以采用交叉熵损失函数）。

可以看到，在循环神经网络中，所有循环或重复的结构都共享参数（如上面的权重矩阵 U、W、V是所有时刻共享的），也就是说，对于不同时刻的输入，循环神经网络都执行相同的操作。这种共享机制不仅可以极大地减少网络需要学习的参数数量，而且使得网络可以处理长度不固定的输入序列。

循环神经网络在训练时，也是利用梯度下降法和反向传播算法进行一轮轮的迭代。将循环神经网络按照时间展开，则有如下公式：

$$\begin{aligned}
\frac{\partial L}{\partial U} &= \sum_t \frac{\partial L}{\partial h_t} \frac{\partial h_t}{\partial U} \\
\frac{\partial L}{\partial W} &= \sum_t \frac{\partial L}{\partial h_t} \frac{\partial h_t}{\partial W} \\
\frac{\partial L}{\partial V} &= \sum_t \frac{\partial L}{\partial o_t} \frac{\partial o_t}{\partial V}
\end{aligned} \qquad （2-4）$$

其中，符号 $\dfrac{\partial \boldsymbol{y}}{\partial \boldsymbol{x}}$ 表示雅可比矩阵（Jacobian matrix），它的尺寸为 $d_y \times d_x$，其中 d_y是向量 $\boldsymbol{y}$ 的维度，d_x是向量 $\boldsymbol{x}$ 的维度，矩阵的第 i 行第 j 列的元素为$\dfrac{\partial y_i}{\partial x_j}$。在上述式（2-4）中，$\dfrac{\partial h_t}{\partial U}$、$\dfrac{\partial h_t}{\partial W}$、$\dfrac{\partial o_t}{\partial V}$、$\dfrac{\partial L}{\partial o_t}$都可以根据式（2-1）、式（2-2）、式（2-3）直接计算出来，只有$\dfrac{\partial L}{\partial h_t}$的计算相对复杂，其计算公式为

$$\frac{\partial L}{\partial h_t} = \frac{\partial L}{\partial h_{t+1}} \frac{\partial h_{t+1}}{\partial h_t} + \frac{\partial L}{\partial o_t} \frac{\partial o_t}{\partial h_t} \qquad （2-5）$$

其中的 $\frac{\partial h_{t+1}}{\partial h_t}$、$\frac{\partial o_t}{\partial h_t}$、$\frac{\partial L}{\partial o_t}$ 都可以根据式（2-1）、式（2-2）、式（2-3）直接算出，所以式（2-5）其实是 $\frac{\partial L}{\partial h_t}$ 的一个递推（循环）计算公式：先算 $\frac{\partial L}{\partial h_n}$，再算 $\frac{\partial L}{\partial h_{n-1}}$，再算 $\frac{\partial L}{\partial h_{n-2}}$，依次递推。

上述方法就是基于时间的反向传播算法。在循环神经网络的训练过程中，由于不同时刻的状态是相互依赖的，所以我们需要存储各个时刻的状态信息，而且无法进行并行计算，这导致整个训练过程内存消耗较大，并且速度较慢。因此，现在也出现了不少方法对循环神经网络的反向传播机制进行优化，试图通过并行计算来更新不同时刻的梯度信息。

问题 2 如何使用卷积神经网络对序列数据建模？

难度：★★☆☆☆

分析与解答

我们一般认为卷积神经网络更适用于图像领域，而循环神经网络则在序列任务中表现更为出色。然而最近的研究表明，某些卷积神经网络架构也可以在一些序列任务中获得与循环神经网络相似的性能，这里的序列任务包括情感分析、音频合成、语言建模、机器翻译等任务。

卷积神经网络的输入一般是网格型数据（如图像是二维数据，视频可以看作三维数据）。近几年里，在用卷积神经网络处理序列数据时，一些工作将序列数据建模为二维网格型数据，也有一些工作将序列数据建模为一维网格型数据，下面针对这两类方法分别介绍。

TextCNN[1] 模型将文本序列建模为二维网格型数据，然后使用卷积神经网络来完成文本分类任务。具体来说，假设一个句子中含有 N 个单词（如图 2.2 中的 "wait for the video and do n't rent it"）。首先分别提取每个单词的 M 维嵌入向量（embedding feature），这样整个句子序列就构成了尺寸为 $N \times M$ 的二维矩阵；然后，采用卷积神经网络中的卷积、池化、全连接等操作进行分类任务。注意，这里的词嵌入向量，既可以用预训练好的词向量模型（如 Word2Vec）来提取，也可以在训练 TextCNN 的过程中同步学习得到。

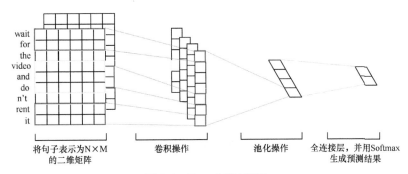

图 2.2　TextCNN 模型

在最近提出的时间卷积网络[2]中，序列数据则被视为在时间轴上采样而形成的一维网格型数据，并利用因果卷积（Causal Convolution）和空洞卷积来进行处理，如图 2.3 所示。因为在因果卷积中，t 时刻的卷积输出只能使用 1 到 $t-1$ 时刻的输入数据，因此可以用来捕获序列数据在时间上的依赖关系。而空洞卷积则可以增大感受野，这正是构建长期记忆功能所必需的。以图 2.3 所示的四层卷积层为例，如果采用普通卷积，则输出层每个节点只能观察到输入层上 5 个数据；而采用如图 2.3 所示的空洞卷积（扩张率分别为 1、2、4、8）后，输出层每个节点可以观察到输入层上 16 个数据。随着层数的加深，空洞卷积的观测范围可以增加数个量级。

回顾循环神经网络，其之所以在序列数据的处理上获得出色的表现，是因为它拥有长期记忆功能，能够压缩并获得长期数据的表示。然而实际上，在循环神经网络的训练过程中，通常会采用带截断的反向传播算法，即仅反向传播 k 个时间步的梯度，以防止梯度爆炸问题。也有一些研究表明，循环神经网络的无限记忆优势在实践过程中几乎不存在[2]。可能也正是这个原因，带有空洞卷积的卷积神经网络对于序列数据的处理能力与循环神经网络相似。

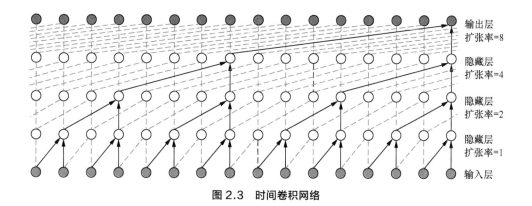

图 2.3 时间卷积网络

　　在序列任务中，循环神经网络使用灵活，其处理能力毋庸置疑。然而，循环神经网络中不同时刻的状态是相互依赖的，所以在并行计算和推理速度上不如卷积神经网络。此外，循环神经网络的可训练性较差，容易遇到梯度消失或爆炸问题，相比卷积神经网络更难以优化。综上所述，在序列任务中，卷积神经网络在并行化和可训练性方面更具优势。

· 总结与扩展 ·

　　虽然卷积神经网络对序列数据的处理能力获得了初步验证，但这并不意味着卷积神经网络可以完全替代循环神经网络，长短期记忆网络和 Seq2Seq 网络仍然是序列数据处理中最为通用的架构。近几年，不仅有大量的工作尝试挖掘卷积神经网络与循环神经网络对于序列数据处理的优劣[3]，还有很多工作对卷积神经网络和循环神经网络进行组合使用，以提升序列数据处理能力，如 TrellisNet[4]。此外，卷积神经网络和循环神经网络的结合，还可以应对一些既涉及图像又涉及文本的任务，如图像的语言描述或图像的问答系统（用卷积神经网络提取图像特征，用循环神经网络生成图像描述）。总的来说，卷积神经网络和循环神经网络有着各自的魅力，二者在设计、组合和使用上仍然值得进一步探究。

循环神经网络中的 Dropout

Dropout 是神经网络中非常重要的缓解过拟合的方法，是在 2012 年的 AlexNet 中提出的 [5]。在卷积神经网络中，Dropout 是非常有效的正则化方法，那么在循环神经网络中，是否也可以使用 Dropout 呢？

知识点

循环神经网络、Dropout、过拟合

问题 *1* **Dropout 为什么可以缓解过拟合问题？** 难度：★☆☆☆☆

分析与解答

Dropout 操作是指在网络的训练阶段，每次迭代时会从基础网络中随机丢弃一定比例的神经元，然后在修改后的网络上进行数据的前向传播和误差的反向传播，如图 2.4 所示。注意，模型在测试阶段会恢复全部的神经元。Dropout 是一种常用的正则化方法，可以缓解网络的过拟合问题。

一方面，Dropout 可以看作是集成了大量神经网络的 Bagging 方法。Bagging 是指用相同的数据训练若干个不同的模型，最终的预测结果是这些模型进行投票或取平均值而得到的。在训练阶段，Dropout 通过在每次迭代中随机丢弃一些神经元来改变网络的结构，以实现训练不同结构的神经网络的目的；而在测试阶段，Dropout 则会使用全部的神经元，这相当于之前训练的不同结构的网络都参与了对最终结果的投票，以此获得较好的效果。Dropout 通过这种方式提供了一种强大、快捷且易实现的近似

Bagging方法。需要注意的是,在原始Bagging中所有模型是相互独立的,而 Dropout 则有所不同,这里不同的网络其实是共享了参数的。

另一方面,Dropout 能够减少神经元之间复杂的共适应(co-adaptation)关系。由于 Dropout 每次丢弃的神经元是随机选择的,所以每次保留下来的网络会包含着不同的神经元,这样在训练过程中,网络权值的更新不会依赖于隐节点之间的固定关系(固定关系可能会产生一些共同作用从而影响网络的学习过程)。换句话说,网络中每个神经元不会对另一个特定神经元的激活非常敏感,这使得网络能够学习到一些更加泛化的特征。

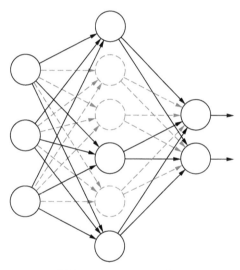

图 2.4　Dropout 示意图

问题 2　在循环神经网络中如何使用 Dropout？

难度:★★★☆☆

分析与解答

首先思考,Dropout 是否可以直接应用在循环神经网络中呢?经典的 Dropout 方法会在训练过程中将网络中的神经元随机地丢弃。然而,循环神经网络具有记忆功能，其神经元的状态包含了之前时刻的状态信息，如果直接用 Dropout 删除一些神经元，会导致循环神经网络的记忆能力减退。另外，有实验表明，如果在循环神经网络不同时刻间的连接层中加入噪声，则噪声会随着序列长度的增加而不断放大，并最终淹没重要的信号信息[6]。

在循环神经网络中，连接层可以分为两种类型：一种是从 t 时刻的输入一直到 t 时刻的输出之间的连接，称为前馈连接；另一种是从 t 时刻到 $t+1$ 时刻之间的连接，称为循环连接。如果要将 Dropout 用在循环神经网络上，一个较为直观的思路就是，只将 Dropout 用在前馈连接上，而不用在循环连接上[7-8]。注意，这里 Dropout 随机丢弃的是连接，而不是神经元。

然而，只在前馈连接中应用 Dropout 对于过拟合问题的缓解效果并不太理想，这是因为循环神经网络中的大量参数其实是在循环连接中的。因此，参考文献 [9] 提出了基于变分推理的 Dropout 方法，即对于同一个序列，在其所有时刻的循环连接上采用相同的丢弃方法，也就是说不同时刻丢弃的连接是相同的。实验结果表明，这种 Dropout 在语言模型和情感分析中会获得较好的效果。

此外，Krueger 等人根据 Dropout 思路提出了一种 Zoneout 结构，用之前时间步上的激活值代替 Dropout 中置 0 的做法，这样能够让网络更容易保存过去的信息[10]。另外，有研究结果表明，Dropout 可以应用在普通循环神经网络、长短期记忆网络、门控循环单元等网络中的任何门控单元或隐藏状态向量中[11]。

循环神经网络中的长期依赖问题

场景描述

神经网络的结构如果很深，会带来长期依赖问题。随着网络层数的增大，误差/梯度经过许多阶段的传播，容易出现消失或爆炸，让优化变得困难，最终使得网络丧失学习先前信息的能力。这一现象在循环神经网络中尤为突出。循环神经网络的输入是序列数据，根据循环神经网络的展开图（参考本章 01 节）可知，输入序列越长，相当于网络结构越深，越容易出现长期依赖问题。举例来说，让循环神经网络理解"我喜欢吃橘子"这句话可能不难，但如果输入的句子是"橘子很酸，苹果很甜，我喜欢吃酸的橘子，而小明喜欢吃甜的苹果"，则网络理解起来会困难得多。这并不仅仅是因为句子变得复杂了，还因为循环神经网络无法记住较长时间之前输入的序列信息。

知识点

长期依赖、梯度消失、梯度爆炸

问题　循环神经网络为什么容易出现长期依赖问题？　难度：★ ★ ☆ ☆ ☆

分析与解答

捕获输入序列中的长距离依赖关系，是循环神经网络的设计初衷之一。循环神经网络针对序列中不同时刻的输入，采用相同的循环结构和网络参数来构建计算图，理论上可以学习任意长度的序列信息；然而，也正是这种循环（重复）的结构设计，让网络丧失了学习很久之前的信息的能力，这就是循环神经网络中的长期依赖问题。那么，为什么采用循环（重复）结构就容易导致长期依赖问题呢？下面我们分别从循环神经网络的信息前向传播和误差反向传播两个方面进行解释。

首先考虑一个简单的、没有输入数据和激活函数的循环神经网络，其前向传播公式为

$$h_t = W\,h_{t-1}, \quad t = 1, 2, \cdots, n \qquad (2\text{-}6)$$

对于之前的某一个时刻 t_0 $(0 \leqslant t_0 < t)$，有

$$h_t = W^{t-t_0}\,h_{t_0} \qquad (2\text{-}7)$$

上述公式里出现了权值矩阵 W 的幂，根据线性代数知识（矩阵的 Jordan 分解和 Jordan 标准型）可以知道，随着幂数的增加（即 t 的增加），W 中幅值小于 1 的特征值会不断向零衰减，而幅值大于 1 的特征值则会不断发散，由此导致信息在前向传播时容易出现消失或发散现象。

接下来看梯度的反向传播，记上述网络在 t 时刻的损失为 L_t，则有

$$\frac{\partial L_t}{\partial h_{t_0}} = \frac{\partial L_t}{\partial h_t}\frac{\partial h_t}{\partial h_{t-1}}\frac{\partial h_{t-1}}{\partial h_{t-2}}\cdots\frac{\partial h_{t_0+1}}{\partial h_{t_0}} = \frac{\partial L_t}{\partial h_t}W^{t-t_0} \qquad (2\text{-}8)$$

可以看到，上述公式中也出现了权值矩阵 W 的幂，所以会遇到与前向传播中类似的问题，导致梯度消失或爆炸。因此，对于上述简单版本的循环神经网络来说，由于重复使用相同的循环模块（即 W），导致网络在信息前向传播和误差反向传播的过程中都出现了矩阵的幂，容易造成信息/梯度的消失或爆炸。而在一般的深度神经网络（如卷积神经网络）中，层与层之间的参数并不是共享的（即不同层有不同的权值矩阵 W），因此问题没有像循环神经网络中这么严峻。

对于普通的循环神经网络，它在前向传播时是有输入数据和激活函数的，其公式（参考本章 01 节的式（1-1））为

$$h_t = \sigma(Ux_t + Wh_{t-1} + b) \qquad (2\text{-}9)$$

可以看出，式（2-9）并不会直接导出像式（2-7）那样带有矩阵幂的公式。由于激活函数和输入数据的存在，信息发散或衰减现象可能会有所缓解；但如果激活函数是 ReLU 并且取值大于零，仍然会出现之前的问题。在反向传播中，由于公式

$$\frac{\partial h_t}{\partial h_{t-1}} = \text{diag}(\sigma'(Ux_t + Wh_{t-1} + b))\cdot W \qquad (2\text{-}10)$$

中多出了一项激活函数的导数 $\sigma'(\cdot)$，考虑到激活函数的导数取值一般不超过 1，因此这在某种程度上能减缓梯度的爆炸（相比于式（2-8）），但也可能会加速梯度的消失；特别地，如果激活函数是 ReLU 并且取值

大于零，则仍然会出现与式（2-8）类似的问题。整体来看，在添加了输入数据和激活函数的普通循环神经网络中，依然容易出现信息 / 梯度的消失或爆炸现象，长期依赖问题仍然存在。

循环神经网络的梯度消失或爆炸问题在 1991 年被研究人员发现，并给出了一系列的解决方案，例如，选择合适的初始化权值矩阵和激活函数、加入正则化项等。在网络结构设计方面，在时间维度上添加跳跃连接，可以构造出具有较长延迟的循环神经网络。此外，长短期记忆网络在 1997 年被提出，在这之后，采用长短期记忆网络或其他门控循环单元成了更为普遍的解决方式。

长短期记忆网络

场景描述

循环神经网络面临着长期依赖问题，即随着输入序列长度的增加，网络无法学习和利用序列中较久之前的信息。为了解决这一问题，1997 年 Sepp Hochreiter 等人提出了长短期记忆网络（Long Short Term Memory Network, LSTM）[12]。LSTM 不仅能够敏感地应对短期信息，而且能够对有价值的信息进行长期记忆，以提升网络的学习能力。在这之后，Kyunghyun Cho 等人提出门控循环单元（Gated Recurrent Unit, GRU）[13]，它是 LSTM 的一个简单变体。LSTM 以及相关的门控循环单元可以较好地解决梯度消失或爆炸问题，是目前使用较为广泛的循环神经网络结构，在语音识别、语言翻译、图片描述等领域有不少成功应用。

知识点

长短期记忆网络（LSTM）、门控循环单元（GRU）

问题 1 LSTM 是如何实现长短期记忆功能的？

难度：★ ★ ☆ ☆ ☆

分析与解答

在一般的循环神经网络中，仅有一个隐藏状态（hidden state）单元 h_t，且不同时刻隐藏状态单元的参数是相同（共享）的，如图 2.5（a）所示。这使得循环神经网络存在长期依赖问题，只能对短期输入较为敏感。LSTM 则是在普通的循环神经网络的基础上，增加了一个元胞状态（cell state）单元 c_t，其在不同时刻有着可变的连接权重，以解决普通循环神经网络中的梯度消失或爆炸问题，如图 2.5（b）所示。图中，h_t是隐藏状态单元（短期状态单元），c_t是元胞状态单元（长期状态单元），二者配合形成长短期记忆。

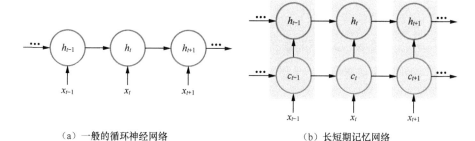

（a）一般的循环神经网络　　　　　　　（b）长短期记忆网络

图 2.5　循环神经网络

与一般的循环神经网络不同，LSTM 引入了门控单元。门控，是神经网络学习到的用于控制信号的存储、利用和舍弃的单元。对于每个时刻 t，LSTM 有输入门 i_t、遗忘门 f_t 和输出门 o_t 共 3 个门控单元。每个门控单元的输入包括当前时刻的序列信息 x_t 和上一时刻的隐藏状态单元 h_{t-1}，具体计算公式为

$$
\begin{aligned}
i_t &= \sigma(W_i x_t + U_i h_{t-1} + b_i) \\
f_t &= \sigma(W_f x_t + U_f h_{t-1} + b_f) \\
o_t &= \sigma(W_o x_t + U_o h_{t-1} + b_o)
\end{aligned}
\tag{2-11}
$$

其中，W 和 U 是权重矩阵，b 是偏置向量，$\sigma(\cdot)$ 是激活函数。可以发现，这 3 个门控单元的计算方式是相同的（都相当于一个全连接层），仅有权重矩阵和偏置向量不同。激活函数 $\sigma(\cdot)$ 的取值范围一般是 [0,1]，常用的激活函数是 Sigmoid 函数。

通过将门控单元与信号数据做逐元素相乘，可以控制信号通过门控后要保留的信息量。例如，当门控单元的状态为 0 时，信号会被全部丢弃；当状态为 1 时，信号会被全部保留；而当状态处在 0 和 1 之间时，信号则会被部分保留。

LSTM 是如何利用 3 个门控单元以及元胞状态单元来进行长短期记忆的呢？图 2.6 是 LSTM 中门控单元和状态单元的示意图。可以看到，元胞状态单元从上一个时刻的 c_{t-1} 到当前时刻的 c_t 的转移是由输入门和遗忘门共同控制的，输入门决定了当前时刻输入信息 $\tilde{c}_t$ 有多少被吸收，遗忘门决定了上一时刻元胞状态单元 c_{t-1} 有多少不被遗忘，最终的元胞状态单元 c_t 由两个门控处理后的信号取和产生。具体公式为

$$\tilde{c}_t = \mathrm{Tanh}(W_c x_t + U_c h_{t-1} + b_c)$$
$$c_t = f_t \odot c_{t-1} + i_t \odot \tilde{c}_t \qquad (2\text{-}12)$$

其中，$\odot$ 为逐元素点乘操作。LSTM 的隐藏状态单元 h_t 则由输出门和 c_t 决定：

$$h_t = o_t \odot \mathrm{Tanh}(c_t) \qquad (2\text{-}13)$$

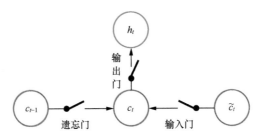

图 2.6　LSTM 示意图（包括门控单元和状态单元）

可以看到，在 LSTM 中，不仅隐藏状态单元 h_{t-1} 和 h_t 之间有着较为复杂的循环连接，内部的元胞状态单元 c_{t-1} 和 c_t 之间还具有线性自循环关系。元胞状态单元之间的线性自循环，可以看作是在滑动处理不同时刻的信息。当门控单元开启时，记住过去的信息；当门控单元关闭时，丢弃过去的信息。总的来说，LSTM 通过门控单元以及元胞状态单元的线性自循环，给梯度的长距离持续流通提供了路径，改变了之前循环神经网络中信息和梯度的传播方式，解决了长期依赖问题。

LSTM 有着较为复杂的结构，其性能主要受哪个单元的影响呢？Greff 等人在 2015 年对 8 种 LSTM 变体网络进行比较[14]，包括删除某一门控单元、删除门控单元的激活函数、输入门和遗忘门使用同一门控等。结果显示，LSTM 中遗忘门和输出门的激活函数十分重要，删除任何一个激活函数都会对性能造成较大的影响。这可能是因为删除遗忘门的激活函数会导致之前的元胞状态单元不能很好地被抑制，影响网络的稳定性；而删除输出门的激活函数，则可能会出现非常大的输出状态。

问题 **2** GRU 是如何用两个门控单元
来控制时间序列的记忆及遗忘
行为的？

难度：★★★★☆

分析与解答

问题 1 介绍了拥有 3 个门控单元（输入门、遗忘门、输出门）的 LSTM，它在自然语言处理任务中有着成功的应用，这使大家意识到门控单元的有效性。那么，在 LSTM 架构中哪些门控单元是必要的？是否可以将其简化呢？回顾 LSTM 的设计初衷：不仅希望能够对短期记忆较为敏感，而且希望能够捕捉具有价值的长期记忆。由此，我们可否设计一个仅拥有两个门控单元的循环神经网络，让一个门控单元控制短期记忆，另一个门控单元控制长期记忆？答案是肯定的，这正是门控循环单元（GRU）的思想。GRU 于 2014 年由 Kyunghyun Cho 等人提出，如图 2.7 所示。相比于 LSTM，GRU 具有更少的参数，更易于计算和实现。

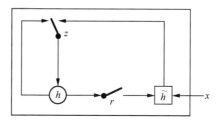

图 2.7 门控循环单元（GRU）示意图

与 LSTM 拥有两个状态单元（隐藏状态单元和元胞状态单元）不同，GRU 仅有一个隐藏状态单元 h_t，其基本结构与普通的循环神经网络大致相同。GRU 共有两个门控单元，重置门 r_t 和更新门 z_t。每个门控单元的输入包括当前时刻的序列信息 x_t 和上一时刻的隐藏状态单元 h_{t-1}，具体计算公式为

$$r_t = \sigma(W_r x_t + U_r h_{t-1})$$
$$z_t = \sigma(W_z x_t + U_z h_{t-1})$$

（2-14）

其中，W 和 U 是权重矩阵，$\sigma(\cdot)$ 是激活函数，一般用 Sigmoid 函数。在 GRU 中，重置门决定先前的隐藏状态单元是否被忽略，而更新门则控制当前隐藏状态单元是否需要被新的隐藏状态单元更新，具体公式为

$$\tilde{h}_t = \text{Tanh}(W_h x_t + U_h(r_t \odot h_{t-1}))$$
$$h_t = (1-z_t)h_{t-1} + z_t\tilde{h}_t$$

（2-15）

其中，$(1-z_t)h_{t-1}$ 表示上一时刻保留下来（没被遗忘）的信息，$z_t\tilde{h}_t$ 是当前时刻记忆下来的信息。用 $1-z_t$ 和 z_t 作为系数，表明对上一时刻遗忘多少权重的信息，就会在这一时刻记忆多少权重的信息以作为弥补。通过这种方式，GRU 用一个更新门 z_t 实现了遗忘和记忆两个功能。

Rafal Jozefowicz 等人在 2015 年针对一万多种循环神经网络架构进行测试[15]，其中包括 LSTM 和 GRU 在不同数据集、不同超参配置下的详细测评。结果显示，GRU 可以取得与 LSTM 相当甚至更好的性能，并具有更快的收敛速度。

Seq2Seq 架构

场景描述

在前面的问题中，我们学习了如何用循环神经网络将输入序列映射成等长的输出序列。但在诸如语音识别、机器翻译等实际应用中，输入序列与输出序列的长度通常是不一样的。如何突破先前的循环神经网络的局限，使其可以适应上述应用场景，成了 2013 年以来的研究热点。序列到序列（Sequence to Sequence，Seq2Seq）的映射架构，就是用来解决这一问题的，它能将一个可变长序列映射到另一个可变长序列。Seq2Seq 框架凭借着出色的编解码能力和极强的灵活性，被大量应用在很多领域，包括机器翻译、语音识别、视频处理等。

知识点

Seq2Seq、编码 - 解码框架、机器翻译

问题 *1* 如何用循环神经网络实现 Seq2Seq 映射？　　　　难度：★ ★ ★ ☆ ☆

分析与解答

2014 年，Google Brain 和 Yoshua Bengio 两个团队各自独立地提出了基于编码 - 解码的 Seq2Seq 映射架构。在 Seq2Seq 中，由于输入序列与输出序列是不等长的，因此整个处理过程需要拆分为对序列的理解和翻译两个步骤，也就是编码和解码。在实际应用中，编码器和解码器可以用两个不同的循环神经网络来实现，并进行共同训练。

图 2.8 给出了一个基于编码 - 解码的 Seq2Seq 框架 [13]，它采用一个固定尺寸的状态向量 C 作为编码器与解码器之间的"桥梁"。具体来说，假设输入序列为 $X = (x_1, x_2, \cdots, x_T)$，编码器可以是一个简单的循环

神经网络，其隐藏状态 h_t 的计算公式为

$$h_t = f(h_{t-1}, x_t) \qquad (2\text{-}16)$$

其中，$f(\cdot)$ 是非线性激活函数，可以是简单的 Sigmoid 函数，也可以是复杂的门控函数，如 LSTM、GRU 等。将上述循环神经网络（编码器）最后一个时刻的隐藏状态 h_T 作为状态向量，并输入到解码器。C 是一个尺寸固定的向量，并且包含了整个输入序列的所有信息。

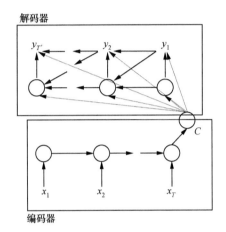

图 2.8　Seq2Seq 框架

接下来考虑解码器，它需要根据固定尺寸的状态向量 C 来生成长度可变的解码序列 $Y = (y_1, y_2, \cdots, y_{T'})$。注意，这里解码序列的长度 T' 与编码序列的长度 T 可以是不同的。解码器也可以用一个简单的循环神经网络来实现，其隐藏状态 h_t 可以按如下公式计算：

$$h_t = f(h_{t-1}, y_{t-1}, C) \qquad (2\text{-}17)$$

其中，y_{t-1} 是上一时刻的输出，$f(\cdot)$ 是非线性激活函数。解码器的输出由如下公式决定：

$$P(y_t \mid y_{t-1}, y_{t-2}, \cdots, y_1, C) = g(h_t, y_{t-1}, C) \qquad (2\text{-}18)$$

其中，$g(\cdot)$ 会产生一个概率分布（例如可以利用 Softmax 函数产生概率分布）。解码器的工作流程大概是这样的：首先在收到一个启动信号（如 $y_0 = <\text{start}>$）后开始工作，根据 h_t、y_{t-1}、C 计算出 y_t 的概率分布，然后对 y_t 进行采样获得具体取值，循环上述操作，直到遇到结束信号（如 $y_t = <\text{eos}>$）。特别地，参考文献 [16] 用一种更简单的方式来实现解码器，

仅在初始时刻需要状态向量 C，其他时刻仅接收隐藏状态和上一时刻的输出信息 $P(y_t) = g(h_t, y_{t-1})$。

在训练阶段，我们需要让模型输出的解码序列尽可能正确，这可以通过最大化对数似然概率来实现：

$$\max_{\theta} \frac{1}{N} \sum_{n=1}^{N} \log p_{\theta}(Y_n \mid X_n) \tag{2-19}$$

其中，θ 为模型参数，X_n 是一个输入序列，Y_n 是对应的输出序列，(X_n, Y_n) 构成一个训练样本对。因为是序列到序列的转换，实际应用中可以通过贪心法求解 Seq2Seq，当度量标准、评估方式确定后，解码器每次根据当前的状态和已解码的序列，选择一个最佳的解码结果，直至结束。

问题 2 Seq2Seq 框架在编码 – 解码过程中是否存在信息丢失？有哪些解决方案？

难度：★ ★ ★ ☆ ☆

分析与解答

基于编码 – 解码的 Seq2Seq 框架，可以实现输入序列到输出序列的不等长映射，然而在实际应用中，这种框架面临着一系列问题。一方面，随着输入序列长度的增加，编码和解码过程中的梯度消失或爆炸问题会变得更加严重。另一方面，由于只用固定大小的状态向量来连接编码模块和解码模块，这就要求编码器将整个输入序列的信息压缩到状态向量中，而这是一个有损压缩过程，序列越长，信息量越大，编码的损失就越大，最终会让编码器无法记录足够详细的信息，从而导致解码器翻译失败。针对上述问题，研究人员给出了一系列解决方案。

参考文献 [16] 提出，在机器翻译中，将待翻译序列的顺序颠倒后再输入到编码器中，例如原句为 "Tom likes fish"，则输入编码器的句子为 "fish likes Tom"。经过这样的处理，编码器得到的状态向量能够较好地关注并保留原句中靠前的单词，这样在解码时，靠前的单词的识别 / 理解准确率会得到较大提升。翻译过程中序列间的依赖关系，使靠前的单词的准确率更为重要，因而这种方法能使模型更好地处理长句子。

序列翻转的有效性是源于对序列前面信息的关注，那么，如果在处理 t 时刻的数据时只关注对 t 时刻有用的信息，是否可以提升性能呢？这正是 Bahdanau 等人在 2014 年提出的注意力机制[17]的核心思想。在前面的介绍中，状态向量 C 是固定大小的，并且在解码阶段，所有时刻都共享同一个状态向量。采用注意力机制后，解码器在不同时刻采用的状态向量不再是不变的，而是根据不同时刻的信息动态调整的。

$$P(y_t) = g(c_t, y_1, \cdots, y_{t-1}) \tag{2-20}$$

其中，c_t 即是通过注意力机制提取的、专门针对 t 时刻的状态向量。

总结与扩展

Seq2Seq 具有较大的灵活性，编码器和解码器可以根据任务进行不同的设计，例如，在编码时使用卷积神经网络代替循环神经网络以处理图像信息、在解码时使用堆叠的循环神经网络或 LSTM 以增加网络的翻译能力等。此外，该框架可以应用于不同的场景，例如，对于机器翻译任务，输入是一种语言，输出是另外一种语言；对于图片内容描述任务，输入是图像，输出是描述文字；对于文本摘要任务，输入是一段文章，输出是摘要信息；对于对话系统，输入是问题，输出是相应的回答。目前，Seq2Seq 的应用不再局限于序列信息，在语音、图像、文本等领域也展示出较好的性能。

参考文献

[1] KIM Y. Convolutional neural networks for sentence classification[J]. arXiv preprint arXiv:1408.5882, 2014.

[2] BAI S, KOLTER J Z, KOLTUN V. An empirical evaluation of generic convolutional and recurrent networks for sequence modeling[J]. arXiv preprint arXiv:1803.01271, 2018.

[3] YIN W, KANN K, YU M, et al. Comparative study of CNN and RNN for natural language processing[J]. arXiv preprint arXiv:1702.01923, 2017.

[4] BAI S, KOLTER J Z, KOLTUN V. Trellis networks for sequence modeling[J]. arXiv preprint arXiv:1810.06682, 2018.

[5] KRIZHEVSKY A, SUTSKEVER I, HINTON G E. ImageNet classification with deep convolutional neural networks[C]//Advances in Neural Information Processing Systems, 2012: 1097–1105.

[6] BAYER J, OSENDORFER C, KORHAMMER D, et al. On fast dropout and its applicability to recurrent networks[J]. arXiv preprint arXiv:1311.0701, 2013.

[7] PHAM V, BLUCHE T, KERMORVANT C, et al. Dropout improves recurrent neural networks for handwriting recognition[C]//2014 14th International Conference on Frontiers in Handwriting Recognition. IEEE, 2014: 285–290.

[8] ZAREMBA W, SUTSKEVER I, VINYALS O. Recurrent neural network regularization[J]. arXiv preprint arXiv:1409.2329, 2014.

[9] GAL Y, GHAHRAMANI Z. A theoretically grounded application of dropout in recurrent neural networks[C]//Advances in Neural Information Processing Systems, 2016: 1019–1027.

[10] KRUEGER D, MAHARAJ T, KRAMÁR J, et al. Zoneout: Regularizing RNNs by randomly preserving hidden activations[J]. arXiv preprint arXiv:1606.01305, 2016.

[11] SEMENIUTA S, SEVERYN A, BARTH E. Recurrent dropout without memory loss[J]. arXiv preprint arXiv:1603.05118, 2016.

[12] HOCHREITER S, SCHMIDHUBER J. Long short-term memory[J]. Neural Computation, MIT Press, 1997, 9(8): 1735–1780.

[13] CHO K, VAN MERRIËNBOER B, GULCEHRE C, et al. Learning phrase representations using RNN encoder-decoder for statistical machine translation[J]. arXiv preprint arXiv:1406.1078, 2014.

[14] GREFF K, SRIVASTAVA R K, KOUTNÍK J, et al. LSTM: A search space odyssey[J]. IEEE Transactions on Neural Networks and Learning Systems, 2017, 28(10): 2222–2232.

[15] JOZEFOWICZ R, ZAREMBA W, SUTSKEVER I. An empirical exploration of recurrent network architectures[C]//International Conference on Machine Learning, 2015: 2342–2350.

[16] SUTSKEVER I, VINYALS O, LE Q V. Sequence to sequence learning with neural networks[C]//Advances in Neural Information Processing Systems, 2014: 3104–3112.

[17] DZMITRY B, CHO K, YOSHUA B. Neural machine translation by jointly learning to align and translate.[J]. arXiv preprint arXiv:1409.0473, 2014.

第 3 章

图神经网络

2019 年伊始，阿里巴巴达摩院发布了年度十大科技趋势，其中之一是"超大规模图神经网络系统将赋予机器常识"。这已经不是图神经网络第一次被放到深度学习技术的头条位置了。2018 年，DeepMind、谷歌大脑、麻省理工学院和爱丁堡大学的 27 名研究者，对图神经网络及其推理能力进行了全面阐述[1]。随后，图卷积网络（Graph Convolutional Network, GCN）、图神经网络（Graph Neural Network, GNN）、关系网络（Relation Network）、几何深度学习技术（Geometric Deep Learning）等关键词频频出现在各大顶级机器学习、数据挖掘会议上。

图神经网络引起广泛关注的原因可以暂归为两点。一、图（graph）是一种更为常见的数据结构，图神经网络可以看作卷积神经网络在图上的扩展；二、图神经网络所具备的"推理能力"，恰恰是基于传统神经网络的人工智能系统所欠缺的能力。从一定程度上讲，图神经网络是符号主义（symbolism）和非符号主义（non-symbolism）相结合的产物（Neural-symbolic System），其将规则、知识引入神经网络，使得神经网络具备了可解释性和推理能力。

本章将分别深入地讨论上文中提及的两个原因，包括图神经网络的基本结构和演变过程、图神经网络的一些应用，以及图神经网络的推理能力。

图神经网络的基本结构

图（graph）[1]作为一种更为常见的数据结构，目前却没有与之相对应的通用的神经网络模型。卷积神经网络在网格型数据上有着出色的表现，而循环神经网络则被广泛应用在链状数据上。相较于这种规则的数据结构，图（graph）更贴近现实生活中数据、知识的组织形式（如社交网络、交通路网、化学分子结构等），节点有着更加复杂多变的邻接关系，节点集和边集的规模也更加庞大，节点和边可能携带着丰富的属性标签。实际上，图神经网络可以看作卷积神经网络在图（graph）上的扩展，即将卷积的思想从欧几里得域迁移到非欧几里得域[2]。通过图神经网络，之前在图片（image）、视频、音频、文本等任务上大放异彩的深度学习技术，现在也逐渐应用到社交网络分析、物理系统建模、化学分子属性预测等更为广阔的领域。

图神经网络处理的对象是图（graph）。正如卷积神经网络可以处理任意大小的图片（image），循环神经网络可以处理任意长度的序列，我们对图神经网络也有一些期望，如表 3-1 所示。

表 3-1　图神经网络的任务需求及模型要求

任务需求	模型要求
处理多种基于图的机器学习任务	产生节点、边、图的向量表示
处理任意大小和结构的图	模型参数与图的大小和结构无关
图中的节点编号是任意的	模型的输出与输入的节点顺序无关
利用图的结构和节点特征进行学习和预测	图上特征的传递 / 融合机制

基于此，我们对图神经网络有了基本的认识。事实上，图神经网络并不是近一两年新诞生的技术，早在 2005 年这一概念已被提出[3]。随后，计算机科学领域、理论物理复杂网络领域的研究者在图（graph）的空间域（spatial domain）和频谱域（spectral domain）上分别提出了不同形式的图神经网络，并最终在 2017 年实现了空间域模型和频谱域模型的融合。自此，深度学习技术和图神经网络迎来了广泛关注。图神经网络的核心在于，如何类比卷积神经网络在网格型数据上的卷积操作，来定义图上的卷积操作？进一

1　本章涉及的多个概念皆与"图"或"网络"有关。其中"graph"指网络型的数据组织形式，"network"指神经网络，"image"指图片。在可能出现混淆或歧义的地方，作者会用相应的英文标记。

步来说，卷积操作背后所对应的图片（image）的局部不变性（shift-invariance）和组合性（compositionality）是如何在图（graph）上体现的？

局部不变性：包含平移不变性、旋转不变性、尺度不变性。在卷积神经网络中，作用在局部区域的卷积核被整张图片所共享。

组合性：简单的卷积核所提取的基本特征可以组合成为复杂特征。在卷积神经网络中，随着网络层数的增加，网络可以逐渐探测到初级的边缘特征、简单的形状特征直至复杂的图像特征（如指纹、人脸）。

空间域模型选取目标节点的邻居进行卷积操作，更易于理解；频谱域模型以图信号处理（Graph Signal Processing）为基础，更具数学形式上的美感。不过，两类模型都对局部不变性和组合性给出了各自的阐述和实现方式，从而奠定了两类模型最终走向融合的基础。

知识点

图谱（Graph Spectrum）、图傅里叶变换、空间域图神经网络、频谱域图神经网络、图卷积网络（GCN）、图注意力网络（Graph Attention Networks，GAT）、GraphSAGE（Graph + SAmple & aggreGatE）

问题 *1* 什么是图谱和图傅里叶变换？ **难度：★ ★ ☆ ☆ ☆**

分析与解答

图谱是图的拉普拉斯矩阵的特征值。具体来说，给定图 $G(V,E)$，其中 V 和 E 分别是 G 的点集和边集，点集大小为 n，边集大小为 m。图 G 的邻接矩阵 A 为一个 $n \times n$ 的矩阵，如果 i, j 节点之间有边相连，则 $A_{ij} = 1$，否则 $A_{ij} = 0$。图的度矩阵为 $D = \mathrm{diag}(d_1, d_2, \cdots, d_n)$，其中 d_i 是第 i 个节点在图中的度数（degree）。定义图的拉普拉斯矩阵 $L = D - A$，对其进行特征值分解：

$$L = U\Lambda U^{\mathrm{T}} \tag{3-1}$$

其中，$\Lambda = \mathrm{diag}(\lambda_1, \lambda_2, \cdots, \lambda_n)$ 是按照特征值**从小到大**的顺序排列的，$U = [u_1, u_2, \cdots, u_n]$ 是对应的特征向量组成的正交矩阵。上述特征值集合 $\{\lambda_1, \lambda_2, \cdots, \lambda_n\}$ 即为图 G 的图谱。注意，尽管 A 会随着 G 的节点编号

的改变而改变，但其图谱却不会改变，它只与图的抽象结构有关。

图谱有很多作用，代表性的应用是谱聚类（Spectral Clustering）。谱聚类也与主成分分析（Principal Components Analysis, PCA）、k-means聚类有着千丝万缕的联系，感兴趣的读者可以进一步探索。这里，我们尝试对图谱的意义给出更为直观的展示，并引出图傅里叶变换的定义。简单来说，**拉普拉斯矩阵的特征值可以类比为频域中的频率，而特征向量可以类比为频域中的基波**。例如，图 3.1（a）展示了一个特殊的图，由 16 个节点组成的链图；这个链图的最小的特征值为 $\lambda_1 = 0$，对应的特征向量 u_1 是一个元素全为 1 的 16 维向量；我们选择除 λ_1 以外的最小的 3 个特征值 λ_2、λ_3、λ_4 和最大的 3 个特征值 λ_{14}、λ_{15}、λ_{16} 所对应的 6 个特征向量 u_2、u_3、u_4、u_{14}、u_{15}、u_{16}，分别绘制出它们的曲线图（即向量中 16 维坐标的取值的连线），如图 3.1（b）所示。从形态上看，特征向量的曲线图与 sin 函数或 cos 函数的曲线图十分类似；而特征值的大小则对应了波（特征向量）的频率，即特征值越小，波（特征向量）越平缓。

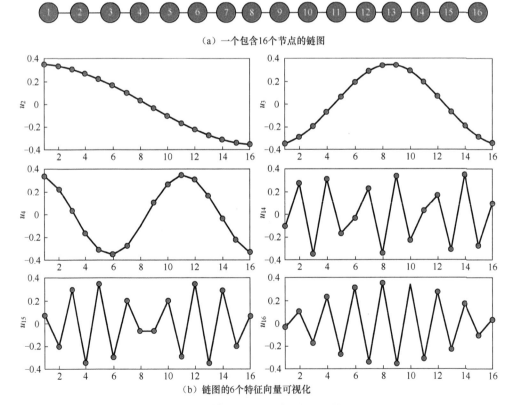

（a）一个包含16个节点的链图

（b）链图的6个特征向量可视化

图 3.1　链图及其特征向量的可视化

实际上，我们也可以形式化地得到如上结论。定义图信号 $\boldsymbol{x} = [x_1, \cdots, x_n]^\mathrm{T}$，这是一个长为 n、元素为实数的向量，意味图中的每个节点都有个实数值与之对应：

$$x : V \to \mathbb{R}$$
$$v \to x_v \tag{3-2}$$

对于某个图信号 $\boldsymbol{x}$，有

$$\boldsymbol{x}^\mathrm{T} \boldsymbol{L} \boldsymbol{x} = \boldsymbol{x}^\mathrm{T} \boldsymbol{D} \boldsymbol{x} - \boldsymbol{x}^\mathrm{T} \boldsymbol{A} \boldsymbol{x} = \sum_i d_i x_i^2 - \sum_{(i,j) \in E} A_{ij} x_i x_j = \sum_{(i,j) \in E} (x_i - x_j)^2 \tag{3-3}$$

这说明，图信号 $\boldsymbol{x}$ 与图的拉普拉斯矩阵 $\boldsymbol{L}$ 的乘积 $\boldsymbol{x}^\mathrm{T} \boldsymbol{L} \boldsymbol{x}$ 的取值，代表着图信号 $\boldsymbol{x}$ 在图上的"一致性"，即图中相邻的节点是否会有相似的实数值。特别地，若将特征向量作为图信号，即 $\boldsymbol{x} = \boldsymbol{u}_l$，则有

$$\boldsymbol{u}_l^\mathrm{T} \boldsymbol{L} \boldsymbol{u}_l = \lambda_l \tag{3-4}$$

因此特征值反映了一致性的强弱，也就是信号的"频率"。有了频率和基波，利用基本的数字信号处理的知识，可以推导出图信号的傅里叶变换为

$$\hat{\boldsymbol{x}} = \boldsymbol{U}^\mathrm{T} \boldsymbol{x} \tag{3-5}$$

以及逆傅里叶变换为

$$\boldsymbol{x} = \boldsymbol{U} \hat{\boldsymbol{x}} \tag{3-6}$$

问题 2　以 GCN 为例，简述基于频谱域的图神经网络的发展。

难度：★ ★ ★ ☆ ☆

分析与解答

频谱域图神经网络的发展主要是围绕着图上卷积核的设计来进行的。我们借鉴图卷积网络（GCN）模型论文[4]的思路来简要梳理这一发展过程。

根据卷积定理，两个函数卷积后的傅里叶变换，是它们各自函数傅里叶变换后的乘积；也就是说，两个函数的卷积是它们各自傅里叶变换乘积的逆变换。由此，可以给出图信号 $\boldsymbol{x}$ 与卷积核 $\boldsymbol{h}$ 在图 G 上的卷积形式。记 $\boldsymbol{x}$ 和 $\boldsymbol{h}$ 的傅里叶变换为

$$\hat{\boldsymbol{x}} = \boldsymbol{U}^\mathrm{T} \boldsymbol{x}, \qquad \hat{\boldsymbol{h}} = \boldsymbol{U}^\mathrm{T} \boldsymbol{h} \tag{3-7}$$

则二者的卷积（即各自傅里叶变换乘积的逆傅里叶变换）为

$$x * h = U \cdot \mathrm{diag}(\hat{h}) \cdot U^{\mathrm{T}} x \qquad (3\text{-}8)$$

初级的频谱域图神经网络直接将 $\mathrm{diag}(\hat{h})$ 替换为 $\mathrm{diag}(\boldsymbol{\theta})$，其中 $\boldsymbol{\theta} = [\theta_1, \theta_2, \cdots, \theta_n]$ 为待学习的参数。添加激活函数 $\sigma(\cdot)$ 后，最终的输出值为

$$y = \sigma(U \cdot \mathrm{diag}(\boldsymbol{\theta}) \cdot U^{\mathrm{T}} x) \qquad (3\text{-}9)$$

这个模型中 $U \cdot \mathrm{diag}(\boldsymbol{\theta}) \cdot U^{\mathrm{T}}$ 部分的计算量为 $\mathrm{O}(n^2)$，计算量过高，对于大规模网络（graph）很难计算。

进一步地，将上述模型中的 $\mathrm{diag}(\hat{h})$ 替换为 $\sum_{k=0}^{K} \alpha_k \boldsymbol{\Lambda}^k$，其中系数 $\{\alpha_k\}_{k=0}^{K}$ 是待学习的参数。由此，得到无须特征分解、计算量为 $\mathrm{O}(n)$ 的 GCN 模型：

$$y = \sigma\left(U \cdot \left(\sum_{k=0}^{K} \alpha_k \boldsymbol{\Lambda}^k\right) \cdot U^{\mathrm{T}} x\right) = \sigma\left(\sum_{k=0}^{K} \alpha_k \boldsymbol{L}^k x\right) \qquad (3\text{-}10)$$

这种形式不仅大大简化了运算，而且还巧妙地具备了"局部性"。简单来说，$\boldsymbol{L}^k = (\boldsymbol{D} - \boldsymbol{A})^k$ 包含了 $\boldsymbol{D}^k$ 项（节点度数）、$\boldsymbol{A}^k$ 项（节点的 k 步邻居个数），以及 $\boldsymbol{A}$ 和 $\boldsymbol{D}$ 的交叉项（不大于 k 步的邻居个数）。因此，**图卷积网络（GCN）的卷积操作实际上是将每个节点的 K 步范围内的邻居的特征融合起来**，这与空间域的图神经网络的做法不谋而合。

需要注意的是，在上述推导过程中，为了简化细节，我们将图信号 x 限定为长为 n、元素为实数的向量。在实际应用时，可以将每个节点所对应的实数扩展为节点的属性向量，它可以是节点的类型标签、节点的属性表示向量、节点的结构特征（如度数、PageRank 值）等。

问题 **3**　以 GAT、GraphSAGE 为例，　　　　难度：★★★☆☆
简述基于空间域的图神经网络的
主要思想。

分析与解答

上一问中的 GCN 模型是典型的频谱域图神经网络，而 GAT[5] 和 GraphSAGE[6] 则是典型的空间域图神经网络。

GAT 的核心操作是基于多头注意力机制（Multi-head Attention）

的邻域卷积，具体的计算公式为

$$y_i = \sigma\left(\frac{1}{M}\sum_{m=1}^{M}\sum_{j\in\mathcal{N}_i}\alpha_{ij}^{(m)}(x_j \cdot W^{(m)})\right) \qquad （3-11）$$

其中，$x_j \in \mathbb{R}^{1\times d_x}$ 是节点 j 的输入特征，$y_i \in \mathbb{R}^{1\times d_y}$ 是节点 i 的输出特征，$\mathcal{N}_i$ 是节点 i 的邻居节点集合，M 是头（head）的个数；对于第 m 个头，$\alpha_{ij}^{(m)}$ 是该头中节点 i 对节点 j 的注意力系数，$W^{(m)}$ 是对应的线性变换矩阵。

GraphSAGE 的核心操作包括两个步骤：第一步，融合目标节点邻域的特征；第二步，将邻域融合的特征和节点本身的特征进行拼接，通过神经网络更新每个节点的特征。具体公式为

$$\begin{aligned} h_{\mathcal{N}_i} &= \mathrm{aggregate}(\{x_j \mid j \in \mathcal{N}_i\}) \\ y_i &= \sigma(\mathrm{concat}(x_i, h_{\mathcal{N}_i}) \cdot W) \end{aligned} \qquad （3-12）$$

这里的 aggregate 操作有丰富的选择，如最大值池化（max-pooling）、平均值池化（average-pooling）、LSTM 等。上述步骤反复进行 K 次，每个节点就可以和它的 K 度邻居的特征做融合。

· 总结与扩展 ·

实际上，图神经网络更常见和实用的框架是

$$Y = \sigma(\hat{D}^{-1}\hat{A}XW) \qquad （3-13）$$

其中，X 和 Y 分别是输入矩阵和输出矩阵（每一行对应一个节点的特征），$\hat{A}$ 是添加了自环边的图邻接矩阵（即 $\hat{A} = A + I$），$\hat{D}$ 是 $\hat{A}$ 对应的度数矩阵，W 是待训练的参数矩阵。我们将该框架分解开：

（1）XW 将节点的特征向量进行线性变化。

（2）$\hat{A}XW$ 将变换后的节点特征传播到邻居节点（包括自身）。

（3）$\hat{D}^{-1}\hat{A}XW$ 将每个节点收到的特征（来自邻居节点和自身）进行归一化。

（4）$\sigma(\hat{D}^{-1}\hat{A}XW)$ 将归一化后的特征通过非线性激活单元。

尽管这一框架已与原始的频谱域图神经网络大相径庭，但是它们背后的思想是类似的。图信号处理的相关理论也可以帮助我们更清晰地理解卷积操作的具体形式，以及它的优势和局限性[7]。

图神经网络在推荐系统中的应用

场景描述

PinSage[8] 是工业界应用图神经网络完成推荐任务的第一个成功案例，其从用户数据中构造图（graph）的方法和应对大规模图而采取的实现技巧都值得我们仔细学习。PinSage 被应用在图片推荐类应用 Pinterest 上。在 Pinterest 中，每个用户可以创建并命名图板（board），并将感兴趣的图片（pins）添加进图板。推荐系统的任务是为每个图片生成高质量的表示向量，并据此为每位用户推荐其可能感兴趣的图片。

知识点

图神经网络、PinSage

问题　**简述 PinSage 的模型设计和实现细节。**　难度：★ ★ ★ ☆ ☆

分析与解答

首先谈谈 PinSage 的输入数据，也就是一张根据用户行为和各类特征生成的大规模网络（graph）。网络的构造主要包含两个步骤：第一步是网络结构方面，边如何定义；第二步是节点特征方面，各种复杂的特征如何表示。

对于第一步，Pinterest 的应用场景很自然地对应一个二部图，一部分节点是图片（pins），另一部分节点是用户定义的各种图板（boards），二部图的边对应着图片被添加进图板。通过这种方式，全体用户的行为被一个巨大的二部图表示出来。

对于第二步，每个图片对应多种特征，包括图片本身的视觉特征、与图片内容相关的文本标注信息、图片的流行度、图板的文本标注信息等。PinSage 利用深度神经网络、预训练的词向量等技术将这些特征整合成节点表示向量。值得注意的是，上述的特征提取器是所有图片共享的，因此对于那些没有出现在训练过程中的"新图片"来说，我们也可以利用训练好的特征提取模型来计算该图片的向量表示。换句话说，PinSage 不需要在这个巨大的二部图的全图上进行训练，只需要在一个规模较小的子图上进行训练即可。

再来说下 PinSage 的模型结构及实现技巧。PinSage 基本遵循 GraphSAGE 的框架，但在以下 3 个地方有独特的设计。

（1）每个节点邻域的定义。由于网络规模巨大，如果按照 GraphSAGE 那样将每个节点的所有邻居节点特征进行融合，则计算量太大。PinSage 通过随机游走的方式从每个节点的 K 度邻居中抽取出 T 个重要的节点，其中的"重要性"定义为从目标节点出发的随机游走访问到邻居节点的概率。

（2）aggregate 操作的具体实现。具体来说，以加权平均的方式来实现 aggregate 操作。这里，每个邻居节点的"权重"即为其相对于目标节点的重要性。这一操作为模型效果带来了 46% 的提升。

（3）训练过程中负样本的选取。在训练过程中，PinSage 优化一个最大间隔函数（max-margin loss），尽可能地使正样本和负样本的差距大于预设的间距。出于效率考虑，PinSage 为每个正样本抽取 500 个负样本。不过 500 个负样本对于庞大的图片集（200 万的规模）来说太过渺小，抽取出的负样本与正样本有很大概率完全不相关，这使得学习的过程过于简单，模型训练效果不好。PinSage 采用课程学习（Curriculum Learning）的方式进行训练，在每轮训练中选取难以分辨的负样本。这一操作为模型效果带来了 12% 的提升。

· 总结与扩展 ·

基于图的机器学习任务主要有点分类、边预测和图分类 3 大类。记 $\boldsymbol{h}_i \in \mathbb{R}^{1 \times d}$ 为节点 i 最终的融合特征，下面分别是这 3 类任务具体形式化的例子。

- 点分类：$p(v_i) = \mathrm{Softmax}(\boldsymbol{h}_i)$。
- 边预测：$p(A_{ij}) = \sigma(\boldsymbol{h}_i \boldsymbol{h}_j^{\mathrm{T}})$。
- 图分类：$p(G) = \mathrm{Softmax}(\sum_{i \in V} \boldsymbol{h}_i)$。

　　除了上文提到的 PinSage 模型，图神经网络目前在工业界的应用还不多。不过，学术界对图神经网络在多个领域中的应用已经做出了一些探索，表 3-2 列出了一些代表性的应用论文，供感兴趣的读者继续探索。

　　另一个与图神经网络技术十分相关的话题是网络表示学习（Network Representation Learning），也就是为图（graph）中每个节点生成一个固定维数的向量表示，使得节点在图上的临近关系可以通过向量距离表现出来。感兴趣的读者可以进一步思考网络表示学习技术和图神经网络的关系。

表 3-2　图神经网络在多个领域中的应用

领域	会议	任务	参考文献
推荐系统	KDD 2018	根据学习到的用户表示和商品表示推荐相关商品	[8]
推荐系统	AAAI 2019	建模用户行为序列，推测下一个可能点击的商品	[9]
图挖掘	NIPS 2018	边预测	[10]
图挖掘	NIPS 2018	图上的组合优化问题	[11]
图挖掘	arXiv	图编辑距离	[12]
自然语言处理	EMNLP 2017	语义角色标记	[13]
自然语言处理	ACL 2017	命名实体识别	[14]
视频	AAAI 2018	动作识别	[15]

图神经网络的推理能力

场景描述

人类具有关系推理（Relational Reasoning）和组合泛化（Combinatorial Generalization）[1] 两种突出的能力。

（1）关系推理：根据物体（objects）之间的关系，做出基于逻辑的判断。例如，在一张家庭合影中，判断哪个人是母亲。但是，判断合影中是否有女性则不是一个关系推理问题。

（2）组合泛化：人类所掌握的零碎知识可以通过组合的方式来解决新问题。例如，我们可能从未了解过因特拉肯（Interlaken）这个地方，不过当得知这是一个瑞士的小镇时，便对这个地方产生了一些推测：富裕、风景如画、度假胜地等。

这实际上是人类推理的两个关键步骤：首先学习并梳理物体（或概念）之间的关系，其次基于习得的关系对未知事物做出合理推测。反观神经网络技术，卷积神经网络和循环神经网络都可以学习到物体之间某种类型的关系，尽管这种关系实际上是内化到神经网络的结构之中的。例如，卷积神经网络利用卷积核捕捉局部依赖关系，循环神经网络利用 LSTM 中的门结构捕捉序列依赖关系。对于现实世界中更加复杂的关系，卷积神经网络和循环神经网络则无力刻画。没有对复杂关系的准确刻画，神经网络的组合泛化能力几乎为零。事实上，视频场景理解、迁移学习、元学习、少次学习等任务关注的都是神经网络的组合泛化问题。

在这样的背景下，图神经网络可以看作卷积神经网络和循环神经网络的扩展，它可以对任意结构的数据（graph）进行表示和计算。需要注意的是，图神经网络的输入数据本身可能并不以图的形式被组织起来，而是以人为指定的方式将输入数据整理为图的结构。神经网络所处理的图 G 即是人为指定的内化的依赖关系，神经网络学习的方式、推理的方向皆基于此。

实际上，图神经网络所具备的"推理能力"，恰恰是基于传统神经网络的人工智能系统所欠缺的能力。回望人工智能的发展历程，以符号主义和非符号主义为准则的两大研究阵营有着不同的发展路径，却都取得丰厚硕果。

（1）以专家系统、知识工程为代表的符号主义阵营专注构建基于规则（rule）和知识

（knowledge）的智能系统。人工设定的规则和加工的知识使得智能系统的行为具备可解释性，也使智能系统本身具有基于逻辑的推演能力。

（2）以神经网络、进化算法为代表的非符号主义阵营力图模仿生物高效的学习、计算方式。相较于符号主义的系统，非符号主义系统无须过多人力即可自主地发现数据的关联，不过往往是"知其然，而不知其所以然"。

而从一定程度上讲，图神经网络是两种主义相结合的产物（Neural-symbolic System），其将规则、知识引入神经网络，使得神经网络具备了可解释性和推理能力。

图神经网络可能出现的应用场景和任务包括以下几个方面。

- 边预测：推测节点之间的状态，如在视频推荐系统中，用户是否会对"阿凡达"电影感兴趣。

- 点预测：推测某个节点的状态，如在用户画像中，用户是否为中年人。

- 图预测：推测整个系统的状态，如在场景理解中，视频中是否展现了悲伤的情绪。

根据不同场景，图神经网络需要基于输入的图结构，分别产生边表示、节点表示和图表示。图 3.2 展示的是图神经网络的基本计算框架[1]，其中，节点向量表示为 v，边向量表示为 e，图向量表示为 u，里面涉及的函数通常用如下方式来实现：

$$\phi^e(e_k, v_{r_k}, v_{s_k}, u) := \mathrm{NN}_e([e_k, v_{r_k}, v_{s_k}, u])$$
$$\phi^v(\overline{e_i'}, v_i, u) := \mathrm{NN}_v([\overline{e_i'}, v_i, u])$$
$$\phi^u(\overline{e'}, \overline{v'}, u) := \mathrm{NN}_u([\overline{e'}, \overline{v'}, u])$$
$$\rho^{e \to u}(E_i') := \sum_{k:r_k=i} e_k' \qquad (3\text{-}14)$$
$$\rho^{v \to u}(V') := \sum_i v_i'$$
$$\rho^{e \to u}(E') := \sum_k e_k'$$

其中，v_{s_k} 和 v_{r_k} 分别是边 e_k 的发射节点（sender）和接收节点（receiver）。注意，如果我们对模型所应用的场景认识不足，很难确定图 G 的准确结构，那么可以为模型输入一个完全有向图，由模型自主判断每一个关系的强弱。

```
function GRAPHNETWORK(E, V, u)
    for k ∈ {1...Nᵉ}do
        e′ₖ ← φᵉ(eₖ, v_{rₖ}, v_{sₖ}, u)···1.更新边向量表示
    end for
    for i ∈ {1...Nⁿ}do
        let E′ᵢ = {(e′ₖ, rₖ, sₖ)}_{rₖ=i,k=1:Nᵉ}
        ē′ᵢ ← ρᵉ→ᵘ(E′ᵢ) ··········2.以每个节点为中心聚合邻接边的向量表示
        v′ᵢ ← φᵛ(ē′ᵢ, vᵢ, u) ········3.更新节点向量表示
    end for
    let V′ = {v′}_{i=1:Nⁿ}
    let E′ = {(e′ₖ, rₖ, sₖ)}_{k=1:Nᵉ}
    ē′ ← ρᵉ→ᵘ(E′) ·········· 4.聚合所有边的向量表示
    v̄′ ← ρᵛ→ᵘ(V′) ··········5.聚合所有节点的向量表示
    u′ ← φᵘ(ē′, v̄′, u) ········ 6.更新图向量表示
    return (E′, V′, u′)
end function
```

图 3.2 图神经网络的基本计算框架

知识点

推理、注意力机制（Attention Mechanism）、元学习、分解机（Factorization Machines）

问题 **1** 基于图神经网络的推理框架有何优势？　　难度：★★★★☆

分析与解答

相比于一般的深度学习模型，基于图神经网络的推理框架有如下优势。

（1）具备推断关系的能力。被输入的图 G 仅仅告诉图神经网络模型节点之间潜在的关系，而具体的关系（如强度、正向或负向）则可以让模型从数据中学习。正因如此，为模型输入一个完全有向图或者一个经过专家设计的精准关系图都是可行的。

（2）充分利用训练数据。以图 3.2 中的 $φᵉ(\cdot)$ 函数为例，它用来建模图中任意一对邻接节点之间的关系（即边），而不仅仅是某一对节点的关系。这使得模型在训练数据较少时也有相当的泛化能力。倘若用一个全连接神经网络来

对整个图（graph）涉及的所有关系进行建模，那么这个全连接网络的输入需要整个节点集合，而且网络的参数需要能够表示任意一对节点之间的关系。显然，相较于图神经网络中的$\phi^e(\cdot)$，这个全连接网络需要更大量的训练数据。

（3）模型的输出与节点标号无关。只要$\rho^{e\rightarrow v}(\cdot)$、$\rho^{v\rightarrow u}(\cdot)$、$\rho^{e\rightarrow u}(\cdot)$与输入顺序无关（例如求和操作、取均值操作），则模型最终的输出也与节点标号无关。相反，一般的深度神经网络都与输入的顺序有关。

问题 2　简述图神经网络的推理机制在其他领域中的应用。　难度：★★★★★

分析与解答

事实上，理解了图神经网络的推理机制之后，再回顾其他领域中的一些研究，会发现其中的"异曲同工"之妙。在未来，这些领域很有可能因此受益于图神经网络的发展。

■ 注意力机制

Transformer 模型[16]基本上将自注意力（self-attention）机制的作用发挥到极致。对于一个元素个数为 n 的序列 $X = \{x_1, x_2, \cdots, x_n\}$，$x_i \in \mathbb{R}^{1\times d_x}$，自注意力会产生一个与 X 等长的序列 $Z = \{z_1, z_2, \cdots, z_n\}$，$z_i \in \mathbb{R}^{1\times d_z}$，其中 z_i 是 X 中的元素经过线性变换后的加权求和：

$$z_i = \sum_{j=1}^{n} \alpha_{ij}(x_j W^V), \quad \alpha_{ij} = \frac{\exp(e_{ij})}{\sum_{k=1}^{n} \exp(e_{ik})} \tag{3-15}$$

其中，e_{ij} 代表了第 i 个元素和第 j 个元素之间的相关性：

$$e_{ij} = \frac{(x_i W^Q)(x_j W^K)^{\mathrm{T}}}{\sqrt{d_z}} \tag{3-16}$$

想象一个由 n 个节点组成的完全图，$Z = \{z_1, z_2, \cdots, z_n\}$可以视为节点的向量表示，$e_{ij}$ 的计算方式可以视为$\phi^{e_{ij}}(\cdot)$，z_i 加权求和的计算方式可以视为$\phi^{v_i}(\cdot)$。因此，自注意力机制等同于在以序列元素为节点的完全图上定义了边表示、节点表示的图神经网络。Transformer 中多个自注意力累积起来（层次结构的 Transformer），实现更高阶注意力的计算，恰好等同于图神经网络中的卷积操作,每个节点上的特征沿着网络中的边多次传播。

▨ 基于度量的元学习（Metric-based Meta-Learning）

在元学习中,基于少量训练数据的分类是一个十分常见的任务。假设,数据集包含了 N 个类别的图片,每个类别只有 K 张有标签的图片, K 可能比较小,如 $K=1,2,3,\cdots$,任务是预测一张无标签图片的类别。在这种情况下,由于数据太少,传统的神经网络一般无法训练好,而基于度量的元学习 [17-18] 采取的方式是

$$y = \sum_i k_\theta(\boldsymbol{x}, \boldsymbol{x}_i) \cdot y_i \qquad (3\text{-}17)$$

其中, $\boldsymbol{x}_i$ 是有标签图片的向量表示, y_i 是图片的标签, $k_\theta(\cdot,\cdot)$ 是衡量相似性的核函数。这相当于一个以有标签的图片和待分类图片为节点,待分类图片和有标签图片之间连边的图神经网络, $\phi^{e_{ij}}(\cdot)$ 的功能由 $k_\theta(\cdot,\cdot)$ 实现。不过,基于度量的元学习目前没有考虑高阶的相似性,也许我们可以借用图神经网络的思路,设计出考虑高阶相似性的元学习方法。

▨ 分解机

分解机 [19] 旨在解决大规模稀疏数据下的特征组合问题,在真实的推荐场景中有着重要的应用。基本的分解机模型为

$$y(\boldsymbol{x}) = w_0 + \sum_{i=1}^{n} w_i x_i + \sum_{i=1}^{n} \sum_{j=i+1}^{n} \langle \boldsymbol{v}_i, \boldsymbol{v}_j \rangle \cdot x_i x_j \qquad (3\text{-}18)$$

其中, $\boldsymbol{x}$ 是输入向量, y 是输出, x_i 是第 i 维特征, $\boldsymbol{v}_i$ 是 x_i 的辅助表示向量, $\langle\cdot,\cdot\rangle$ 表示向量点积, w_i 是权值系数。在一个以特征为节点的完全图中, $\langle\cdot,\cdot\rangle \cdot x_i x_j$ 操作对应 $\phi^{e_{ij}}(\cdot)$,对所有二次项求和对应着 $\rho^{e \to u}(\cdot)$。为这个图设计更多类型的边甚至可以实现域分解机（Field-aware Factorization Machine）[20]。

· 总结与扩展 ·

关于图神经网络推理能力的研究,重点不在于框架本身的设计如何,而在于它在神经网络中引入关系并对关系建模这一思想。正是这一思想赋予了图神经网络推理的能力。目前,基于图神经网络的推理主要应用在视觉问答（Visual Question Answering, VQA）任务中 [21-22]。不过,我们在本章中也指出了这种思想在其他领域中的应用。可见,对关系的建模在各个领域中都有其价值。设计更高效的关系建模方式将会成为一个富有前景的研究方向。

参考文献

[1] BATTAGLIA P W, HAMRICK J B, BAPST V, et al. Relational inductive biases, deep learning, and graph networks[J]. arXiv preprint arXiv:1806.01261, 2018.

[2] BRONSTEIN M M, BRUNA J, LECUN Y, et al. Geometric deep learning: Going beyond euclidean data[J]. IEEE Signal Processing Magazine, IEEE, 2017, 34(4): 18–42.

[3] GORI M, MONFARDINI G, SCARSELLI F. A new model for learning in graph domains[C]//Proceedings of the 2005 IEEE International Joint Conference on Neural Networks, 2005, 2: 729–734.

[4] DEFFERRARD M, BRESSON X, VANDERGHEYNST P. Convolutional neural networks on graphs with fast localized spectral filtering[C]//Advances in Neural Information Processing Systems, 2016: 3844–3852.

[5] VELIČKOVIĆ P, CUCURULL G, CASANOVA A, et al. Graph attention networks[J], 2018.

[6] HAMILTON W, YING Z, LESKOVEC J. Inductive representation learning on large graphs[C]//Advances in Neural Information Processing Systems, 2017: 1024–1034.

[7] ZÜGNER D, AKBARNEJAD A, GÜNNEMANN S. Adversarial attacks on neural networks for graph data[C]//Proceedings of the 24th ACM SIGKDD International Conference on Knowledge Discovery & Data Mining. ACM, 2018: 2847–2856.

[8] YING R, HE R, CHEN K, et al. Graph convolutional neural networks for web-scale recommender systems[C]//Proceedings of the 24th ACM SIGKDD International Conference on Knowledge Discovery & Data Mining. ACM, 2018: 974–983.

[9] WU S, TANG Y, ZHU Y, et al. Session-based recommendation with graph neural

networks[C]//Proceedings of the AAAI Conference on Artificial Intelligence, 2019, 33:346-353.

[10] ZHANG M, CHEN Y. Link prediction based on graph neural networks[C]// Advances in Neural Information Processing Systems, 2018: 5171–5181.

[11] LI Z, CHEN Q, KOLTUN V. Combinatorial optimization with graph convolutional networks and guided tree search[C]//Advances in Neural Information Processing Systems, 2018: 537–546.

[12] BAI Y, DING H, BIAN S, et al. Graph edit distance computation via graph neural networks[J]. arXiv preprint arXiv:1808.05689, 2018.

[13] MARCHEGGIANI D, TITOV I. Encoding sentences with graph convolutional networks for semantic role labeling[J]. Conference on Empirical Methods in Natural Language Processing, 2017.

[14] CETOLI A, BRAGAGLIA S, O'HARNEY A D, et al. Graph convolutional networks for named entity recognition[J]. arXiv preprint arXiv:1709,10053, 2017.

[15] YAN S, XIONG Y, LIN D. Spatial temporal graph convolutional networks for skeleton-based action recognition[C]//32nd AAAI Conference on Artificial Intelligence, 2018.

[16] VASWANI A, SHAZEER N, PARMAR N, et al. Attention is all you need[C]// Advances in Neural Information Processing Systems, 2017: 5998–6008.

[17] VINYALS O, BLUNDELL C, LILLICRAP T, et al. Matching networks for one shot learning[C]//Advances in Neural Information Processing Systems, 2016: 3630–3638.

[18] SUNG F, YANG Y, ZHANG L, et al. Learning to compare: Relation network for few-shot learning[C]//Proceedings of the IEEE Conference on Computer Vision and Pattern Recognition, 2018: 1199–1208.

[19] RENDLE S. Factorization machines[C]//2010 IEEE International Conference on Data Mining. IEEE, 2010: 995–1000.

[20] JUAN Y, ZHUANG Y, CHIN W-S, et al. Field-aware factorization machines for CTR prediction[C]//Proceedings of the 10th ACM Conference on

Recommender Systems. ACM, 2016: 43–50.

[21] SANTORO A, RAPOSO D, BARRETT D G, et al. A simple neural network module for relational reasoning[C]//Advances in Neural Information Processing Systems, 2017: 4967–4976.

[22] NARASIMHAN M, LAZEBNIK S, SCHWING A. Out of the box: Reasoning with graph convolution nets for factual visual question answering[C]// Advances in Neural Information Processing Systems, 2018: 2659–2670.

第 4 章

生成模型

为了让机器更好地理解这个世界，我们不仅要让机器知道数据"是什么"，也要让它理解数据是"怎么来的"。相比于理解数据是什么，学习数据是如何产生的则是一个更加困难和有挑战的问题。前者好比有一个老师在指导你如何进行学习，后者则只有一堆冷冰冰的数据，你需要自己学习数据的本质和来源。生成模型（Generative Model）就是要让机器找到产生数据的概率分布 $P(x)$。有了生成数据的分布 $P(x)$ 后，我们就可以让机器从中采样生成另一番"别样生动"的世界。生成模型在图像、语音、文本等方面有着各式各样的应用，比如从传统的图像生成到如今的机器吟诗作对等。本章将为你掀开一些常见的生成模型的面纱。

深度信念网络与深度波尔兹曼机

神经网络自发展以来，由于其良好的拟合与泛化能力，受到了广泛的关注。然而，将传统的神经网络扩展到多层神经网络时，由于层数增加，参数量也随之剧增，导致训练效率低下。此外，多层神经网络在做梯度反向传播时，会存在梯度消失或爆炸等问题，导致训练结果不理想。因此在 2000 年左右，相比于神经网络，逻辑回归、支持向量机（Support Vector Machine，SVM）等方法统治着机器学习的天下。但在 2006 年，Hinton 提出了深度信念网络（Deep Belief Network, DBN），通过非监督方式预训练一个深度信念网络来初始化一个神经网络模型，获得了良好的效果，开启了深度学习的浪潮。

知识点

概率图模型、受限玻尔兹曼机（Restricted Boltzmann Machine, RBM）、深度信念网络、深度波尔兹曼机（Deep Boltzmann Machine, DBM）

问题 **1** 简单介绍 RBM 的训练过程。如何扩展普通的 RBM 以对图像数据进行建模？ 难度：★★☆☆☆

分析与解答

RBM 是一个无向图模型。相比于普通玻尔兹曼机，RBM 删除了可见层内部的连接以及隐藏层内部的连接，如图 4.1 所示，其可见层 v 与隐藏层 h 的联合概率分布为

$$p(v, h) = \frac{1}{Z} \exp(-E(v, h))$$
$$E(v, h) = -\sum_{i,j} w_{ij} v_i h_j - \sum_i b_i v_i - \sum_j c_j h_j \tag{4-1}$$

其中，$E(\boldsymbol{v}, \boldsymbol{h})$ 称作能量函数，$Z = \sum_{\boldsymbol{v}, \boldsymbol{h}} \exp(-E(\boldsymbol{v}, \boldsymbol{h}))$ 是归一化因子（也称划分函数）。由于在可见层内部以及隐藏层内部没有边相连，$\boldsymbol{v}$ 与 $\boldsymbol{h}$ 的条件概率分布都是分解的，即

$$p(\boldsymbol{h} \mid \boldsymbol{v}) = \prod_j p(h_j \mid \boldsymbol{v})$$
$$p(\boldsymbol{v} \mid \boldsymbol{h}) = \prod_i p(v_i \mid \boldsymbol{h}) \tag{4-2}$$

此外，可见层 $\boldsymbol{v}$ 的边缘概率分布可根据联合概率分布求得，即

$$p(\boldsymbol{v}) = \frac{1}{Z} \sum_{\boldsymbol{h}} \exp(-E(\boldsymbol{v}, \boldsymbol{h})) \tag{4-3}$$

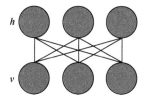

图 4.1 受限玻尔兹曼机（RBM）

在训练时，RBM 以最大化数据似然为目标。似然函数 $\log p(\boldsymbol{v})$ 关于权重 w_{ij} 的梯度为

$$\frac{\partial \log p(\boldsymbol{v})}{\partial w_{ij}} = \langle v_i, h_j \rangle_{\text{data}} - \langle v_i, h_j \rangle_{\text{model}} \tag{4-4}$$

给定训练数据 $\boldsymbol{v}$ 后，上述梯度公式中的第一项 $\langle v_i, h_j \rangle_{\text{data}}$ 可以很容易获得，但第二项 $\langle v_i, h_j \rangle_{\text{model}}$ 则需要从当前模型中获得无偏数据 $(\boldsymbol{v}, \boldsymbol{h})$。模型的无偏数据可以通过对可见层进行随机初始化，然后不断迭代使用吉布斯采样（Gibbs Sampling）来获得，但这通常需要很多次迭代才能够保证获得的数据收敛到模型分布。为了加快 RBM 的训练速度，Hinton 在 2002 年提出了对比离散度（Contrastive Divergence, CD）算法 [1]，即在获取无偏数据 $(\boldsymbol{v}, \boldsymbol{h})$ 时，直接用当前数据 $\boldsymbol{v}$ 来对可见层进行初始化（而不是随机初始化），并且在采样中也只使用 k 步吉布斯采样（记作 CD-k 算法）。一般来说，在训练 RBM 时，CD-1 算法（即只使用 1 步吉布斯采样）就能够对梯度有很好的近似并达到不错的训练效果。

在对图像数据进行建模时，我们可以对原始 RBM 做以下修改。首先，由于普通 RBM 的可见层是二元形式的，即 $v_i \in \{0,1\}$，而图像的像

素点取值在归一化后是实数值，即$v_i \in [0,1]$，所以需要对普通 RBM 进行扩展。我们可以将能量函数 $E(\boldsymbol{v}, \boldsymbol{h})$ 做如下修改：

$$E(\boldsymbol{v}, \boldsymbol{h}) = \sum_i \frac{(v_i - b_i)^2}{2\sigma_i^2} - \sum_{i,j} \frac{w_{ij} v_i h_j}{\sigma_i^2} - \sum_j c_j h_j \qquad （4\text{-}5）$$

此时可见层的条件分布是一个高斯分布：$p(v_i \mid \boldsymbol{h}) = \mathcal{N}(v_i \mid \sum_j w_{ij} h_j + b_i, \sigma_i^2)$ [2]。其次，考虑到图像数据中相邻像素之间其实存在着一定的联系，因此可以在 RBM 的可见层内部增加连接，即能量函数变为

$$E(\boldsymbol{v}, \boldsymbol{h}) = \sum_{i,j,k} w_{ijk} v_i h_j v_k - \sum_i b_i v_i - \sum_j c_j h_j \qquad （4\text{-}6）$$

但这种建模方式会导致参数量过大，因此参考文献 [3] 对参数 w_{ijk} 采用了分解方式，即令 $w_{ijk} = \sum_f b_{if} c_{jf} p_{kf}$，这样可以降低参数量，能够更快速地对模型进行训练。

问题 2 DBN 与 DBM 有什么区别？　　　　　难度：★★★☆☆

分析与解答

首先，在模型结构上，DBN 通过不断堆叠 RBM 得到一个深度信念网络，其最顶层是一个无向的 RBM，但下层结构则是有向的；与此不同，DBM 属于真正的无向图模型，所有层与层之间的连接都是无向的。以一个三层网络结构为例，两者的结构对比如图 4.2 所示。

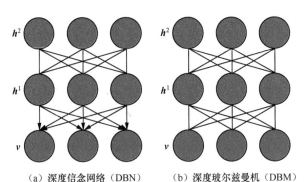

（a）深度信念网络（DBN）　　　　（b）深度玻尔兹曼机（DBM）

图 4.2　DBN 与 DBM 模型结构图

其次，在训练模型方面，DBN 只需要通过逐层训练 RBM，最终得到的就是一个 DBN 模型；而 DBM 由于是一个无向图模型，有具体的概率分布，它的目标是最大化似然函数，即argmax$_\theta$ $p(\boldsymbol{v};\theta)$。为了更好地训练 DBM，参考文献 [4] 将 DBM 的训练过程分为两个阶段，即预训练与模型整体训练。该论文提出了类似于 DBN 中逐层训练 RBM 的方式，但考虑到在 DBM 中隐藏层的节点实际上受到上下两层的影响，所以在逐层预训练的过程中，为了消除这种影响，论文在预训练过程中将每一个输入层进行了一份复制，从而隐藏层的条件分布变为

$$P(h_j = 1 \mid \boldsymbol{v}) = \sigma(\sum_i w_{ij}v_i + \sum_i w_{ij}v_i) \qquad (4\text{-}7)$$

其中，$\boldsymbol{v}$ 为当前预训练层的输入，$\boldsymbol{h}$ 为当前预训练层的输出。另外，在预训练完成后，DBM 还需要一个模型整体训练过程，以最大化似然为目标进行模型的整体训练。不过，由于归一化因子 Z 的存在，确切的似然值是无法计算的，因此参考文献 [4] 采用变分推断（Variational Inference）方法，通过优化目标函数的一个下界来间接优化原始的目标函数，即

$$\ln p(\boldsymbol{v};\theta) \geqslant \ln p(\boldsymbol{v};\theta) - \mathrm{KL}(q(\boldsymbol{h}\mid\boldsymbol{v};\mu) \| p(\boldsymbol{h}\mid\boldsymbol{v};\theta)) \triangleq \mathcal{J} \qquad (4\text{-}8)$$

其中，$q(\boldsymbol{h}\mid\boldsymbol{v};\mu)$是真实后验分布$p(\boldsymbol{h}\mid\boldsymbol{v};\theta)$的近似，并且可以分解为乘积形式，即$q(\boldsymbol{h}\mid\boldsymbol{v};\mu) = \prod_j q(h_j)$，其中$q(h_j = 1) = \mu_j$。这种用可分解的乘积形式的假设分布来近似真实后验分布的方法，又称为平均场（Mean Field）法。这样，似然函数的下界可以进一步写为

$$\mathcal{J} = \frac{1}{2}\sum_{i,k}L_{ik}v_iv_k + \frac{1}{2}\sum_{j,m}J_{jm}\mu_j\mu_m + \sum_{i,j}W_{ij}v_i\mu_j -$$
$$\ln Z(\theta) + \sum_j[\mu_j\ln\mu_j + (1-\mu_j)\ln(1-\mu_j)] \qquad (4\text{-}9)$$

因此 DBM 的模型整体训练过程分为两步：首先固定参数θ，采用梯度下降法对μ进行优化；当μ收敛后，再采用上一节所提到的对比离散度算法对参数θ进行优化。

最后，在将训练好的模型用于初始化前馈神经网络时，两个模型也有区别。对于 DBN，它可以直接将权重赋值给前馈神经网络；但对于 DBM，由于第一个隐藏层除了接收可见层的输入，也接收第二个隐藏层的输入，因此在用 DBM 初始化前馈神经网络时，需要将模型的后验

分布$q(\boldsymbol{h}^2|\boldsymbol{v})$也作为前馈神经网络的一个额外输入（这里 $\boldsymbol{h}^2$ 代表第二层隐向量），如图 4.3 所示。

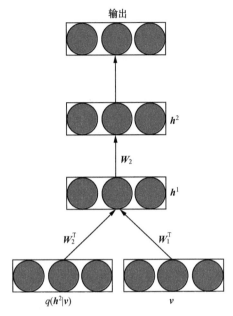

图 4.3　用 DBM 来初始化前馈神经网络

变分自编码器基础知识

场景描述

目前学术界流行的生成模型主要有两种，即变分自编码器（Variational AutoEncoder, VAE）和生成式对抗网络（Generative Adversarial Network, GAN）。相比于 GAN 采用对抗训练的思想，VAE 则是用了数学上更为优美的变分推断来解决模型优化问题，通过优化目标函数的下界来达到训练模型的目的。本节将对 VAE 的基础知识进行简要的介绍。

知识点

变分自编码器、变分推断、半监督学习、特征解耦

问题 **1** 简述 VAE 的基本思想，以及它是如何用变分推断方法进行训练的？ 难度：★ ★ ☆ ☆ ☆

分析与解答

VAE 是 Kingma 和 Welling 在 2013 年提出的 [5]。他们假设数据 x_i 由一个随机过程产生，该随机过程分为两步：先由先验分布 $P_{\theta^*}(z)$ 产生隐藏变量 z_i；再由条件分布 $P_{\theta^*}(x|z_i)$ 产生数据 x_i。图 4.4（a）是这个随机过程的图模型。这里的参数 θ^* 可以通过最大化数据似然来求得：

$$\theta^* = \arg\max_{\theta} \sum_i \log P_{\theta}(x_i) \qquad (4\text{-}10)$$

根据图 4.4（a）中的图模型，$P_{\theta}(x_i)$ 可以表示为

$$P_{\theta}(x_i) = \int P_{\theta}(x_i|z)P_{\theta}(z)\mathrm{d}z \qquad (4\text{-}11)$$

这样我们可以用采样法估计 $P_{\theta}(x_i)$，即

$$P_\theta(\boldsymbol{x}_i) \approx \frac{1}{n}\sum_{j=1}^{n} P_\theta(\boldsymbol{x}_i \mid \boldsymbol{z}_j)$$

$$\boldsymbol{z}_j \sim P_\theta(\boldsymbol{z}), \quad j = 1, 2, \cdots, n$$

（4-12）

然而，采样法存在一个问题：由于 $\boldsymbol{x}$ 的维度一般比较高，因此需要很多次采样才能保证上述估计的准确性。此外，对于某些 $\boldsymbol{z}$，有 $P_\theta(\boldsymbol{x}_i \mid \boldsymbol{z}) \approx 0$，这对估计 $P_\theta(\boldsymbol{x}_i)$ 几乎没有什么贡献。因此，VAE 的核心想法就是找到一个容易生成数据 $\boldsymbol{x}$ 的 $\boldsymbol{z}$ 的分布，即后验分布 $Q_\phi(\boldsymbol{z} \mid \boldsymbol{x}_i)$。注意，这里 $\boldsymbol{z}$ 集中在低维空间中，其分布与数据 $\boldsymbol{x}$ 是紧密相关的。有了 $Q_\phi(\boldsymbol{z} \mid \boldsymbol{x}_i)$ 之后，如何优化似然函数 $P_\theta(\boldsymbol{x}_i)$ 呢？这里采用变分推断，通过优化目标函数的一个下界来间接优化原始目标函数。考虑到后验分布 $Q_\phi(\boldsymbol{z} \mid \boldsymbol{x}_i)$ 应该和真实的后验分布 $P_\theta(\boldsymbol{z} \mid \boldsymbol{x}_i)$ 较为接近，二者之间的 KL 散度会比较小，由此得到似然函数的一个下界：

$$\log P_\theta(\boldsymbol{x}_i) \geqslant \log P_\theta(\boldsymbol{x}_i) - \mathrm{KL}(Q_\phi(\boldsymbol{z} \mid \boldsymbol{x}_i) \| P_\theta(\boldsymbol{z} \mid \boldsymbol{x}_i))$$

$$= \log P_\theta(\boldsymbol{x}_i) - \mathbb{E}_{\boldsymbol{z} \sim Q}[\log Q_\phi(\boldsymbol{z} \mid \boldsymbol{x}_i) - \log P_\theta(\boldsymbol{z} \mid \boldsymbol{x}_i)]$$

$$= \log P_\theta(\boldsymbol{x}_i) - \mathbb{E}_{\boldsymbol{z} \sim Q}[\log Q_\phi(\boldsymbol{z} \mid \boldsymbol{x}_i) - \log P_\theta(\boldsymbol{x}_i \mid \boldsymbol{z}) - \log P_\theta(\boldsymbol{z}) + \log P_\theta(\boldsymbol{x}_i)] \quad （4\text{-}13）$$

$$= \mathbb{E}_{\boldsymbol{z} \sim Q}[\log P_\theta(\boldsymbol{x}_i \mid \boldsymbol{z})] - \mathrm{KL}(Q_\phi(\boldsymbol{z} \mid \boldsymbol{x}_i) \| P_\theta(\boldsymbol{z}))$$

$$\triangleq \mathcal{J}_{\mathrm{VAE}}$$

因为无法直接对似然函数 $P_\theta(\boldsymbol{x}_i)$ 进行优化，所以在变分推断中通过不断优化其下界 $\mathcal{J}_{\mathrm{VAE}}$ 来达到最大化 $P_\theta(\boldsymbol{x}_i)$ 的目的。

上述介绍只是给出了 VAE 的大体框架，并没有限定具体使用的分布。在 VAE 中，我们采用如下分布函数：

$$P_\theta(\boldsymbol{z}) \sim \mathcal{N}(\boldsymbol{z} \mid \boldsymbol{0}, \boldsymbol{I})$$

$$P_\theta(\boldsymbol{x}_i \mid \boldsymbol{z}) \sim \mathcal{N}(\boldsymbol{x}_i \mid \mu(\boldsymbol{z}; \theta), \sigma^2(\boldsymbol{z}; \theta) * \boldsymbol{I}) \quad （4\text{-}14）$$

$$Q_\phi(\boldsymbol{z} \mid \boldsymbol{x}_i) \sim \mathcal{N}(\boldsymbol{z} \mid \mu(\boldsymbol{x}_i; \phi), \sigma^2(\boldsymbol{x}_i; \phi) * \boldsymbol{I})$$

其中，高斯分布的参数 $\mu(\boldsymbol{z}; \theta)$、$\sigma(\boldsymbol{z}; \theta)$、$\mu(\boldsymbol{x}_i; \phi)$ 和 $\sigma(\boldsymbol{x}_i; \phi)$ 可以用神经网络来建模。给定了分布的具体形式之后，目标函数 $\mathcal{J}_{\mathrm{VAE}}$ 中的第二项 $\mathrm{KL}(Q_\phi(\boldsymbol{z} \mid \boldsymbol{x}_i) \| P_\theta(\boldsymbol{z}))$ 可以解析地计算出来（因为两个分布都是高斯分布），所以问题主要落在如何计算 $\mathbb{E}_{\boldsymbol{z} \sim Q}[\log P_\theta(\boldsymbol{x}_i \mid \boldsymbol{z})]$ 上。这里可以使用采样来逼近这个期望，即

$$\mathbb{E}_{z \sim Q}[\log P_\theta(\boldsymbol{x}_i \mid \boldsymbol{z})] \approx \frac{1}{L}\sum_{l=1}^{L}\log P_\theta(\boldsymbol{x}_i \mid \boldsymbol{z}_l)$$

$$\boldsymbol{z}_l \sim Q_\phi(\boldsymbol{z} \mid \boldsymbol{x}_i), \quad l = 1, 2, \cdots, L$$

（4-15）

图 4.4（b）是 VAE 的模型框架图。

上述 VAE 的训练过程存在对 $\boldsymbol{z}$ 的采样，这使神经网络中存在一些随机性的节点，导致在反向传播时梯度没有办法在这些节点反向传播回去。因此，参考文献 [5] 在 VAE 中使用了一种参数化技巧，即

$$\boldsymbol{z} = \mu(\boldsymbol{x}_i; \phi) + \sigma(\boldsymbol{x}_i; \phi) * \epsilon, \quad \epsilon \sim \mathcal{N}(\boldsymbol{0}, \boldsymbol{I})$$

（4-16）

这样就把采样过程转移到了输入层，只需要在输入层进行均值为 $\boldsymbol{0}$、方差为 $\boldsymbol{I}$ 的高斯采样即可，中间的节点都变成了确定性节点，梯度可以反向传播回去了。图 4.4（c）是经过参数化后的 VAE 模型框架图。

至此，整个 VAE 模型就可以采用标准的批量梯度下降法进行训练了。在生成新数据时，只需要从先验分布中采样出 $\boldsymbol{z} \sim P_\theta(\boldsymbol{z}) = \mathcal{N}(\boldsymbol{0}, \boldsymbol{I})$，然后输入到解码器中就可以生成新样本了，如图 4.4（d）所示。

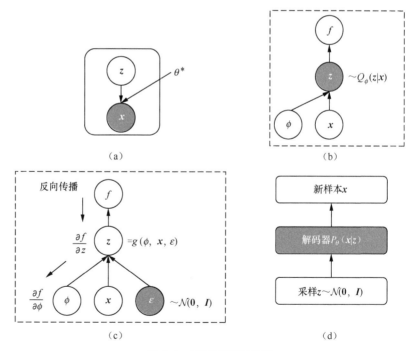

图 4.4 VAE 模型结构图

问题 2 **VAE 如何控制生成图像的**
类别？

难度：★★★☆☆

分析与解答

普通的 VAE 在生成新数据时，先从先验分布中采样出 $z \sim P_\theta(z) = \mathcal{N}(\mathbf{0}, \boldsymbol{I})$，然后送入解码器生成新数据。在这个过程中，我们是没有办法控制生成数据的类别的，并且也无法很好地解释 z 中隐变量的含义。为了能够在生成图像的过程中将类别考虑进去，Diederik 等人提出了一种半监督的生成模型框架[6]。相比于原始 VAE，该框架在产生数据时还受到另一个隐变量 y 的影响，而这个 y 就控制着所生成的图像的类别。该框架的数据生成过程如下：

$$P_\theta(y) = Cat(y \mid \pi)$$
$$P_\theta(z) = \mathcal{N}(z \mid \mathbf{0}, \boldsymbol{I}) \qquad (4\text{-}17)$$
$$P_\theta(\boldsymbol{x} \mid y, z) = f(\boldsymbol{x}; y, z, \theta)$$

其中，$Cat(y \mid \pi)$ 表示一个多项分布。有了各变量的分布后，可以通过最大化似然函数来优化模型的参数。但与原始 VAE 一样，由于变量间建模的非共轭、非线性等特性，准确的后验分布 $P_\theta(z \mid \boldsymbol{x}, y), P_\theta(y \mid \boldsymbol{x})$ 无法直接计算出来，因此这里同样使用变分推断方法来进行模型的优化，即寻找一个参数化的分布 $Q_\phi(z \mid \boldsymbol{x}, y), Q_\phi(y \mid \boldsymbol{x})$ 来近似真实的后验分布，然后通过优化目标函数的一个下界来达到优化目标函数的目的。

在半监督学习中，存在一部分有标签的数据 $D_l(\boldsymbol{X}, \boldsymbol{Y}) = \{(\boldsymbol{x}_1, y_1), (\boldsymbol{x}_2, y_2), \cdots, (\boldsymbol{x}_n, y_n)\}$，以及一部分没有标签的数据 $D_u(\boldsymbol{X}) = \{\boldsymbol{x}_{n+1}, \boldsymbol{x}_{n+2}, \cdots, \boldsymbol{x}_{n+N}\}$。对于有标签数据 $D_l(\boldsymbol{X}, \boldsymbol{Y})$，要优化的目标函数的下界是

$$\log P_\theta(\boldsymbol{x}, y) \geqslant \log P_\theta(\boldsymbol{x}, y) - \mathrm{KL}(Q_\phi(z \mid \boldsymbol{x}, y) \| P_\theta(z \mid \boldsymbol{x}, y))$$
$$= \mathbb{E}_{Q_\phi(z \mid \boldsymbol{x}, y)}[\log P_\theta(\boldsymbol{x} \mid y, z) + \log P_\theta(y) + \log P_\theta(z) - \log Q_\phi(z \mid \boldsymbol{x}, y)] \qquad (4\text{-}18)$$
$$\triangleq \mathcal{J}_l(\boldsymbol{x}, y)$$

而对于没有标签的数据 $D_u(\boldsymbol{X})$ 而言，标签 y 是一个隐藏变量，需要从数据中推测出来，此时要优化的目标函数的下界为

$$\log P_{\theta}(\boldsymbol{x}) \geqslant \log P_{\theta}(\boldsymbol{x}) - \mathrm{KL}(Q_{\phi}(y, \boldsymbol{z} \,|\, \boldsymbol{x}) \,\|\, P_{\theta}(y, \boldsymbol{z} \,|\, \boldsymbol{x}))$$

$$= \mathbb{E}_{Q_{\phi}(y, \boldsymbol{z}|\boldsymbol{x})}[\log P_{\theta}(\boldsymbol{x} \,|\, y, \boldsymbol{z}) + \log P_{\theta}(y) + \log P_{\theta}(\boldsymbol{z}) - \log Q_{\phi}(y, \boldsymbol{z} \,|\, \boldsymbol{x})]$$

$$= \sum_{y} Q_{\phi}(y \,|\, \boldsymbol{x})[\mathcal{J}_{l}(\boldsymbol{x}, y)] + \mathcal{H}(Q_{\phi}(y \,|\, \boldsymbol{x})) \tag{4-19}$$

$$\triangleq \mathcal{J}_{u}(\boldsymbol{x})$$

其中，$\mathcal{H}(Q_{\phi}(y \,|\, \boldsymbol{x}))$ 是分布 $Q_{\phi}(y \,|\, \boldsymbol{x})$ 的熵。对于整个数据集而言，优化的目标为

$$\mathcal{J} = \sum_{(\boldsymbol{x}, y) \in D_{l}} \mathcal{J}(\boldsymbol{x}, y) + \sum_{\boldsymbol{x} \in D_{u}} \mathcal{J}_{u}(\boldsymbol{x}) \tag{4-20}$$

注意，分布 $Q_{\phi}(y \,|\, \boldsymbol{x})$ 其实就是一个分类器，但其参数的更新来自于目标 $\mathcal{J}_{u}(\boldsymbol{x})$，也就是没有标签的数据集。如果想将 $Q_{\phi}(y \,|\, \boldsymbol{x})$ 作为最终的分类器的话，因为没有监督信息，这个分类器很可能是不能使用的。因此，参考文献 [6] 添加了分类的优化目标来更好地训练 $Q_{\phi}(y \,|\, \boldsymbol{x})$，最终的目标函数为

$$\mathcal{J}^{\alpha} = \mathcal{J} + \alpha \, \mathbb{E}_{D_{l}(\boldsymbol{X}, \boldsymbol{Y})}[\log Q_{\phi}(y \,|\, \boldsymbol{x})] \tag{4-21}$$

其中，α 用来平衡生成模型与分类器的权重。在训练过程中，我们使用同 VAE 训练过程中一样的参数化技巧，利用采样和梯度下降法来更新参数 ϕ 和 θ。

问题 3 如何修改 VAE 的损失函数，使得隐藏层的编码是相互解耦的？

难度：★ ★ ★ ☆ ☆

分析与解答

以图像数据为例，隐藏层编码解耦是指隐藏层编码的每一个维度只控制图像的某一类特性，比如第一个维度控制形状、第二个维度控制大小等，这样我们可以更好地控制模型产生的图像的特性。为了能够学习到隐藏层编码 $\boldsymbol{z}$ 的解耦表示，Irina 提出了 β -VAE[7]。在该模型中，数据 $\boldsymbol{x}$ 仍然是由隐藏层编码 $\boldsymbol{z}$ 生成的，$\boldsymbol{z}$ 中的一些维度之间是相互独立的，它们分别控制着图像的形状、大小等特性，这些维度记作 $\boldsymbol{v}$；而 $\boldsymbol{z}$ 中的另外一些维度则是相关的，记作 $\boldsymbol{w}$。在生成数据时，先采样一个隐藏层

编码 z，再据此生成数据 x，即 $x \sim P_\theta(x \mid z) = P_\theta(x \mid v, w)$。参数 θ 可以通过最大化数据生成概率来求得：

$$\max_\theta \mathbb{E}_{P_\theta(z)}[P_\theta(x \mid z)] \qquad (4\text{-}22)$$

与 VAE 一样，真实的后验分布 $P_\theta(z \mid x)$ 无法直接求得，我们使用一个参数化的后验分布 $Q_\phi(z \mid x)$ 作为近似估计。为了确保这个近似的后验分布 $Q_\phi(z \mid x)$ 所得到的隐藏层编码的各个维度之间是相互独立的，我们使用一个 KL 散度进行约束，使 $Q_\phi(z \mid x)$ 与标准正态分布 $P_\theta(z) = \mathcal{N}(\mathbf{0}, \boldsymbol{I})$ 相近，这是因为标准正态分布的协方差为单位矩阵，代表其各个维度之间没有相关性。这样，在给定训练数据集 D 的情况下，目标函数变为如下带约束的形式：

$$\begin{aligned} \max_{\theta, \phi} \quad & \mathbb{E}_{x \sim D}[\mathbb{E}_{Q_\phi(z \mid x)}[\log P_\theta(x \mid z)]] \\ \text{s.t.} \quad & \mathrm{KL}(Q_\phi(z \mid x) \| P_\theta(z)) < \epsilon \end{aligned} \qquad (4\text{-}23)$$

我们可以引入拉格朗日乘子 β 来求解上述带约束优化问题，此时优化目标变为

$$\mathcal{F}(\theta, \phi, \beta) = \mathbb{E}_{Q_\phi(z \mid x)}[\log P_\theta(x \mid z)] - \beta(\mathrm{KL}(Q_\phi(z \mid x) \| P_\theta(z)) - \epsilon) \quad (4\text{-}24)$$

该优化目标的下界为

$$\begin{aligned} \mathcal{F}(\theta, \phi, \beta) &\geqslant \mathbb{E}_{Q_\phi(z \mid x)}[\log P_\theta(x \mid z)] - \beta \cdot \mathrm{KL}(Q_\phi(z \mid x) \| P_\theta(z)) \\ &\triangleq \mathcal{J}(\theta, \phi, \beta) \end{aligned} \qquad (4\text{-}25)$$

在上述公式中，为了使学习到的隐藏层编码尽可能相互独立，通常有 $\beta > 1$；而当 $\beta = 1$ 时，就是标准的 VAE。不过，β-VAE 也存在一些问题，比如，当 β 太大时，网络会更关注 KL 散度的惩罚项，从而导致模型重构误差变大。大家可以自己思考一下，如何在保证解码器重构误差较小的同时，使隐藏层编码具有解耦性质呢？

变分自编码器的改进

VAE 模型在刚提出时，与当时的其他生成模型相比有很多优点，比如训练稳定，通过学习得到的隐藏变量 z 能够较好地重建出原有图像等；但同时，VAE 也存在一些问题，比如损失函数是均方误差形式，这使模型生成的图像较为模糊等。因此，有许多工作对原始的 VAE 模型进行了改进。

知识点

归一化流（Normalizing Flow）、重要性采样、生成式对抗网络

问题 **1** 原始 VAE 存在哪些问题？有哪些改进方式？ 难度：★★★★☆

分析与解答

原始 VAE 存在以下两个方面的问题。

（1）在 VAE 中，假设近似后验分布 $Q_\phi(z \mid x)$ 是高斯分布形式，但实际应用中真实的后验分布 $P_\theta(z \mid x)$ 不一定满足这个形式，它可能是任意的复杂形式。

（2）VAE 以优化对数似然函数 $\log P_\theta(x)$ 的下界 $\mathcal{J}(x)$ 为目标，但这个下界与真正要优化的原始目标函数可能有一定的距离。

对于第一个问题，可以使用归一化流方法[8]或者引入额外的隐藏变量[9]来改进。归一化流方法是指在拟合一个复杂分布 $p(x)$ 时，先找到一个较为简单的分布 $Q_0(x)$，然后经过一系列可逆的参数化变换依次得到概率分布 $Q_1(x), Q_2(x), \cdots, Q_K(x)$，用最后的 $Q_K(x)$ 来逼近复杂分布 $p(x)$。在 VAE 中，为了拟合真实的后验分布 $P_\theta(z \mid x)$，参考文献 [8] 假设初始的隐藏变量 z_0 服从一个简单的概率分布（比如高斯分布），即 $z_0 \sim Q_0(z_0)$；

然后将 z_0 经过 K 次变换得到 z_K，每一次变换具有如下形式：

$$z_k = f(z_{k-1}), \quad \forall\, k = 1, \cdots, K \qquad (4\text{-}26)$$

只要函数 f 的雅克比行列式是可计算的，就能很容易算出 z_K 的概率密度函数。参考文献 [8] 使用了 $f(z_{k-1}) = z_{k-1} + u_k h(w_k^{\mathrm{T}} z_{k-1} + b_k)$ 作为变换函数，其中，$u_k \in R^n$、$w_k \in R^n$ 和 $b_k \in R$ 为参数，$h(\cdot)$ 是一个非线性变换函数。上述变换的雅克比行列式的绝对值为

$$\left| \det \frac{\partial f}{\partial z_{k-1}} \right| = \left| \det(I + u_k \psi_k(z_{k-1})^{\mathrm{T}}) \right| = \left| 1 + u_k^{\mathrm{T}} \psi_k(z_{k-1}) \right| \quad (4\text{-}27)$$

其中，$\psi_k(z_{k-1}) = h'(w_k^{\mathrm{T}} z_{k-1} + b)\, w_k$。最终在经过 K 次变换后 z_K 的对数概率密度为

$$\log Q_K(z_K) = \log Q_0(z_0) - \sum_{k=1}^{K} \log \left| 1 + u_k^{\mathrm{T}} \psi_k(z_{k-1}) \right| \qquad (4\text{-}28)$$

令 $Q_\phi(z \mid x) = Q_K(z_K)$，这样的近似后验分布足够灵活，能尽可能逼近真实的后验分布。此时，VAE 优化的目标下界变为

$$\begin{aligned}
\mathcal{J}(x) &= \mathbb{E}_{Q_\phi(z \mid x)}[\log P_\theta(x, z) - \log Q_\phi(z \mid x)] \\
&= \mathbb{E}_{Q_0(z_0)}[\log P_\theta(x, z_K) - \log Q_K(z_K)] \\
&= \mathbb{E}_{Q_0(z_0)}[\log P_\theta(x, z_K)] - \mathbb{E}_{Q_0(z_0)}[\log Q_0(z_0)] + \qquad (4\text{-}29) \\
&\quad \mathbb{E}_{Q_0(z_0)}\left[\sum_{k=1}^{K} \log |1 + u_k^{\mathrm{T}} \psi_k(z_{k-1})| \right]
\end{aligned}$$

图 4.5 是采用了归一化流的 VAE 模型结构图，图中左上半部分表示采样得到的 z 经过逐层变换得到最终的 z_K。

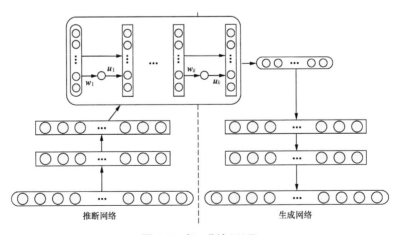

图 4.5 归一化流 VAE

对于第二个问题，一个可行的解决方案是通过重要性采样法来逼近一个更为紧致的下界 [10]。具体来说，数据的对数似然可以表示为

$$
\begin{aligned}
\log P_\theta(\boldsymbol{x}) &= \log \int P_\theta(\boldsymbol{x}, \boldsymbol{z}) \, \mathrm{d}\boldsymbol{z} \\
&= \log \int \frac{P_\theta(\boldsymbol{x}, \boldsymbol{z})}{Q_\phi(\boldsymbol{z} \mid \boldsymbol{x})} Q_\phi(\boldsymbol{z} \mid \boldsymbol{x}) \mathrm{d}\boldsymbol{z} \\
&\approx \log\left(\frac{1}{k} \sum_{i=1}^{k} \frac{P_\theta(\boldsymbol{x}, \boldsymbol{z}_i)}{Q_\phi(\boldsymbol{z}_i \mid \boldsymbol{x})} \right) = \log\left(\frac{1}{k} \sum_{i=1}^{k} w_i \right)
\end{aligned}
\tag{4-30}
$$

其中，$\boldsymbol{z}_1, \boldsymbol{z}_2, \cdots, \boldsymbol{z}_k$是从$Q_\phi(\boldsymbol{z} \mid \boldsymbol{x})$中独立采样出来的 k 个样本，$w_i = \dfrac{P_\theta(\boldsymbol{x}, \boldsymbol{z}_i)}{Q_\phi(\boldsymbol{z}_i \mid \boldsymbol{x})}$ 是重要性权重。根据 Jensen 不等式可以得到：

$$
\begin{aligned}
\mathcal{J}_k &= \mathbb{E}_{\boldsymbol{z}_1, \boldsymbol{z}_2, \cdots, \boldsymbol{z}_k \sim Q_\phi(\boldsymbol{z} \mid \boldsymbol{x})} \left[\log\left(\frac{1}{k} \sum_{i=1}^{k} w_i \right) \right] \\
&\leqslant \log \mathbb{E}_{\boldsymbol{z}_1, \boldsymbol{z}_2, \cdots, \boldsymbol{z}_k \sim Q_\phi(\boldsymbol{z} \mid \boldsymbol{x})} \left[\frac{1}{k} \sum_{i=1}^{k} w_i \right] = \log P_\theta(\boldsymbol{x})
\end{aligned}
\tag{4-31}
$$

可以看到$\mathcal{J}_k$是数据对数似然函数$P_\theta(\boldsymbol{x})$的一个下界，并且该下界具有如下性质（具体证明可见参考文献 [10] 中的附录）：

$$
\mathcal{J}_k \leqslant \mathcal{J}_{k+1} \leqslant \log P_\theta(\boldsymbol{x})
\tag{4-32}
$$

因此 k 越大，这个下界对于$\log P_\theta(\boldsymbol{x})$而言就越紧致（当$k = 1$时这个下界与原始 VAE 中的目标函数相同）。所以，我们可以将$\mathcal{J}_k(\boldsymbol{x})$作为要优化的目标函数，并采用梯度下降法对参数$\theta$和$\phi$进行更新，具体的梯度公式为

$$
\begin{aligned}
\nabla_{\theta, \phi} \mathcal{J}_k(\boldsymbol{x}) &= \nabla_{\theta, \phi} \mathbb{E}_{\boldsymbol{z}_1, \boldsymbol{z}_2, \cdots, \boldsymbol{z}_k} \left[\log\left(\frac{1}{k} \sum_{i=1}^{k} w_i \right) \right] \\
&= \nabla_{\theta, \phi} \mathbb{E}_{\boldsymbol{\epsilon}_1, \boldsymbol{\epsilon}_2, \cdots, \boldsymbol{\epsilon}_k} \left[\log\left(\frac{1}{k} \sum_{i=1}^{k} w(\boldsymbol{x}, \boldsymbol{z}(\boldsymbol{x}, \boldsymbol{\epsilon}_i, \theta, \phi), \theta, \phi) \right) \right] \\
&= \mathbb{E}_{\boldsymbol{\epsilon}_1, \boldsymbol{\epsilon}_2, \cdots, \boldsymbol{\epsilon}_k} \left[\nabla_{\theta, \phi} \log\left(\frac{1}{k} \sum_{i=1}^{k} w(\boldsymbol{x}, \boldsymbol{z}(\boldsymbol{x}, \boldsymbol{\epsilon}_i, \theta, \phi), \theta, \phi) \right) \right] \\
&= \mathbb{E}_{\boldsymbol{\epsilon}_1, \boldsymbol{\epsilon}_2, \cdots, \boldsymbol{\epsilon}_k} \left[\sum_{i=1}^{k} \hat{w}_i \nabla_{\theta, \phi} \log w(\boldsymbol{x}, \boldsymbol{z}(\boldsymbol{x}, \boldsymbol{\epsilon}_i, \theta, \phi), \theta, \phi) \right]
\end{aligned}
\tag{4-33}
$$

其中，$\boldsymbol{\epsilon}_1, \boldsymbol{\epsilon}_2, \cdots, \boldsymbol{\epsilon}_k$为求解中引入的辅助变量，$\hat{w}_i = \dfrac{w_i}{\sum_{i=1}^{k} w_i}$是归一化的重要性权重。

问题 **2** 如何将VAE与GAN进行结合？　　难度：★★★★☆

分析与解答

VAE 与 GAN 都是目前非常优秀的生成模型。VAE 能够学习一个显式的后验分布；而 GAN 的生成网络没有限制数据的分布形式，理论上来说可以捕捉到任何复杂的数据分布。将 VAE 与 GAN 结合起来，能够综合两个模型各自的优点。

Larsen 等人使用参数共享方式将 GAN 的生成器与 VAE 的解码器合二为一[11]，整个模型结构图如图 4.6 所示。模型的目标函数也是 VAE 和 GAN 的目标函数的结合：

$$\mathcal{L} = \mathcal{L}_{\mathrm{VAE}} + \mathcal{L}_{\mathrm{GAN}}$$
$$= -\mathbb{E}_{Q_\phi(z|x)}\left[\log\frac{P_\theta(\boldsymbol{x}|\boldsymbol{z})P_\theta(\boldsymbol{z})}{Q_\phi(\boldsymbol{z}|\boldsymbol{x})}\right] + \log(D(\boldsymbol{x})) + \log(1 - D(G(\boldsymbol{z}))) \tag{4-34}$$
$$= -\mathbb{E}_{Q_\phi(z|x)}\left[\log P_\theta(\boldsymbol{x}|\boldsymbol{z})\right] + \mathrm{KL}(Q_\phi(\boldsymbol{z}|\boldsymbol{x}) \| P_\theta(\boldsymbol{z})) + \log(D(\boldsymbol{x})) + \log(1 - D(G(\boldsymbol{z})))$$

其中，$D(\boldsymbol{x})$ 代表判别器，$G(\boldsymbol{z})$ 表示生成器。在原始的 VAE 损失函数中，像素级的重构误差 $-\mathbb{E}_{Q_\phi(z|x)}[\log P_\theta(\boldsymbol{x}|\boldsymbol{z})]$ 替换为 GAN 的判别网络 $D(\boldsymbol{x})$ 的第 1 层特征向量的重构误差 $-\mathbb{E}_{Q_\phi(z|x)}[\log P_\theta(D_l(\boldsymbol{x})|\boldsymbol{z})]$，同时 GAN 的生成网络 $G(\boldsymbol{z})$ 与 VAE 的解码器 $P_\theta(\boldsymbol{x}|\boldsymbol{z})$ 采用同一个网络。

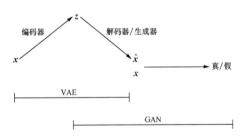

图 4.6　VAE 与 GAN 的结合：VAE/GAN

此外，Makhzani 等人将 VAE 的编码器与 GAN 的生成器进行共享，提出了对抗自编码器[12]。回顾 VAE 的目标函数：

$$\mathcal{L}_{\mathrm{VAE}} = -\mathbb{E}_{Q_\phi(z|x)}[\log P_\theta(\boldsymbol{x}|\boldsymbol{z})] + \mathrm{KL}(Q_\phi(\boldsymbol{z}|\boldsymbol{x}) \| P(\boldsymbol{z})) \tag{4-35}$$

等式右边第一项为重构误差；第二项是 KL 散度，可以看作一个正则项，

用来约束编码器学习出来的隐变量分布 $Q_\phi(z|x)$ 要尽可能与数据的先验分布 $P(z)$ 接近，这一步也可以通过对抗学习的形式来完成，将数据的先验分布和编码器学习到的分布产生的样本分别作为正负样本，让判别器学习区分这两类样本即可。图 4.7 是对抗自编码器的结构示意图。

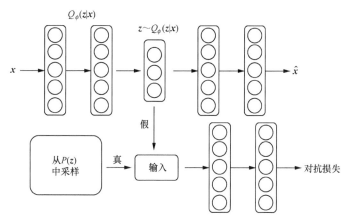

图 4.7 对抗自编码器

对抗学习推断（Adversarially Learned Inference，ALI）则是在 GAN 的基础上引入了 VAE[13]。原始的 GAN 并不能做推断任务，即给定了数据 x，并不能知道 x 所对应的隐变量 z 的分布是怎样的（如果能根据数据 x 推断出隐变量 z 的分布，则能起到对数据进行特征提取的作用）。在原始的 GAN 中，判别器需要判断数据 x 是来自于真实的数据分布 $Q(x)$ 还是模型所生成的分布 $P(x)$。而在 ALI 中，判别器则需要判断数据对 (x, z) 是来自于编码器的联合分布 $Q(x,z) = Q(x)Q(z|x)$，还是来自于解码器的联合分布 $P(x,z) = P(x|z)P(z)$，其中 $Q(z|x)$ 和 $P(x|z)$ 分别对应 VAE 的编码器和解码器。整个模型的结构如图 4.8 所示。BiGANs 也采用了类似的思想，这里不再赘述，感兴趣的读者可以阅读参考文献 [14]。

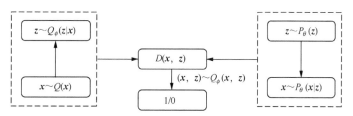

图 4.8 对抗学习推断（ALI）

生成式矩匹配网络与深度自回归网络

在生成模型中，VAE 采用变分推断方法来寻求 $P(\boldsymbol{x})$ 的近似，GAN 则采用生成对抗方法寻找一个生成模型 $P_G(\boldsymbol{x})$ 来拟合数据分布 $P(\boldsymbol{x})$。除了 VAE 和 GAN 之外，目前还有很多其他的生成模型，它们分别从不同的角度来建模数据分布 $P(\boldsymbol{x})$，如基于最大均值差异（Maximum Mean Discrepancy，MMD）的生成式矩匹配网络（Generative Momentum Matching Network，GMMN）、基于自回归方法的神经自回归分布估计器（Neural AutoRegressive Distribution Estimator，NADE）、深度自回归网络（Deep AutoRegressive Network，DARN）等。

知识点

最大均值差异、自回归

问题 **1** 什么是最大均值差异？它是如何应用到生成式矩匹配网络中的？

难度：★ ★ ☆ ☆ ☆

分析与解答

假设现在有两个分布的采样数据，数据集 $D(\boldsymbol{X}) = \{\boldsymbol{x}_i\}_{i=1}^{N}$ 来自于分布 $P_D(\boldsymbol{X})$，数据集 $D(\boldsymbol{Y}) = \{\boldsymbol{y}_i\}_{i=1}^{M}$ 来自于分布 $P_D(\boldsymbol{Y})$，如何判断是否有 $P_D(\boldsymbol{X}) = P_D(\boldsymbol{Y})$ 呢？最大均值差异（MMD）通过比较两个数据集的统计量来度量两个分布之间的差异性。如果两个分布的各阶统计量差异较小，说明两个分布较为相似。具体来说，MMD 的平方的计算公式为

$$L_{\mathrm{MMD}^2} = \left\| \frac{1}{N} \sum_{i=1}^{N} \phi(\boldsymbol{x}_i) - \frac{1}{M} \sum_{i=1}^{M} \phi(\boldsymbol{y}_i) \right\|^2 \qquad (4\text{-}36)$$

当 $\phi(\boldsymbol{x}) = \boldsymbol{x}$ 时，L_{MMD^2} 是两个分布的均值统计量的差异；如果 $\phi(\boldsymbol{x})$ 取其他函数，则可能是另外更高阶统计量的差异。将 L_{MMD^2} 展开可以

得到：

$$L_{\mathrm{MMD}^2} = \frac{1}{N^2} \sum_{i=1}^{N} \sum_{i'=1}^{N} \phi(\boldsymbol{x}_i)^{\mathrm{T}} \phi(\boldsymbol{x}_{i'}) - \frac{2}{NM} \sum_{i=1}^{N} \sum_{j=1}^{M} \phi(\boldsymbol{x}_i)^{\mathrm{T}} \phi(\boldsymbol{y}_j) +$$
$$\frac{1}{M^2} \sum_{j=1}^{M} \sum_{j'=1}^{M} \phi(\boldsymbol{y}_j)^{\mathrm{T}} \phi(\boldsymbol{y}_{j'})$$

（4-37）

因为 L_{MMD^2} 只涉及函数 $\phi(\boldsymbol{x})$ 之间的内积，所以可以使用核函数方法将上式表示为

$$L_{\mathrm{MMD}^2} = \frac{1}{N^2} \sum_{i=1}^{N} \sum_{i'=1}^{N} k(\boldsymbol{x}_i, \boldsymbol{x}_{i'}) - \frac{2}{NM} \sum_{i=1}^{N} \sum_{j=1}^{M} k(\boldsymbol{x}_i, \boldsymbol{y}_j) +$$
$$\frac{1}{M^2} \sum_{j=1}^{M} \sum_{j'=1}^{M} k(\boldsymbol{y}_j, \boldsymbol{y}_{j'})$$

（4-38）

上述核函数通常选择高斯核 $k(\boldsymbol{x}, \boldsymbol{y}) = \exp\left(-\dfrac{\| \boldsymbol{x} - \boldsymbol{y} \|^2}{2\sigma^2}\right)$，这是因为高斯核相当于将原始特征映射到了一个无穷的维度（通过泰勒展开式可以看出来）。此时，最小化 MMD 相当于将两个分布的各个高阶统计量进行拟合。

生成式矩匹配网络（GMMN）是想寻找一个分布 $P_G(\boldsymbol{Y})$，使其与原始的数据分布 $P_D(\boldsymbol{X})$ 尽可能相似，而要优化的目标就是让 $P_G(\boldsymbol{Y})$ 与 $P_D(\boldsymbol{X})$ 的 MMD 最小。与 VAE 类似，GMMN 先从一个先验分布 $P(\boldsymbol{h})$ 中采样出一个隐藏编码 $\boldsymbol{h} \sim P(\boldsymbol{h})$，然后生成数据 $\boldsymbol{x} = f(\boldsymbol{h}, \boldsymbol{W})$，如图 4.9（a）所示。然而，数据通常是比较高维的（比如图像数据）。一些高阶统计量并不能很好地通过采样数据进行估计，所以参考文献 [15] 将该模型与自编码器进行了结合，使用 MMD 来优化隐藏层的统计量差异，即 $P_G(\boldsymbol{Y})$ 负责生成数据的隐藏特征，而自编码器负责重构，如图 4.9（b）所示。

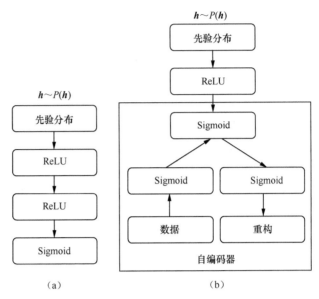

图 4.9　生成式矩匹配网络（GMMN）

自回归方法如何应用在生成模型上?　　　　难度：★★★☆☆

分析与解答

自回归是指对于数据$\boldsymbol{x} \in R^n$，第i个维度的取值x_i与之前维度的取值是相关联的，即$x_i = f(x_1, x_2, \cdots, x_{i-1})$。在生成模型对数据分布建模时，可以将数据$\boldsymbol{x}$的概率函数表示为$P_\theta(\boldsymbol{x}) = \prod_{i=1}^{n} P_\theta(x_i \mid x_{<i})$，$x_{<i} = \{x_1, x_2, \cdots, x_{i-1}\}$，这被称作完全可见的贝叶斯网络（Fully-Visible Bayes Networks，FVBN）。在神经自回归分布估计器（NADE）[16] 中，研究者使用了一种参数共享的方式来对概率$P_\theta(x_i \mid x_{<i})$进行建模。以生成取值为 0 或 1 的灰度图像为例，在生成每一个像素值x_i时，都使用一个隐藏变量$\boldsymbol{h}_i$来表示生成该像素时当前的隐藏层特征。记$(\boldsymbol{W}^{\mathrm{T}})_{i,\cdot}$表示权重矩阵$\boldsymbol{W}^{\mathrm{T}}$的第$i$行，$\boldsymbol{W}_{\cdot,<i}$表示权重矩阵$\boldsymbol{W}$中小于$i$的列构成的子矩阵，那么生成第$i$个像素值$x_i$的分布为

$$P_\theta(x_i = 1 \mid \boldsymbol{x}_{<i}) = \sigma\left(b_i + (\boldsymbol{W}^{\mathrm{T}})_{i,\cdot}\, \boldsymbol{h}_i\right)$$
$$\boldsymbol{h}_i = \sigma\left(\boldsymbol{c} + \boldsymbol{W}_{\cdot,<i}\, \boldsymbol{x}_{<i}\right)$$
（4-39）

整个模型的示意图如图 4.10 所示，隐藏层特征 $\boldsymbol{h}_i$ 之间共享权重矩阵 $\boldsymbol{W}$。具体来说，一开始由初始隐藏层 $\boldsymbol{h}_1$ 生成 x_1；接下来在生成 x_2 的时候，将上一步生成的 x_1 作为输入，产生新的隐藏层 $\boldsymbol{h}_2$，然后生成 x_2；依次类推，直到生成 x_n。

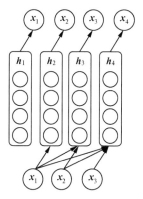

图 4.10 神经自回归分布估计器（NADE）

自回归方法除了用于生成可见层节点外，还可以用于生成隐藏特征，如深度自回归网络（DARN）[17]。在 DARN 中，整个模型分为编码器与解码器两部分，两部分都采用自回归方式。对于编码器，有 $Q_\phi(\boldsymbol{h} \mid \boldsymbol{x}) = \prod_{j=1}^{n_h} Q_\phi(h_j \mid \boldsymbol{h}_{<j}, \boldsymbol{x})$；而对于解码器，有 $P_\theta(\boldsymbol{x} \mid \boldsymbol{h}) = \prod_{i=1}^{n_x} P_\theta(x_i \mid \boldsymbol{x}_{<i}, \boldsymbol{h})$。这里的 $Q_\phi(h_j \mid \boldsymbol{h}_{<j}, \boldsymbol{x})$ 与 $P_\theta(x_i \mid \boldsymbol{x}_{<i}, \boldsymbol{h})$ 都可以使用参数化方式进行表示，例如 $P_\theta(x_i \mid \boldsymbol{x}_{<i}, \boldsymbol{h}) = \sigma(W_i \cdot (\boldsymbol{x}_{<i}, \boldsymbol{h}) + b_i)$，$Q_\phi(h_j \mid \boldsymbol{h}_{<j}, \boldsymbol{x})$ 与此类似。深度自回归网络模型示意图如图 4.11 所示。模型在训练时，使用最小描述距离作为损失函数，即

$$L(\boldsymbol{x}) = -\sum_{\boldsymbol{h}} Q_\phi(\boldsymbol{h} \mid \boldsymbol{x})(\log_2 P_\theta(\boldsymbol{x}, \boldsymbol{h}) - \log_2 Q_\phi(\boldsymbol{h} \mid \boldsymbol{x}))$$
（4-40）

上述公式中需要对所有 $\boldsymbol{h}$ 求和，在实际训练中可以使用蒙特卡洛采样进行近似估计。

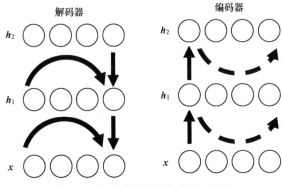

图 4.11　深度自回归网络（DARN）

除了以上两种模型以外，像素循环神经网络（Pixel Recurrent Neural Network, Pixel RNN）等模型也采用了自回归的思想，这里不再一一赘述，感兴趣的读者可以参考相关文献进一步阅读。

参考文献

[1] HINTON G E. Training products of experts by minimizing contrastive divergence[J]. Neural Computation, MIT Press, 2002, 14(8): 1771–1800.

[2] HINTON G E, SALAKHUTDINOV R R. Reducing the dimensionality of data with neural networks[J]. Science, American Association for the Advancement of Science, 2006, 313(5786): 504–507.

[3] KRIZHEVSKY A, HINTON G, OTHERS. Factored 3-way restricted Boltzmann machines for modeling natural images[C]//Proceedings of the 13th International Conference on Artificial Intelligence and Statistics, 2010: 621–628.

[4] SALAKHUTDINOV R, HINTON G. Deep Boltzmann machines[C]//Artificial Intelligence and Statistics, 2009: 448–455.

[5] KINGMA D P, WELLING M. Auto-encoding variational Bayes[J]. arXiv preprint arXiv:1312.6114, 2013.

[6] KINGMA D P, MOHAMED S, REZENDE D J, et al. Semi-supervised learning with deep generative models[C]//Advances in Neural Information Processing Systems, 2014: 3581–3589.

[7] HIGGINS I, MATTHEY L, PAL A, et al. Beta-VAE: Learning basic visual concepts with a constrained variational framework[C]//International Conference on Learning Representations, 2017.

[8] REZENDE D J, MOHAMED S. Variational inference with normalizing flows[J]. arXiv preprint arXiv:1505.05770, 2015.

[9] MAALØE L, SØNDERBY C K, SØNDERBY S K, et al. Auxiliary deep generative models[J]. arXiv preprint arXiv:1602.05473, 2016.

[10] BURDA Y, GROSSE R, SALAKHUTDINOV R. Importance weighted autoencoders[J]. arXiv preprint arXiv:1509.00519, 2015.

[11] LARSEN A B L, SØNDERBY S K, LAROCHELLE H, et al. Autoencoding beyond

pixels using a learned similarity metric[J]. arXiv preprint arXiv:1512.09300, 2015.

[12] MAKHZANI A, SHLENS J, JAITLY N, et al. Adversarial autoencoders[J]. arXiv preprint arXiv:1511.05644, 2015.

[13] DUMOULIN V, BELGHAZI I, POOLE B, et al. Adversarially learned inference[J]. arXiv preprint arXiv:1606.00704, 2016.

[14] DONAHUE J, KRÄHENBÜHL P, DARRELL T. Adversarial feature learning[J]. arXiv preprint arXiv:1605.09782, 2016.

[15] LI Y, SWERSKY K, ZEMEL R. Generative moment matching networks[C]// International Conference on Machine Learning, 2015: 1718–1727.

[16] LAROCHELLE H, MURRAY I. The neural autoregressive distribution estimator[C]//Proceedings of the 14th International Conference on Artificial Intelligence and Statistics, 2011: 29–37.

[17] GREGOR K, DANIHELKA I, MNIH A, et al. Deep autoregressive networks[J]. arXiv preprint arXiv:1310.8499, 2013.

第 5 章

生成式对抗网络

很多人认为算法和编程离艺术很遥远，但实际上算法和编程中蕴藏着极具创造性的世界，这种创造性就是一种建立在逻辑之上的艺术。生成式对抗网络就是一种非常能展现"创造性"的模型。从名字就可以看出，它的核心在于"生成"和"对抗"。"生成"指的是生成式模型，其目的是模拟多个变量的联合概率分布，可以采用隐马尔可夫模型、受限玻尔兹曼机、变分自编码器等经典模型；"对抗"指的是对抗训练方法，这种"互怼"的艺术曾被 Yann LeCun 评论为"近十年机器学习领域最有趣的想法"。这两者的结合，就产生出了神奇的生成式对抗网络。从 2014 年生成式对抗网络被提出至今，各种各样的方法和应用不断推进和拓宽着它的发展，让我们看到它在图像、语音、文本、诗词歌赋等领域展现的创造力。

生成式对抗网络的基本原理

生成式对抗网络（Generative Adversarial Network，GAN）一般由两个神经网络组成，一个网络负责生成样本，另一个网络负责鉴别样本的真假，这两个网络通过"相爱相杀"的博弈，一起成长为更好的自己。这种简洁优美的生成方法背后的数学原理却并不是这么直观。本节将从初始版本的 GAN 出发，通过学习 GAN 的原理，对比 GAN 与其他几种生成式模型的异同，以及分析原始 GAN 中存在的问题，以获得对 GAN 的深度理解。

知识点

生成模型、自编码器（AutoEncoder, AE）、变分自编码器（Variational AutoEncoder, VAE）、模式坍塌（mode collapse）、收敛性

问题 *1* 简述 AE、VAE、GAN 的联系与区别。 难度：★★★☆☆

分析与解答

近年来，采用神经网络的生成式建模方法逐渐成为生成模型的主流。AE、VAE 和 GAN 同属于可微生成网络，它们常常用神经网络来表示一个可微函数 $G(\cdot)$，用这个函数来刻画隐变量 z 到样本分布的映射关系。通过分析这 3 种模型的联系与区别，我们可以更加清晰地了解它们的特质。首先来看这 3 种模型各自的特点。

■ **自编码器（AE）**

标准的 AE 由编码器（encoder）和解码器（decoder）两部分组成，如图 5.1 所示。整个模型可以看作一个"压缩"与"解压"的过程：首先编码器将真实数据（真实样本）x 压缩为低维隐空间中的一个隐向量

z，该向量可以看作输入的"精华"；然后解码器将这个隐向量 z 解压，得到生成数据（生成样本）$\hat{x}$。在训练过程中，会将生成样本 $\hat{x}$ 与真实样本 x 进行比较，朝着减小二者之间差异的方向去更新编码器和解码器的参数，最终目的是期望由真实样本 x 压缩得到的隐向量 z 能够尽可能地抓住输入的精髓，使得用其重建出的生成样本 $\hat{x}$ 与真实样本 x 尽可能接近。AE 可应用于数据去噪、可视化降维以及数据生成等方向。

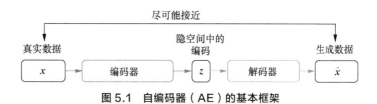

图 5.1 自编码器（AE）的基本框架

变分自编码器（VAE）

VAE 是 AE 的升级版本，其结构也是由编码器和解码器组成，如图 5.2 所示。AE 在生成数据时只会模仿而不会创造，无法直接生成任意的新样本，这是因为 AE 在生成样本时用到的隐向量其实是真实样本的压缩编码，也就是说每一个生成样本都需要有对应的真实样本，AE 本身无法直接产生新的隐向量来生成新的样本。作为 AE 的重要升级，VAE 的主要优势在于能够产生新的隐向量 z，进而生成有效的新样本。VAE 能够生成新样本（即 VAE 与 AE 的最大区别）的原因是，VAE 在编码过程中加入了一些限制，迫使编码器产生的隐向量的后验分布 $q(z|x)$ 尽量接近某个特定分布（如正态分布）。VAE 训练过程的优化目标包括重构误差和对后验分布 $q(z|x)$ 的约束这两部分。VAE 编码器的输出不再是隐空间中的向量，而是所属正态分布的均值和标准差，然后再根据均值与标准差来采样出隐向量 z。由于采样操作存在随机性，每一个输入图像经过 VAE 得到的生成图像不再是唯一的，只要 z 是从隐空间的正态分布中采样得到的，生成的图像就是有效的。

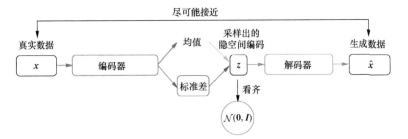

图 5.2　变分自编码器（VAE）的基本框架

■ 生成式对抗网络（GAN）

GAN 是专门为了优化生成任务而提出的模型。生成模型的一大难点在于如何度量生成分布与真实分布的相似度。一般情况下，我们只知道这两个分布的采样结果，很难知道具体的分布表达式，因此难以找到合适的度量方法。GAN 的思路是，把这个度量任务交给一个神经网络来做，这个网络被称为判别器（Discriminator）。GAN 在训练阶段用对抗训练方式来交替优化生成器$G(\cdot)$与判别器$D(\cdot)$。整个模型的优化目标是

$$\min_G \max_D V(G,D) = \mathbb{E}_{x \sim p_{data}(x)}[\log D(x)] + \mathbb{E}_{z \sim p_z(z)}[\log(1 - D(G(z)))] \quad （5\text{-}1）$$

上述公式直观地解释了 GAN 的原理：判别器$D(\cdot)$的目标是区分真实样本和生成样本，对应在目标函数上就是使式（5-1）的值尽可能大，也就是对真实样本x尽量输出 1，对生成样本$G(z)$尽量输出 0；生成器$G(\cdot)$的目标是欺骗判别器，尽量生成"以假乱真"的样本来逃过判别器的"法眼"，对应在目标函数上就是让式（5-1）的值尽可能小，也就是让$D(G(z))$也尽量接近 1。这是一个"MiniMax"游戏，在游戏过程中$G(\cdot)$和$D(\cdot)$的目标是相反的，这就是 GAN 名字中"对抗"的含义。通过对抗训练方式，生成器与判别器交替优化，共同成长，最终修炼为两个势均力敌的强者。图 5.3 是GAN 的基本框架图。

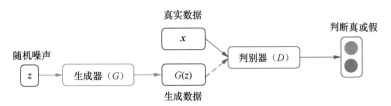

图 5.3　GAN 的基本框架

在了解了 AE、VAE、GAN 这 3 种模型的原理后，下面总结一下它们之间的联系和区别。

▨ AE 和 VAE 的联系与区别

AE 和 VAE 二者都属于有向图模型，模型的目的都是对隐变量空间进行建模；但 AE 只会模仿而不会创造，VAE 则可以根据随机生成的隐向量来生成新的样本。

AE 的优化目标是最小化真实样本与对应的生成样本之间的重构误差，但在 VAE 中，除了考虑重构误差之外，还加入了对隐变量空间的约束目标。

AE 中编码器的输出代表真实样本对应的隐向量，而 VAE 中编码器的输出可以看作由两个部分组成：一部分是隐向量所对应的分布的均值；另一部分是标准差。计算均值的编码器就相当于 AE 中的编码器，而计算标准差的编码器相当于为重构过程增加噪声，使得解码器能够对噪声更为鲁棒（当噪声为 0 时，VAE 模型就退化成 AE）。

▨ GAN 和 AE/VAE 的联系与区别

在 VAE 的损失函数中，重构损失的目的是降低真实样本和生成样本之间的差异，而迫使隐向量后验分布接近正态分布，实际上是增加了生成样本的不确定性，两种损失相互对立。这与 GAN 一样，它们内部都存在对抗思想，只不过 VAE 是将两部分同步优化的，而 GAN 则是交替优化的。

与 AE 相同的是，GAN 的优化目标只涉及生成样本和真实样本之间的比较，没有 VAE 中对后验分布的约束。不同的是，GAN 设计了判别器，并用对抗训练方式绕过了对分布间距离的度量，且在判断样本真假时不需要真实样本与生成样本一一对应（而在 AE/VAE 中都需要二者一一对应才能计算重构误差）。

GAN 没有像 AE 那样从学习到的隐向量后验分布 $q(z \mid x)$ 中获得生成样本 $\hat{x}$ 的能力，可能因此导致模式坍塌、训练不稳定等问题。另外，在 AE/VAE 中隐向量空间是数据的压缩编码所处的空间，隐向量用"精炼"的形式表达了输入数据的特征。如果我们想在抽象的语义层次上对数据进行操控，比如改变一张图像中人的发色，直接在原始数据空间中很难操作，而 VAE 在隐空间的表达学习能力，使得可以通过在隐变量空间上的插值或条件性嵌入等操作来实现对数据在语义层次上的操控。

问题 2 原始 GAN 在理论上存在哪些问题？

难度：★★★★★

分析与解答

在 Goodfellow 提出的原始 GAN[1] 中，模型的优化目标为式（5-1）。如果将判别器 $D(\cdot)$ 看作一个二分类器，对真实样本输出 1，对生成样本输出 0，$D(\cdot)$ 的优化目标可以解释为最大化该分类问题的对数似然函数，即最小化交叉熵损失。这个看起来简洁又直观的定义，在理论上存在一些问题。简单来说，就是在训练的早期阶段，目标函数式（5-1）无法为生成器提供足够大的梯度。这是因为，在一开始训练时，生成器还很差，生成的数据与真实数据相差甚远，判别器可以以高置信度将二者区分开来，这样 $\log(1-D(G(z)))$ 达到饱和，梯度消失。

上面只是做了简单描述，接下来我们给出更加理论的解释。当生成器 G 固定时，判别器的最优解 D_G^* 的公式为

$$D_G^*(\boldsymbol{x}) = \frac{p_{data}(\boldsymbol{x})}{p_{data}(\boldsymbol{x}) + p_g(\boldsymbol{x})} \qquad （5\text{-}2）$$

其中，$p_{data}(\boldsymbol{x})$ 表示真实样本的概率分布，$p_g(\boldsymbol{x})$ 表示生成样本的概率分布（具体论证过程见参考文献 [1]）。当判别器达到最优时，生成器的损失函数为

$$
\begin{aligned}
\mathcal{L}(G) &= \max_D V(G,D) = V(G, D_G^*) \\
&= \mathbb{E}_{\boldsymbol{x} \sim p_{data}(\boldsymbol{x})}[\log D_G^*(\boldsymbol{x})] + \mathbb{E}_{\boldsymbol{x} \sim p_g(\boldsymbol{x})}[\log(1 - D_G^*(\boldsymbol{x}))] \\
&= \mathbb{E}_{\boldsymbol{x} \sim p_{data}(\boldsymbol{x})}\left[\log \frac{p_{data}(\boldsymbol{x})}{(p_{data}(\boldsymbol{x}) + p_g(\boldsymbol{x}))/2}\right] + \\
&\quad\ \mathbb{E}_{\boldsymbol{x} \sim p_g(\boldsymbol{x})}\left[\log \frac{p_g(\boldsymbol{x})}{(p_{data}(\boldsymbol{x}) + p_g(\boldsymbol{x}))/2}\right] - \log 4 \\
&= 2 \cdot \mathrm{JS}(p_{data}(\boldsymbol{x}) \| p_g(\boldsymbol{x})) - 2\log 2
\end{aligned}
\qquad （5\text{-}3）
$$

其中，JS($\cdot$) 是 JS 散度（Jensen–Shannon divergence），它与 KL 散度类似，用于度量两个概率分布的相似度，其定义为

$$JS(p_1 \| p_2) = \frac{1}{2} KL\left(p_1 \left\| \frac{p_1 + p_2}{2} \right. \right) + \frac{1}{2} KL\left(p_2 \left\| \frac{p_1 + p_2}{2} \right. \right) \quad （5\text{-}4）$$

可以看到，JS 散度的取值是非负的，当且仅当两个分布相等时取 0，此时 $\mathcal{L}(G)$ 取得最小值 $-2\log 2$。

当判别器达到最优时，根据损失函数 $\mathcal{L}(G)$，此时生成器的目标其实是最小化真实分布与生成分布之间的 JS 散度。随着训练的进行，判别器会逐渐趋于最优，所以生成器也会逐渐近似于最小化 JS 散度。然而，JS 散度有一个特性：当两个分布没有重叠的部分或几乎没有重叠时，JS 散度为常数（这可以根据 JS 散度的定义式（5-4）得到）。那么在 GAN 中，真实分布和生成分布的重叠部分有多大呢？生成器一般是从一个低维空间（如 128 维）中采样一个向量并将其映射到一个高维空间中（比如一个 32×32 的图像就是 1024 维），所以生成数据只是高维空间中的一个低维流形（比如生成样本在上述 1024 维图像空间的所有可能性实际上是被 128 维的输入向量限定了）。同理，真实分布也是高维空间中的低维流形。高维空间中的两个低维流形，在这样"地广人稀"的空间中碰面的几率趋于 0，所以生成分布与真实分布是几乎没有重叠部分的。因此，在最优判别器 D_G^* 下，生成器的损失函数为常数，导致存在梯度消失问题。

为解决该问题，Goodfellow 提出了改进方案，采用以下公式来替代生成器的损失函数：

$$\mathcal{L}(G) = \mathbb{E}_{x \sim p_{data}(x)}[\log D(x)] + \mathbb{E}_{z \sim p_z(z)}[-\log(D(G(z)))] \quad （5\text{-}5）$$

上述损失函数与原始版本有相同的纳什均衡点，但在训练早期阶段可以为生成器提供更大的梯度（见参考文献 [1]）。然而，改进后的损失函数也存在不合理之处。将式（5-5）进行变换，有

$$\mathcal{L}(G) = \max_D V(G, D) = V(G, D_G^*)$$

$$= \mathbb{E}_{\boldsymbol{x} \sim p_{data}(\boldsymbol{x})}[\log D_G^*(\boldsymbol{x})] + \mathbb{E}_{\boldsymbol{x} \sim p_g(\boldsymbol{x})}[-\log(D_G^*(\boldsymbol{x}))]$$

$$= \mathbb{E}_{\boldsymbol{x} \sim p_{data}(\boldsymbol{x})}[\log D_G^*(\boldsymbol{x})] - \mathbb{E}_{\boldsymbol{x} \sim p_g(\boldsymbol{x})}\left[\log \frac{p_{data}(\boldsymbol{x})}{(p_{data}(\boldsymbol{x}) + p_g(\boldsymbol{x}))/2}\right] + \log 2$$

$$= \mathbb{E}_{\boldsymbol{x} \sim p_{data}(\boldsymbol{x})}[\log D_G^*(\boldsymbol{x})] + \mathbb{E}_{\boldsymbol{x} \sim p_g(\boldsymbol{x})}\left[\log \frac{p_g(\boldsymbol{x})}{p_{data}(\boldsymbol{x})}\right] - \qquad (5\text{-}6)$$

$$\mathbb{E}_{\boldsymbol{x} \sim p_g(\boldsymbol{x})}\left[\log \frac{p_g(\boldsymbol{x})}{(p_{data}(\boldsymbol{x}) + p_g(\boldsymbol{x}))/2}\right] + \log 2$$

$$= 2\mathbb{E}_{\boldsymbol{x} \sim p_{data}(\boldsymbol{x})}[\log D_G^*(\boldsymbol{x})] + \mathrm{KL}(p_g(\boldsymbol{x}) \| p_{data}(\boldsymbol{x})) - 2\,\mathrm{JS}(p_g(\boldsymbol{x}) \| p_{data}(\boldsymbol{x})) + 2\log 2$$

式（5-6）中第一项不依赖生成器，最小化损失函数相当于最小化 $\mathrm{KL}(p_g(\boldsymbol{x}) \| p_{data}(\boldsymbol{x})) - 2\,\mathrm{JS}(p_g(\boldsymbol{x}) \| p_{data}(\boldsymbol{x}))$。这就既要最小化生成分布与真实分布的 KL 散度（即减小两个分布的距离），又要最大化两者的 JS 散度（即增大两个分布的距离），这会在训练时造成梯度的不稳定。另外，KL 散度是一个非对称度量，因此还存在对不同错误惩罚不一致的问题。举例来说，当生成器缺乏多样性时，即当 $p_g(\boldsymbol{x}) \to 0, p_{data}(\boldsymbol{x}) \to 1$ 时，$\mathrm{KL}(p_g(\boldsymbol{x}) \| p_{data}(\boldsymbol{x}))$ 对损失函数贡献趋近于 0；而当生成器生成了不真实的样本时，即当 $p_g(\boldsymbol{x}) \to 1, p_{data}(\boldsymbol{x}) \to 0$ 时，惩罚会趋于无穷大。真实数据的分布往往是高度复杂并且多模态的，数据分布有很多模式，相似的样本属于一个模式。由于惩罚的不一致，生成器宁愿多生成一些真实却属于同一个模式的样本，也不愿意冒着巨大惩罚的风险去生成其他不同模式的具有多样性的样本来欺骗判别器，这就是所谓的模式坍塌。

总的来说，原始 GAN 在理论上主要有以下问题。

（1）原始 GAN 在判别器 $D(\cdot)$ 趋于最优时，会面临梯度消失的问题。

（2）采用 $-\log D$ 技巧改进版本的生成器同样会存在一些问题，包括训练梯度不稳定、惩罚不平衡导致的模式坍塌（缺乏多样性）、不好判断收敛性以及难以评价生成数据的质量和多样性等。

问题 3 原始 GAN 在实际应用中存在哪些问题？

难度：★★★★★

分析与解答

理论与实践往往是有差距的。除了上述理论上的问题外，GAN 在实际使用中还会出现一些新的问题。

在实际应用中，一般常用深度神经网络来表示 $G(\cdot)$ 和 $D(\cdot)$，然后采用梯度下降法和反向传播算法来更新网络参数，而不是直接学习 $p_g(\boldsymbol{x})$ 本身。然而，Goodfellow 给出的收敛性证明是基于概率密度函数空间上 $V(G, D)$ 的凸性，当问题变成了参数空间的优化时，凸性便不再确定了，所以理论上的收敛性在实际中不再有效。此外，还有人对 GAN 中均衡的存在性提出质疑[2-3]，他们指出在一个表达能力有限的 $D(\cdot)$ 下，即使其判别能力再强大，也不能保证生成器能够完美地生成出所有覆盖真实分布的样本，这意味着均衡状态可能并不存在。

交替训练在实际应用中也会引发一定的问题。理论上，我们希望对参数固定的生成器 $G(\cdot)$，训练出最优的 $D^*(\cdot)$，但这会造成很大的计算量，因而在实际训练中，在每一轮交替中常常只对 $D(\cdot)$ 训练固定的 k 步。这样交替循环的训练方式会产生一个混淆，无法分清到底是在解一个 "min-max" 问题还是在解一个 "max-min" 问题，而这两个问题是不能画等号的，即

$$\min_G \max_D V(G, D) \neq \max_D \min_G V(G, D) \tag{5-7}$$

对于一个 "max-min" 问题，优化 $G(\cdot)$ 的任务在内部，此时生成数据将被推向某个非最优的 $D(\cdot)$ 相信是 "真" 的位置；而当 $D(\cdot)$ 更新后，发现了刚才被判错的假数据，$G(\cdot)$ 又将生成数据推向这个新的非最优的 $D(\cdot)$ 相信是 "真" 的位置。然而，真实数据往往是多模态的，非凸问题中存在局部纳什均衡，这样的训练过程容易使博弈过程陷入这些局部均衡状态，造成 $G(\cdot)$ 趋向于生成集中在少数模态上的数据，即模式坍塌。图 5.4 形象地描绘了这个问题。

| 0 | 5000次迭代 | 10000次迭代 | 15000次迭代 | 20000次迭代 | 25000次迭代 | 目标（训练数据） |

图 5.4 原始 GAN 在二维高斯混合分布数据集上的训练过程

另外，训练的收敛性的判断也是一个难题。由于存在对抗，生成器与判别器的损失是反相关的，一个增大时另一个减小，因而无法根据损失函数的值来判断什么时候应该停止训练。当然，我们也很难直接通过损失函数或者生成器的输出来判断生成数据的质量，例如难以比较哪个图更"真实"，哪些生成数据多样性更高。

总的来说，原始 GAN 在实际应用中主要会出现以下几个问题。

（1）GAN 在理论上的收敛性不能保证实际应用时的收敛性，这是因为 $G(\cdot)$ 和 $D(\cdot)$ 都是采用神经网络来建模的，因此优化过程是在参数空间而不是在概率密度函数空间进行的。

（2）实际训练时神经网络参数空间可能是非凸的以及交替优化的训练过程，导致博弈过程可能陷入局部纳什均衡，出现模式坍塌。

（3）何时应该停止训练，以及生成数据的"好坏"的评估，都缺乏理想的评价方法和准则。

近几年来，GAN 发展十分迅速，各式各样的 GAN 不断涌现，除了 GAN 在各种问题上的应用外，有很多工作都致力于解决 GAN 训练的不稳定、生成数据真实性和多样性等问题。

生成式对抗网络的改进

场景描述

原始的 GAN 虽然存在一些问题，但是它让人们看到了巨大的进步和扩展空间，可以说是一支潜力股。近几年来，GAN 一直保持着较高的热度，各种改进方法层出不穷。本节将从目标函数、模型结构、训练技巧等角度来介绍一些具有代表性的改进方法。

知识点

f- 散度、积分概率度量 (Integral Probability Metric, IPM)、模型训练技巧

问题 *1* 简单介绍 GAN 目标函数的演进。　　**难度：★★★★☆**

分析与解答

生成模型的本质在于使生成分布尽量逼近真实分布，所以减少两个分布之间的差异是训练生成模型的关键。原始的 GAN 用 JS 散度来度量两个分布之间的距离，这容易引起梯度消失问题。近几年出现的一些新的方法用其他距离或散度来取代 JS 散度建立目标函数，以提高 GAN 的效果。这些目标函数主要可以分为基于 f- 散度、基于 IPM、添加辅助项等类型。

■ **基于 f- 散度的 GAN**

首先介绍的一类方法是基于 f- 散度的 GAN（即 f-GAN），它们是从 f- 散度的角度来构建目标函数。f- 散度是用一个凸函数 f 来度量两个分布 $p_{data}(\boldsymbol{x})$ 与 $p_g(\boldsymbol{x})$ 之间的距离，其定义为

$$D_f(p_{data} \mid p_g) = \mathbb{E}_{\boldsymbol{x} \sim p_g(\boldsymbol{x})}\left[f\left(\frac{p_{data}(\boldsymbol{x})}{p_g(\boldsymbol{x})} \right) \right] \qquad （5\text{-}8）$$

f-GAN 首先用判别器来最大化生成分布和真实分布的 f- 散度上界，然

后用生成器来最小化这个散度值，使生成分布更接近真实分布。f-GAN
通过设计不同的凸函数 f 来构造不同类型的散度。

表 5-1 给出了几种 f-GAN 的例子，包括它们对应的 f 函数以及散
度类型。当采用 JS 散度时，即原始的 GAN，原始 GAN 中的判别器相
当于对输入数据做真或假的二分类操作，损失函数采用的是交叉熵损失。
若一个生成样本被判别器以很高的置信度判为"真"，交叉熵损失难以
将该生成样本推向真实分布，因为它已经完成了"欺骗"判别器的使命，
生成器将不再为这个生成样本进行参数更新，即使该样本距离判别器的
决策边界很远。基于这个现象，LSGAN[4] 将交叉熵替换为均方误差，
直接对生成样本到决策边界的距离进行惩罚，其生成器的损失函数相当
于最小化皮尔逊 $\mathcal{X}$ 散度。在理想情况下，真实样本应该分布在靠近判别
器决策边界的两侧，如果生成样本距离决策边界很远，即使生成样本被
判别为"真"，也会产生较大的惩罚，从而被推向决策边界，使其更加
接近真实分布。另外，均方误差损失比交叉熵损失更不容易出现梯度消
失问题，能使训练更加稳定。

表 5-1　基于 f- 散度的 GAN（即 f-GAN）

GAN	散度	$f(t)$
GAN	JSD $-2\log 2$	$t\log t-(t+1)\log(t+1)$
LSGAN	Pearson $\mathcal{X}^2$	$(t-1)^2$
EBGAN[5]	Total Variance	$\|t-1\|$

基于积分概率度量的 GAN

另外一类方法是基于积分概率度量（IPM）的 GAN（即 IPM-
GAN）。与 f- 散度不同，IPM 采用判别函数 f 来定义两个分布之间的
最大距离，这里 f 被限制在一个特定的函数簇 $\mathcal{F}$ 上，该簇中的函数是实
值的、有界的、可测的。用 IPM 来定义的两个分布间距离 $D_{\mathcal{F}}(p_{data}, p_g)$
的计算公式为

$$D_{\mathcal{F}}(p_{data}, p_g) = \sup_{f\sim\mathcal{F}}\{\mathbb{E}_{x\sim p_{data}(x)}[f(x)] - \mathbb{E}_{x\sim p_g(x)}[f(x)]\} \quad (5-9)$$

IPM-GAN 常用神经网络来建模这个判别函数 f，此时判别器的输出
不再是 0 或 1，而是一个实数。IPM-GAN 将 f 限制在特定函数簇 $\mathcal{F}$

中，这可以防止判别器的能力过强。在实际应用中，IPM-GAN 往往经过多次迭代后也不会出现梯度消失问题。IPM-GAN 的典型代表包括采用 Wasserstein 距离的 WGAN[6]，以及基于均值特征匹配的 McGAN[7]。

首先对 WGAN 进行分析。Wasserstein 距离又叫推土机（earth-mover）距离，其定义为

$$W(p_{data}, p_g) = \inf_{\gamma \sim \Pi(p_{data}, p_g)} \mathbb{E}_{(x,y) \sim \gamma} \left[\left\| x - y \right\| \right] \quad (5\text{-}10)$$

其中，$\prod(p_{data}, p_g)$ 是 $p_{data}(x)$ 与 $p_g(y)$ 所有可能的联合分布构成的空间，γ 是其中一种可能的联合分布，$W(p_{data}, p_g)$ 表示在所有可能的联合分布中能够对真实样本 x 和生成样本 y 的距离期望值取到的下确界。我们也可以用直观的方式理解，$\mathbb{E}_{(x,y) \sim \gamma} \left[\left\| x - y \right\| \right]$ 就是在 γ 这个路径规划之下，将处在 P_{data} 的这堆点搬到 P_g 位置所移动的距离，其下确界就是路径规划为最优时的距离（这也是它的别名"推土机距离"的由来）。相对于原始 GAN 中的 JS 散度，Wasserstein 距离在两个分布没有重叠部分时并不是常数，它能够反映两个分布的"远近"，从而避免梯度消失问题。在实际训练中，由于 $\inf_{\gamma \sim \Pi(p_{data}, p_g)}$ 无法求解，需要利用 Kantorovich-Rubinstein 对偶原理将原问题转化为对式（5-11）的求解：

$$W(p_{data}, p_g) = \sup_{\|f\|_L \leq K} \{ \mathbb{E}_{x \sim p_{data}} [f_\omega(x)] - \mathbb{E}_{x \sim p_g} [f_\omega(x)] \quad (5\text{-}11)$$

其中，f_ω 为参数化的函数簇（ω 是参数），并需要满足 Lipschitz 连续性，即 f_ω 的导数绝对值不超过常数 K（$K \geq 0$）。因此，WGAN 可以看作把 IPM-GAN 中的 f 所属的函数簇 $\mathcal{F}$ 定义为满足 Lipschitz 连续的函数簇的特例。

另一个比较有代表性的 IPM-GAN 是 McGAN，它从最小化 IPM 的角度将分布之间距离的度量定义为有限维度特征空间的分布匹配。在 Geometric GAN 中，研究者将 McGAN 解释为在特征空间进行的 3 步操作：首先，分类超平面搜索；然后，判别器向远离超平面的方向更新；最后，生成器向超平面的方向更新。实际上，这种几何解释同样可以应用在其他 GAN 上，包括 f-GAN、WGAN 等。各种 GAN 之间的主要区别就在于分类超平面的构建方法以及特征向量的几何尺度缩放因

子的选择，具体理论推导见参考文献 [8]。在训练阶段，批（mini-batch）的大小往往远小于特征空间的维度，这种情况下的分类问题被称为高维低采样尺寸（High-Dimension-Low-Sample-Size，HDLSS）问题。支持向量机中最大化两类的分类边界以及软边界的思想被广泛应用在HDLSS 问题中，并被证明具有鲁棒性。Geometric GAN 借鉴支持向量机的思想，将判别器和生成器的损失函数分别定义为

$$\mathcal{L}_D = \mathbb{E}_{x \sim p_{data}(x)}[\max(0, 1 - D(x))] + \mathbb{E}_{z \sim p_z(z)}[\max(0, 1 + D(G(z)))]$$
$$\mathcal{L}_G = \mathbb{E}_{z \sim p_z(z)}[-D(G(z))]$$

（5-12）

判别器的损失函数形式与支持向量机中的折页损失（Hinge Loss）的形式很相似。Geometric GAN 出现后，这种具有折页损失形式的GAN 损失函数在很多方法中被采用，包括 2018 年热门的 SAGAN[9]和 BigGAN[10]。

现在，更多的 GAN 采用基于 IPM 而非 f- 散度的目标函数，我们可以通过对比二者找到原因。由式（5-8）f- 散度的定义可以发现，当数据维度很高时，f- 散度将变得非常难以估计，两个分布的支撑集很难重叠，导致散度值趋于无穷；而基于 IPM 的方法不依赖于数据的分布，这样的度量一致逼近于两个分布间的真实距离，并且当两个分布无交集时也不会发散。

其他类型的改进

除了上面介绍的 f-GAN 和 IPM-GAN 两类方法，还有一些方法通过添加其他类型的优化目标作为辅助项来提高训练的稳定性，或者通过添加辅助项给 GAN 加入新的"技能"。这类辅助项主要包括重建目标和分类目标这两种。

重建目标可以让生成样本和真实样本尽可能相似。若将重建目标加在生成器中，则可以尽可能地保留原输入图像的内容，这一般出现在一些图像语义信息或特定模式需要被保留的任务中，比如图像翻译任务。直观上我们可以将加入重建目标的 GAN 看作有监督训练，此时输入图像就是训练的标签。重建目标也可以加在判别器上，这种方式常见于与自编码器相结合的 GAN。

还有的方法加入了分类目标，比如半监督学习或风格迁移。分类任

务的交叉熵损失可以直接加在判别器中，使其在完成分辨真假任务的同时完成分类任务；也可以重新加入一个专门负责分类的网络，将其产生的交叉熵损失添加到 GAN 的对抗训练的损失函数中。

问题 **2** 简单介绍 GAN 模型结构的演进。 难度：★ ★ ★ ☆ ☆

分析与解答

生成器和判别器的网络结构对于训练过程的稳定性和模型表现至关重要。在 GAN 模型结构的各种改进方法中，最先要提到的是 DCGAN（Deep Convolutional GAN）[11]，它首次将卷积神经网络用到 GAN 中，为 GAN 家族贡献了一个重要的基准结构。之后比较具有代表性的结构改进包括层次化的结构以及加入自编码器的结构。具有自编码器的结构的 GAN 在上一章"生成模型"的 03 节中已有介绍，这里不再赘述，下面我们主要介绍层次化结构的 GAN。

层次化结构的 GAN 一般通过多个步骤来生成高分辨率、高质量的图像。例如在 Stacked GAN[12] 中，通过堆叠多个"生成器 - 判别器（D）- 编码器"来构造层次化结构，每一级的"生成器 - 判别器"用来学习不同级别的表示，每一级的"编码器"用于学习不同级别的隐变量表示，其模型结构如图 5.5 所示。具体来说，在 Stacked GAN 中，对于每一级生成器，其输入包括上一级生成器的输出、该级编码器输出的特征向量以及从标准正态分布中的随机采样，其输出为该级对应的生成表示。

除了上述的用多个 GAN 来实现层次化结构外，也有方法通过在训练过程中对单个 GAN 进行动态的堆叠以构成层次化结构，例如 Progressive GAN[13] 就仅用一个"生成器 - 判别器"对，但在训练过程中逐渐增加网络的层数，其模型结构如图 5.6 所示。具体来说，Progressive GAN 在开始时层数较少，只能生成分辨率较低的图像（如 4×4）；而后逐渐添加新的层到生成器和判别器网络中，并通过增加上采样次数来增大生成图像的分辨率。

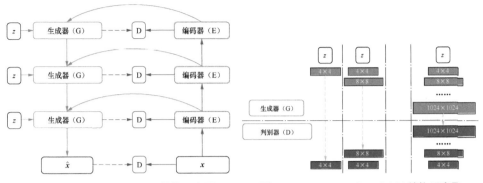

图 5.5 Stacked GAN 结构示意图   图 5.6 Progressive GAN 结构示意图

问题 3 列举一些近几年针对 GAN 的训练过程或训练技巧的改进。

难度：★ ★ ★ ☆ ☆

分析与解答

GAN 的训练过程实际上是在极高维参数空间中寻找一个非凸优化问题的纳什均衡点的过程，该过程常常是很不稳定的。很多论文提出了一些针对神经网络训练过程的改进方法来提升 GAN 的效果，还有一些是在实际应用中发现的能够稳定训练过程的经验和技巧，下面选择几种典型方法来进行介绍。

■ 特征匹配技术

在原始 GAN 中，判别器和生成器的目标函数是根据其最后一层的输出值来计算的。判别器的目标是让生成样本的输出值尽可能接近 0，真实样本的输出值尽可能接近 1；生成器的目标则是尽可能地欺骗判别器，使生成样本的输出值尽可能接近 1。特征匹配技术则是将原目标函数中对最后一层输出值的比较，改为对中间层输出向量的比较。此时，判别器的任务是找出那些重要的、值得匹配的统计信息；而生成器的目标也不再是欺骗判别器，而是引导生成器去匹配真实样本的统计信息或特征。

■ **单边标签平滑**

原始 GAN 采用 1/0 表示样本的真 / 假。采用深度神经网络结构的判别器在层数很深时，对于简单问题能够经过少量训练就得到准确的预测，并且会对输出结果给出很高的置信度。当深度神经网络的输入既有生成样本又有真实样本这样的对抗组合时，这个问题会更加突出，分类器会倾向于线性推断并产生极高的概率值。因此，参考文献 [3] 提出将真实样本的标签从 1 变为 0.9，引导判别器给出更加平缓一些的预测。"单边"意味着对生成样本的标签不做平滑，为什么呢？我们可以分析一下如果对双边都做平滑会出现什么问题。假设对真实样本以稍小于 1 的值 $1-\alpha$ 做标签，生成样本以稍大于 0 的值 β 做标签，此时最优判别器为

$$D_G^*(\boldsymbol{x}) = \frac{(1-\alpha)p_{data}(\boldsymbol{x}) + \beta p_g(\boldsymbol{x})}{p_{data}(\boldsymbol{x}) + p_g(\boldsymbol{x})} \qquad (5\text{-}13)$$

当 β 为 0 且 α 不为 0 时，标签平滑只是对判别器的最优值做了尺度上的改变；而当 β 不为 0 时，最优判别器的函数表达会发生变化。在 $p_{data}(\boldsymbol{x})$ 非常小而 $p_g(\boldsymbol{x})$ 比较大时，$D_G^*(\boldsymbol{x})$ 会出现尖峰，这会强化生成器在此处的错误行为，从而引导生成器产生相似的样本。

■ **谱归一化**

谱归一化技术 [14] 常用来归一化判别器的权重，目的是让判别器满足 Lipschitz 连续性。不同于 WGAN、WGAN-GP 通过在目标函数中添加约束项来间接地满足 Lipschitz 连续性，谱归一化则是直接对模型参数进行约束，来直接地保证判别器的 Lipschitz 连续性。在训练过程中每一次参数更新时，谱归一化会对每一层的权重做奇异值分解，并对奇异值做归一化以将其限制在 1 以内，保证网络中的每一层都满足 $\dfrac{h_l(\boldsymbol{x}) - h_l(\boldsymbol{y})}{\boldsymbol{x} - \boldsymbol{y}} \leq 1$，从而使整个网络 $f(\boldsymbol{x}) = h_N(h_{N-1}(\cdots h_1(\boldsymbol{x})\cdots))$ 都满足 Lipschitz 连续性。当然，在训练的每一步都对每层做奇异值分解会带来巨大的计算量，尤其是当网络参数维度很高时，为此研究者提出了一种迭代的方法来快速计算奇异值的近似解。

除此之外，还有一些其他的技术，包括虚拟批归一化、批（mini-batch）判别、在训练和测试中都保留生成器的 Dropout 等方法，这里不一一介绍了。

生成式对抗网络的效果评估

场景描述

GAN 是当今最流行的图像生成模型之一，我们可以在很多论文中看到用不同的 GAN 生成的清晰又逼真的图像。然而，如果仅用肉眼来对图像质量进行主观评价，显然不能科学地评估一个模型的性能，我们需要用恰当的方法来定量地衡量 GAN 的生成能力，准确地刻画生成样本的质量和多样性，度量生成分布与真实分布之间的差异。

知识点

IS（Inception Score）、FID（Frechet Inception Distance）

问题　**简述 IS 和 FID 的原理。**　　难度：★☆☆☆☆

分析与解答

IS 常被用来评价生成图像的质量，它名字中的 Inception 来源于 InceptionNet，因为计算 IS 时需要用到一个在 ImageNet 数据集上预训练好的 Inception-v3[15] 分类网络。IS 实际上是在做一个 KL 散度计算，具体公式为

$$\text{IS}(G) = \exp(\mathbb{E}_{x \sim p_g(x)} \text{KL}(p(y \mid x) \| p(y))) \qquad （5\text{-}14）$$

其中，$p(y \mid x)$ 是指对一张给定的生成图像 x，将其输入预训练好的 Inception-v3 分类网络后输出的类别概率；$p(y)$ 则是边缘分布，表示对于所有的生成图像来说，这个预训练好的分类网络输出的类别的概率的期望。如果生成图像中包含有意义且清晰可辨认的目标，则分类网络应该以很高的置信度将该图像判定为一个特定的类别，所以 $p(y \mid x)$ 应该具有较小的熵。此外，要想生成图像具有多样性，$p(y)$ 就应该具有较大的熵。如果 $p(y)$ 的熵较大，$p(y \mid x)$ 熵较小，即所生成的图像包含了

非常多的类别，而每一张图像的类别又明确且置信度高，此时 $p(y\mid \boldsymbol{x})$ 与 $p(y)$ 的 KL 散度很大。可以看出，IS 并没有将真实样本与生成样本进行比较，它仅在量化生成样本的质量和多样性。

FID[16] 为了弥补 IS 的不足，加入了真实样本与生成样本的比较。它同样是将生成样本输入到分类网络中，不同的是，FID 不是对网络最后一层的输出概率 $p(y\mid \boldsymbol{x})$ 进行操作，而是对网络倒数第二层的响应即特征图进行操作。具体来说，FID 是通过比较真实样本和生成样本的特征图的均值和方差来计算的：

$$\mathrm{FID} = \left\| \mu_{data} - \mu_g \right\|^2 + Tr\left(\sum{}_{data} + \sum{}_g - 2\left(\sum{}_{data} \sum{}_g \right)^{\frac{1}{2}} \right) \quad (5\text{-}15)$$

其中，μ_{data} 和 $\sum_{data}$ 分别表示真实样本的均值和协方差矩阵，μ_g 和 $\sum_g$ 分别表示生成样本的均值和协方差矩阵，$Tr(\cdot)$ 表示矩阵的迹。FID 值越低，表明生成样本与真实样本的统计量越接近。然而，FID 将特征图近似为高斯分布，计算均值和方差的方式太过粗糙，无法实现对图像细节的评估。

· 总结与扩展 ·

IS 和 FID 是目前 GAN 在图像领域中使用最为广泛的两种评估方法。IS 与 FID 实现了对 GAN 生成能力的定量评估，但它们都是对整体表现的刻画，无法从多样性、质量等角度对单个生成样本进行独立的衡量。另外，它们都依赖于用 ImageNet 预训练的分类网络，对其他类型的数据集（如面部图像或医学成像数据）不太适合。

除了 IS 和 FID，还有其他一些评估 GAN 生成能力的方法，如模式分数（Mode Score）[17]、最大均值差异[18]、最近邻双样本检验（C2ST）[19]、切片 W - 距离（Sliced Wasserstein Distance，SWD）[13] 等。由于篇幅限制此处不再一一赘述，感兴趣的读者可以阅读原文，思考这些方法各自的特点和它们的异同。

生成式对抗网络的应用

场景描述

随着 GAN 在理论上突飞猛进的发展，各种 GAN 在不同领域中的应用也遍地开花。GAN 在计算机视觉中的应用包括图像和视频的生成、图像与图像或文字之间的翻译、物体检测、语义分割等。在自然语言处理领域，文本建模、对话生成、问答系统和机器翻译等应用中也可以看到 GAN 的踪影。

知识点

图像生成、图像到图像翻译、Self-Attention GAN (SAGAN)、BigGAN、CycleGAN、半监督学习

问题 *1* GAN 用于生成高质量、高分辨率图像时会有哪些难点？简述从 SNGAN、SAGAN 到 BigGAN 的发展过程。

难度：★★★☆☆

分析与解答

图像生成一直都是计算机视觉领域的一个重要问题。自从 GAN 提出以来，这一领域出现了很多突破性的成果。随着 GAN 的发展，图像生成已经从 2014 年的生成手写数字，发展到 2018 年能够非常逼真地生成 ImageNet 图像了。然而，GAN 在生成高分辨率图像时，尤其是在包含很多类别的大型数据集上训练后，会出现无法明确区分图像类别、难以捕捉到图像语义结构、质地和细节不合理等问题。这些问题的原因是，分辨率越高的图像在原始空间维度也越高，当数据集包含的类别众多且类内图像多样性也很高时，图像所包含的

模式也就越多，描述数据集中图像分布的各个变量之间的关系也越复杂，用有限参数的网络表示的生成模型就越难以训练。

从 SNGAN[14]、SAGAN[9] 到 BigGAN[10]，图像生成的质量在短短一年时间内得到了大幅提升，其在 ImageNet 上的 IS 指标从 37 增长到 166。BigGAN 已经可以生成清晰逼真的图像，如图 5.7 所示。下面具体介绍从 SNGAN，SAGAN 到 BigGAN 的发展过程。

图 5.7　BigGAN 的生成样例

SNGAN

SNGAN 首次将谱归一化加入到判别器中，提高了训练的稳定性。此外，SNGAN 还采用了折页损失。采用谱归一化和折页损失的 GAN 在前面的小节中已经介绍，这里不再赘述。

SAGAN

SAGAN 在 SNGAN 的基础之上，将自注意力机制加入其中。传统的卷积神经网络由于卷积核尺寸的限制，更注重于捕捉局部区域内的空间联系。当生成高分辨率图像时，除了局部的信息以外，全局的语义和结构信息也是不可忽视的，而自注意力机制则比较擅长捕捉较远区域的信息。如果将二者相结合，则每个生成区域既能够获得周围区域的信息，也能够获得与自身相关或相似的较远区域的信息。图 5.8 是 SAGAN 中自注意力机制的示意图。具体来说，在生成器中，将卷积特征图用 1×1 卷积进行线性变换和通道压缩，得到 3 个分支；其中两个分支用来计算注意力图 β；另一分支与原特征图通道数一致，与注意力图相乘，从而获得带注意力信息的特征图 o；最后，原始特征图 x 与自注意力特征图 o 做加权求和，得到最终的输出卷积特征图 y。该结构同时应用在生成器和判别器中的某些层上。除了引入注意力机

制之外，SAGAN 还在 SNGAN 的基础上，对生成器也加入了谱归
一化。

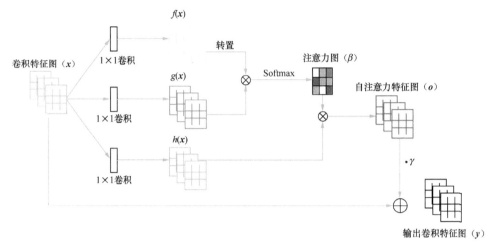

图 5.8　SAGAN 中自注意力机制示意图

BigGAN

BigGAN 在 SAGAN 的基础上，主要做了以下改进。

（1）通过增大 GAN 的参数规模，增大训练过程中的批尺寸（batch size），以及其他一些结构和约束机制上的改进，显著地提升了模型的表现。增大训练过程中的批尺寸可能是因为更大的批能够覆盖更多的模式，从而为生成器和判别器提供更优的梯度。更大的批尺寸也可以提高训练效率，但是会导致训练稳定性的下降。除了增加批尺寸外，增加每层的通道数也能够提高模型的生成能力，但增加网络深度却不一定会带来更好的效果。

（2）通过输入噪声的嵌入和截断技巧，BigGAN 能够在多样性和真实性上实现精细化控制。对于输入噪声 z，大多数 GAN 都是直接从标准正态分布或均匀分布中随机采样得到并直接输入生成器的第一层，BigGAN 不仅将 z 输入到第一层，而且还将其送入到每一个残差块（ResBlock）中，如图 5.9 所示。这样做的理由是隐空间可能会直接影响不同层（不同分辨率）的特征。另外，BigGAN 还使用了截断技巧，将从标准正态分布中采样出的 z 根据设定的阈值进行截断。截断阈值会

影响生成图像的质量和多样性，阈值越低，采样范围越窄，生成的图像质量越高，但图像的多样性会降低。

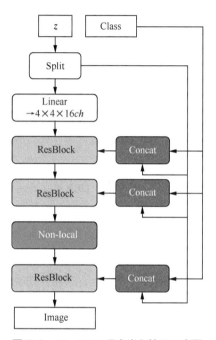

图 5.9 BigGAN 噪声嵌入技巧示意图

（3）通过多种训练技术上的改进，BigGAN 在大规模训练时的稳定性也得到了提高。模型在训练过程中的稳定性的控制，可以分别从生成器或判别器角度来进行调节。对于生成器的控制，参考文献 [10] 得出的结论是，通过调节各层权重的奇异值大小可以改善模型的稳定性，但是无法确保能够避免训练的崩溃；对于判别器，论文比较了各种不同的正则化方法，发现不同的正则化方法有类似的规律，即对判别器的约束越高，训练过程也就越稳定，但是模型生成能力也会下降，并且会造成性能的下降。

问题 **2** 有哪些问题是属于图像到图像翻译的范畴的？ GAN 是如何应用在其中的？ 难度：★ ★ ☆ ☆ ☆

分析与解答

图像到图像的翻译是一个比较宽泛的概念，指由源图像域的图像生成目标图像域的对偶图像，在转换过程中需要保留源图像域中的一些属性。很多计算机视觉领域的问题广义上来说都属于图像到图像的翻译，如图像的风格迁移、图像超分辨率重建、图像补全或修复、图像上色等。与标准的 GAN 不同，这些任务的输入一般都是图像而非随机噪声，并且生成的数据需要保留输入图像的部分属性。基于 GAN 的图像到图像的翻译方法，可以分为有监督和无监督两类。有监督方法需要两个域之间的图像一一配对，此时目标图像域的配对图像就可以看作标签，比如基于 GAN 的超分辨率重建和图像补全问题。无监督方法可以采用非配对的训练方式，即训练时两个域样本不需要一一对应，比如基于 GAN 的图像风格迁移。下面具体介绍基于 GAN 的超分辨率重建、图像补全以及风格迁移。

■ **超分辨率重建**

在超分辨率重建问题中，训练数据和标签就是原始图像的降采样和原始图像。由于输出图像的尺寸是输入图像尺寸的数倍，生成器往往采用含有上采样结构的全卷积神经网络。与普通 GAN 的生成器不同的是，超分辨率重建的 GAN 不需要从一个低维的噪声向量变成高分辨率图像，因此上采样操作会相对少一些。超分辨率重建中除了图像大小和细节信息外，图像中所有的颜色、结构、形态等属性都不能够被改变，而填充的细节信息又要合理。要满足上述要求，GAN 的损失函数除了对抗损失以外，还需要加入能够衡量真实图像与生成图像相似性的损失，比如感知域损失。在 SRGAN 中，采用真实图像与生成图像在生成器中某些层的卷积特征图的差异作为感知域损失。图 5.10 给出了基于 SRGAN 的超分辨率重建的结果样例[20]。

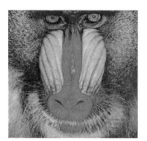

（a）4倍超分辨率重建样本 （b）原始样本

图 5.10 基于 SRGAN 的超分辨率重建示例

图像补全

对于图像补全问题，训练数据和标签分别是抠掉某一区域的图像和被抠掉的这一部分。基于 GAN 的图像补全方法也往往包含两种损失，一种是标准 GAN 的对抗损失，用来确保生成图像的真实性；另一种是标签与生成图像间的感知域损失或重构损失，比如参考文献[21]和参考文献[22]采用的是均方误差、参考文献[23]采用的是像素的绝对值误差、参考文献[24]采用的是感知域损失等。图 5.11 给出了图像补全的结果样例[25]。

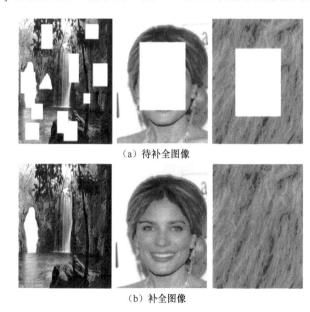

（a）待补全图像

（b）补全图像

图 5.11 基于 GAN 的图像补全样例

■ **图像风格迁移**

图像风格迁移是指在保留图像主要内容的前提下，对图像内容在抽象语义层次上的某些特性（比如物体种类、艺术风格等）做一致的改变。一些诸如人像换脸、换装、表情变换等应用，都可以用风格迁移的方法来实现。在基于 GAN 的风格迁移方法中，目前主流的是无监督方法，这是因为对于不同域的图像，想要找到一一对应的训练数据往往比较困难或者成本较高。在无监督方法中，生成的图像是新的，在目标图像域真实数据中没有出现过的，不能像图像补全那样获得有监督的重构误差或感知域误差，因此需要用其他方式来指导模型保留特定的属性。下一问中将以 CycleGAN 为例，分析如何利用 GAN 实现无监督的风格迁移。

问题 **3** 简述 CycleGAN 的原理。 难度：★ ★ ★ ☆ ☆

CycleGAN 是图像风格迁移的经典方法。请从原理上解释其非配对的训练方式是怎么实现的？如果去掉重构误差，会出现什么问题？

分析与解答

给定源图像域数据集和目标图像域数据集，CycleGAN[4] 不需要两个数据集中的图像一一配对，就可以训练出一个风格迁移模型。图 5.12 展示了一些用 CycleGAN 进行风格迁移的样例图片。

图 5.12 CycleGAN 进行风格迁移的样例

CycleGAN 一共包含两个判别器和两个生成器，如图 5.13 所示。具体来说，整个结构可以分成两部分，一部分负责从一个风格域 X 到另一个风格域 Y 的转换工作；另一部分反过来，负责从风格域 Y 到风格域 X 的转换工作。以从 X 域到 Y 域为例，X 域中训练图像（输入样本）x 被输入到生成器 G_{X2Y} 中，生成属于 Y 域的样本 $G_{X2Y}(x)$，生成样本 $G_{X2Y}(x)$ 与 Y 域中的真实图像（输入样本）y 一同被送入判别器 D_Y 中，以判断图像是否属于 Y 域；同时，生成样本 $G_{X2Y}(x)$ 还会被输入到另一个生成器 G_{Y2X} 中，重建出 X 域中的样本 $\hat{x}$，根据 $\hat{x}$ 与 x 计算重构误差，该误差与对抗误差一起作为模型的损失函数。另一部分（即从 Y 域到 X 域）的结构与此类似，只是域的转换方向相反。

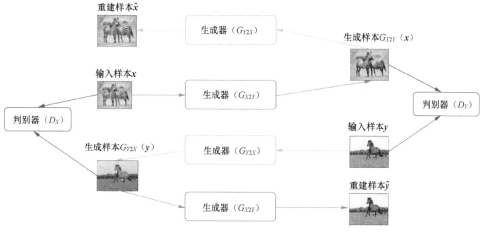

图 5.13　CycleGAN 结构示意图

CycleGAN 不需要一一配对的样本，核心点在于两个负责各自域的判别器。对任意一个输入样本，它们可以判断图像是否属于该域，并不需要成对的输入；而通过一个风格转换的循环获得的重建图像，可以用来最小化与原图像之间的重构误差，起到保留图像的高层次语义信息的作用。生成图像如果能够被正确重构，除了需要重构被改变的风格属性之外，其结构、背景、物体、姿态等信息都应该被生成器完好保留。如果去掉重构误差，训练出的网络仍然能够实现风格迁移，但其中部分高层次的、不应该被更改的属性也有可能被破坏。

问题 **4** **GAN 为什么适用于半监督学习？生成数据在半监督学习中起到了什么作用？**

难度：★★★★☆

分析与解答

半监督学习是指在训练数据仅有部分标注的情况下，同时利用标注过和未标注过的样本进行学习的方法。对于很大规模的数据，获得全部数据的标签会耗费大量时间和成本，这个问题在如今数据量不断增长的时代越来越显著，因而半监督学习也越来越被重视。现有的半监督学习方法主要包括低密度分离方法、基于生成模型的方法、基于平滑假设的方法等。GAN 的出现，为基于生成模型的半监督学习方法提供了新的思路。

在原始的 GAN 中，训练数据是不需要标签的，判别器的任务只是判别图像的"真假"。在用于半监督学习时，判别器除了这个判别任务外，还被赋予了分类任务。真实训练数据中包含有标签样本和无标签样本，对于判别器的判别真假任务，它们都属于"真"样本阵营，与生成的"假"样本对抗；对于判别器的分类任务，真样本的标签信息可以用于标准的分类损失项（如交叉熵损失），而无标签样本和生成样本可以在特定假设下以其他方式对目标函数做贡献。不同方法会采用不同的形式来使判别器实现这两个任务。例如，在参考文献 [3] 中，判别器的输出变为 $K+1$ 维，其中 K 维对应分类任务的 K 个类，而剩下一维对应"假"样本，判别器损失函数为

$$\mathcal{L}_D = -\mathbb{E}_{\boldsymbol{x} \sim p_{data}(\boldsymbol{x})}[\log D(\boldsymbol{x})] - \mathbb{E}_{\boldsymbol{z} \sim p_z}[\log(1 - D(G(\boldsymbol{z})))] - \\ \mathbb{E}_{(\boldsymbol{x},y) \sim p_{data}(\boldsymbol{x},y)}[\log p(y \,|\, \boldsymbol{x}, y < K+1)] \quad (5\text{-}16)$$

其中，$D(\boldsymbol{x}) = 1 - p(y = K+1 \,|\, \boldsymbol{x})$。

而在 CatGAN[26] 中，判别器的输出只有 K 维。具体来说，对于所有的"真"样本，判别器需要对它们输出非常确定的类别，即对给定样本 $\boldsymbol{x}$，判别器希望其条件分布具有高度确定性，也就是希望样本的信息熵 $H(p(y \,|\, \boldsymbol{x}))$ 尽可能低；对于生成的"假"样本，判别器希望在每一类

上的输出概率都尽量相等,也就是最大化熵$H(p(y|G(z)))$;对于所有的样本,判别器希望能够均匀地使用所有类别,即最大化熵$H(p(y))$;对于有标签的"真"样本,同样对判别器贡献交叉熵$CE[y_{gt}, p(y|x)]$。综上所述,判别器损失函数的具体公式为

$$\mathcal{L}_D = -H[p(y)] + \mathbb{E}_{x \sim p_{data}(x)} H[p(y|x)] - \\ \mathbb{E}_{z \sim p_z(z)} H[p(y|G(z))] + \lambda CE[y_{gt}, p(y|x)] \tag{5-17}$$

无论是什么样的实现形式,基于 GAN 的半监督学习在训练判别器时都包含有标签数据、无标签数据和生成数据这 3 种数据。既然有了无标签的真实数据,为什么还需要无标签的生成数据呢?要回答这个问题,首先应该注意到的是,在半监督学习中,我们的重点在于判别器,在训练完成后我们需要的是判别器的分类能力,而不是用生成器来生成数据(生成数据的目的在于提升判别器对样本真实分布的学习能力)。此时,即使是无标签的真实数据,也被隐含地赋予了"真"的标签,即使不知道类别标签,判别器也同样能利用无标签数据来更好地学习真实数据的分布。此外,生成器此时不仅仅需要在真实性上努力欺骗判别器,也需要使生成的数据明确地属于某一类,所以生成器除了要学习所有真实数据的整体分布,还需要学习到每一类各自所属的"子分布"。虽然有了无标签"真"样本的补充,真实训练样本对于数据的分布来说往往仍然是稀疏的,这时生成器的作用可以看作对各类训练样本的进一步扩充,生成器需要生成属于各类"子分布"边界之内的数据才能骗过判别器。在这样的对抗任务下,判别器能够更好地学习到分类的"边界"。

· 总结与扩展 ·

如今随着 GAN 的理论发展日渐成熟,它在各个领域开始大放异彩,各种 GAN 的应用还在持续不断地涌现。本节介绍的内容可以说仅仅是 GAN 茫茫大海般的优秀应用中的几朵小浪花。想要了解更多、更新、更惊艳的应用,读者需要保持对学术界和工业界中与 GAN 相关的应用方法和成功案例的持续关注,并对它们进行思考、总结和归纳。

参考文献

[1] GOODFELLOW I, POUGET-ABADIE J, MIRZA M, et al. Generative adversarial nets[C]//Advances in Neural Information Processing Systems, 2014: 2672–2680.

[2] KODALI N, ABERNETHY J, HAYS J, et al. On convergence and stability of GANs[J]. arXiv preprint arXiv:1705.07215, 2017.

[3] SALIMANS T, GOODFELLOW I, ZAREMBA W, et al. Improved techniques for training GANs[C]//Advances in Neural Information Processing Systems, 2016: 2234–2242.

[4] ZHU J-Y, PARK T, ISOLA P, et al. Unpaired image-to-image translation using cycle-consistent adversarial networks[C]//Proceedings of the IEEE International Conference on Computer Vision, 2017: 2223–2232.

[5] ZHAO J, MATHIEU M, LECUN Y. Energy-based generative adversarial network[J]. arXiv preprint arXiv:1609.03126, 2016.

[6] ARJOVSKY M, CHINTALA S, BOTTOU L. Wasserstein GAN[J]. arXiv preprint arXiv:1701.07875, 2017.

[7] MROUEH Y, SERCU T, GOEL V. McGAN: Mean and covariance feature matching gan[J]. arXiv preprint arXiv:1702.08398, 2017.

[8] LIM J H, YE J C. Geometric GAN[J]. arXiv preprint arXiv:1705.02894, 2017.

[9] ZHANG H, GOODFELLOW I, METAXAS D, et al. Self-attention generative adversarial networks[J]. arXiv preprint arXiv:1805.08318, 2018.

[10] BROCK A, DONAHUE J, SIMONYAN K. Large scale GAN training for high fidelity natural image synthesis[J]. arXiv preprint arXiv:1809.11096, 2018.

[11] RADFORD A, METZ L, CHINTALA S. Unsupervised representation learning with deep convolutional generative adversarial networks[J]. arXiv preprint arXiv:1511.06434, 2015.

[12] ZHANG H, XU T, LI H, et al. StackGAN: Text to photo-realistic image synthesis with stacked generative adversarial networks[C]//Proceedings of the IEEE

International Conference on Computer Vision, 2017: 5907–5915.

[13] KARRAS T, AILA T, LAINE S, et al. Progressive growing of GANs for improved quality, stability, and variation[J]. arXiv preprint arXiv:1710.10196, 2017.

[14] MIYATO T, KATAOKA T, KOYAMA M, et al. Spectral normalization for generative adversarial networks[J]. arXiv preprint arXiv:1802.05957, 2018.

[15] SZEGEDY C, VANHOUCKE V, IOFFE S, et al. Rethinking the inception architecture for computer vision[C]//Proceedings of the IEEE Conference on Computer Vision and Pattern Recognition, 2016: 2818–2826.

[16] HEUSEL M, RAMSAUER H, UNTERTHINER T, et al. GANs trained by a two time-scale update rule converge to a local Nash equilibrium[C]//Advances in Neural Information Processing Systems, 2017: 6626–6637.

[17] CHE T, LI Y, JACOB A P, et al. Mode regularized generative adversarial networks[J]. arXiv preprint arXiv:1612.02136, 2016.

[18] IYER A, NATH S, SARAWAGI S. Maximum mean discrepancy for class ratio estimation: Convergence bounds and kernel selection[C]//International Conference on Machine Learning, 2014: 530–538.

[19] LOPEZ-PAZ D, OQUAB M. Revisiting classifier two-sample tests[J]. arXiv preprint arXiv:1610.06545, 2016.

[20] LEDIG C, THEIS L, HUSZÁR F, et al. Photo-realistic single image super-resolution using a generative adversarial network[C]//Proceedings of the IEEE Conference on Computer Vision and Pattern Recognition, 2017: 4681–4690.

[21] IIZUKA S, SIMO-SERRA E, ISHIKAWA H. Globally and locally consistent image completion[J]. ACM Transactions on Graphics, 2017, 36(4): 107.

[22] PATHAK D, KRAHENBUHL P, DONAHUE J, et al. Context encoders: Feature learning by inpainting[C]//Proceedings of the IEEE Conference on Computer Vision and Pattern Recognition, 2016: 2536–2544.

[23] YEH R A, CHEN C, YIAN LIM T, et al. Semantic image inpainting with deep generative models[C]//Proceedings of the IEEE Conference on Computer Vision and Pattern Recognition, 2017: 5485–5493.

[24] SONG Y, YANG C, LIN Z, et al. Contextual-based image inpainting: Infer, match, and translate[C]//Proceedings of the European Conference on Computer Vision, 2018: 3–19.

[25] YU J, LIN Z, YANG J, et al. Generative image inpainting with contextual attention[C]//Proceedings of the IEEE Conference on Computer Vision and Pattern Recognition, 2018: 5505–5514.

[26] SPRINGENBERG J T. Unsupervised and semi-supervised learning with categorical generative adversarial networks[J]. arXiv preprint arXiv:1511.06390, 2015.

强化学习

强化学习（Reinforce Learning, RL）可以追溯到二十世纪八十年代，其思想来源于行为心理学。强化学习是指智能体通过不断"试错"的方式进行学习，利用与环境进行交互时获得的奖励或惩罚来指导行为。在强化学习中，得到奖励的行为会被"强化"，受到惩罚的行为则会被"弱化"；凭借着这些经验，系统可以自主地学习决策过程，以获得最大的收益。

得益于生物相关性和学习自主性，强化学习在博弈论、仿真优化、智能群体优化以及遗传算法等领域都有涉及和应用。2016 年 3 月，AlphaGo 横空出世并战胜了世界围棋冠军李世石，在机器学习和人工智能领域引起了极大的关注和震撼，其中就用到了强化学习算法。近几年，除了游戏领域外，强化学习在自动驾驶、机器人路线规划、神经网络架构设计、网络资源调配等领域也都展现出了实用价值。

强化学习基础知识

场景描述

强化学习是从动物学习、行为心理学等理论发展而来的。Thorndike 在《动物智慧》一书中提出了效应法则：对特定行为的奖励会鼓励动物在类似的情况下采取相同的策略；相反，如果某一行为受到惩罚，则它不太可能重复该行为。例如，对于宠物狗来说，在主人发出"握手"命令后，如果狗将爪子递给主人就会获得骨头，则它会记住"握手"命令和"将爪子递给主人"这个行为是正确的、会获得奖励的。通过奖励和惩罚来学习行为和策略的过程就是强化学习。那么，如何用强化学习来建模上述过程呢？

知识点

强化学习、马尔可夫决策过程（Markov Decision Process, MDP）、有模型（model-based）学习、免模型（model-free）学习、策略迭代（policy-based iteration）、价值迭代（value-based iteration）

问题 *1* 什么是强化学习？如何用马尔可夫决策过程来描述强化学习？　　　　　　难度：★☆☆☆☆

分析与解答

强化学习主要由智能体（agent，也可称为代理）和环境（environment）两部分组成。智能体代表具有行为能力的物体（如机器人、无人车），也可以理解为强化学习算法本身。环境指的是智能体执行动作时所处的场景（例如超级玛丽的游戏世界）。在强化学习中，外部环境提供的信息很少，且没有带标签的监督信息，智能体需要以不断"试错"的方式来尝试不同的动作。通过学习自身的经历，即采取的策略在交互过程中获得的奖励或惩罚信号，智能体能自主地发现和选择产生最大回报的动作。如果智能体的某个策略获得了环境的奖励信号，那么它在相似环境下采取这个策略的趋势会加强；相反，如果某个策略获得了惩罚，那么在相似环境下智能体会避开这个行为策略。

学习算法大致可以分为 3 种类型，即监督学习、无监督学习和强化学习。在强化学习中，我们无法直接告诉智能体如何产生正确的动作，智能体通过在与环境交互过程中获得的奖惩信号来对动作的好坏给予评价。这一点与监督学习或无监督学习有很大不同。对于监督学习，它能直接获得监督信号的反馈，以此来指导学习过程，对未知数据进行预测；对于无监督学习，其主要任务是找到数据本身的规律或隐藏结构。以新闻推送任务为例，无监督学习算法会挖掘用户之前读过文章的特征，并向他们推荐类似的文章；而强化学习算法则会与用户不断地进行交互，先推送少量的文章给用户，可以根据用户的反馈情况构建一个关于用户喜好的知识图谱（Knowledge Graph），据此来确定给用户推荐的文章，并在后续交互过程中继续根据用户的反馈来不断维护和更新上述知识图谱。

1957 年 Bellman 提出用马尔可夫决策过程来求解最优控制问题。马尔可夫决策过程将马尔可夫过程与动态规划相结合，采用了类似于强化学习的试错迭代机制序贯地做出决策。尽管 Bellman 只是采用了强化学习的思想来求解马尔可夫决策过程，但由于该方法的可操作性，马尔可夫决策过程成为定义强化学习问题的最普遍形式。

那么，如何用马尔可夫决策过程来描述强化学习呢？首先，我们要定义一些重要元素。

- 状态集合 S：环境返回给智能体的状态的集合。
- 动作集合 A：智能体可以采取的动作的集合。
- 状态转移函数 P：当前状态转移到下一状态的概率分布函数。
- 奖励函数 R：环境返回的强化信号，对智能体所做动作的奖励或惩罚。

以下围棋为例，"环境"是棋盘与对手，"状态"是当前棋盘上的棋子分布，"动作"是落子的位置，"状态转移函数"是落子后棋盘上棋子分布的变化；至于"奖励函数"，在围棋世界，采取的动作不仅会影响立即奖励值，还会影响最终奖励值，其中，立即奖励值可以通过落子动作执行后棋盘上不同颜色棋子的数量来评估，而最终奖励值则是整盘棋的输赢。图 6.1 给出了强化学习的学习过程。

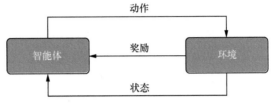

图 6.1　强化学习图示

总的来说，强化学习可以使用四元组$\langle S, A, P, R \rangle$来表示。

（1）在时刻 t，智能体所处的状态为$s_t \in S$，它需要根据一定的策略（policy）从动作集合中选择一个动作$a_t \in A$。这里动作集合 A 可以是连续的（如对机器人行走路线的控制），也可以是离散的（如游戏中的上下左右控制），动作的连续性和动作集合的大小直接影响到任务的难度。

（2）在完成动作 a_t 后，环境会给智能体一个强化信号（奖励或惩罚），记作 r_t。强化信号计算方法的合理性会直接影响强化学习的性能，因此有大量的工作在研究强化信号的计算，其中较为较为经典的方法为

$$G_t = r_t + \gamma r_{t+1} + \cdots + \gamma^n r_{t+n} \qquad （6\text{-}1）$$

其中，G_t 是累积奖励（也称为回报），γ 是衰减因子（$0 \leqslant \gamma \leqslant 1$），$n$ 是奖励的累积步数（n 可以取 1 到$+\infty$）。当$\gamma = 0$时，回报的计算只考虑当下的奖励；当$\gamma = 1$时，回报的计算不仅考虑当下奖励，还会累积计算对之后决策带来的影响；一般来说，$0 < \gamma < 1$，当下的反馈是较为重要的，奖励越靠后，权重越小。

（3）动作 a_t 同时还会触发环境发生变化，从当前状态 s_t 转移到下一状态 s_{t+1}，即$s_t \times a_t \to s_{t+1}$。在此之后，智能体根据 $t+1$ 时刻的状态 s_{t+1} 选择下一个动作，进入下一时间节点的迭代，整个状态转移过程如图 6.2 所示。根据马尔可夫性可知，$t+1$ 时刻的状态 s_{t+1} 仅取决于当前状态 s_t 和当前的动作 a_t。

$$S_0 \xrightarrow{a_0} S_1 \xrightarrow{a_1} S_2 \xrightarrow{a_2} S_3 \xrightarrow{a_3} \cdots$$

图 6.2　马尔可夫状态转移过程

强化学习的目的是寻找一个最优策略，使智能体在运行过程中所获得的累积奖励达到最大。强化学习方法可以从不同的角度进行划分。例如，根据是否对真实环境建模，可以划分为有模型学习和免模型学习；

根据更新策略，可以划分为单步更新和回合更新；根据产生实际行为的策略与更新价值的策略是否相同，可以划分为现实策略（on-policy）学习和借鉴策略（off-policy）学习。此外，根据是否可以推测出状态转移概率，强化学习的求解可以采用动态规划法或蒙特卡洛方法。

问题 2 强化学习中的有模型学习和免模型学习有什么区别？

难度：★ ★ ☆ ☆ ☆

分析与解答

针对是否需要对真实环境建模，强化学习可以分为有模型学习和免模型学习。有模型学习是指根据环境中的经验，构建一个虚拟世界，同时在真实环境和虚拟世界中学习；免模型学习是指不对环境进行建模，直接与真实环境进行交互来学习到最优策略。

在上一问中，我们用马尔可夫决策过程来定义强化学习任务，并表示为四元组$\langle S, A, P, R \rangle$，即状态集合、动作集合、状态转移函数和奖励函数。如果这四元组中所有元素均已知，且状态集合和动作集合在有限步数内是有限集，则机器可以对真实环境进行建模，构建一个虚拟世界来模拟真实环境的状态和交互反应。具体来说，当智能体知道状态转移函数$P(s_{t+1} \mid s_t, a_t)$和奖励函数$R(s_t, a_t)$后，它就能知道在某一状态下执行某一动作后能带来的奖励和环境的下一状态，这样智能体就不需要在真实环境中采取动作，直接在虚拟世界中学习和规划策略即可。这种学习方法称为有模型学习，图 6.3 给出了有模型强化学习的流程图。

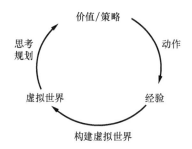

图 6.3 有模型强化学习流程

然而在实际应用中，智能体并不是那么容易就能知晓马尔可夫决策过程中的所有元素的。通常情况下，状态转移函数和奖励函数很难估计，甚至连环境中的状态都可能是未知的，这时就需要采用免模型学习。免模型学习没有对真实环境进行建模，智能体只能在真实环境中通过一定的策略来执行动作，等待奖励和状态迁移，然后根据这些反馈信息来更新行为策略，这样反复迭代直到学习到最优策略。

那么，有模型强化学习与免模型强化学习有哪些区别？各自有哪些优势呢？

总的来说，有模型学习相比于免模型学习仅仅多出一个步骤，即对真实环境进行建模。因此，一些有模型的强化学习方法，也可以在免模型的强化学习方法中使用。在实际应用中，如果不清楚该用有模型强化学习还是免模型强化学习，可以先思考一下，在智能体执行动作前，是否能对下一步的状态和奖励进行预测，如果可以，就能够对环境进行建模，从而采用有模型学习。

免模型学习通常属于数据驱动型方法，需要大量的采样来估计状态、动作及奖励函数，从而优化动作策略。例如，在 Atari 平台上的《太空侵略者》（*Space Invader*）游戏中，免模型的深度强化学习需要大约 2 亿帧游戏画面才能学到比较理想的效果。相比之下，有模型学习可以在一定程度上缓解训练数据匮乏的问题，因为智能体可以在虚拟世界中进行训练。

免模型学习的泛化性要优于有模型学习，原因是有模型学习算法需要对真实环境进行建模，并且虚拟世界与真实环境之间可能还有差异，这限制了有模型学习算法的泛化性。

有模型的强化学习方法可以对环境建模，使得该类方法具有独特的魅力，即"想象能力"。在免模型学习中，智能体只能一步一步地采取策略，等待真实环境的反馈；而有模型学习可以在虚拟世界中预测出所有将要发生的事，并采取对自己最有利的策略。

目前，大部分深度强化学习方法都采用了免模型学习，这是因为：一方面，免模型学习更为简单直观且有丰富的开源资料，像 DQN（Deep Q-Network）[1]、AlphaGo[2] 系列等都采用免模型学习；另一方面，在目前的强化学习研究中，大部分情况下环境都是静态的、可描述的，智能体的状态是离散的、可观察的（如 Atari 游戏平台），这种相对简单确定的问题并不需要评估状态转移函数和奖励函数，直接采用免模型学习，使用大量的样本进行训练就能获得较好的效果。

问题 **3** 基于策略迭代和基于价值迭代的 强化学习方法有什么区别？ 难度：★ ★ ☆ ☆ ☆

分析与解答

对于一个状态转移概率已知的马尔可夫决策过程，我们可以使用动态规划算法来求解；从决策方式来看，强化学习又可以划分为基于策略迭代的方法和基于价值迭代的方法。决策方式是智能体在给定状态下从动作集合中选择一个动作的依据，它是静态的，不随状态变化而变化。

在基于策略迭代的强化学习方法中，智能体会制定一套动作策略（确定在给定状态下需要采取何种动作），并根据这个策略进行操作。强化学习算法直接对策略进行优化，使制定的策略能够获得最大的奖励。

而在基于价值迭代的强化学习方法中，智能体不需要制定显式的策略，它维护一个价值表格或价值函数，并通过这个价值表格或价值函数来选取价值最大的动作。基于价值迭代的方法只能应用在不连续的、离散的环境下（如围棋或某些游戏领域），对于行为集合规模庞大、动作连续的场景（如机器人控制领域），其很难学习到较好的结果（此时基于策略迭代的方法能够根据设定的策略来选择连续的动作）。

基于价值迭代的强化学习算法有 Q-Learning、Sarsa 等，而基于策略迭代的强化学习算法有策略梯度（Policy Gradients）算法等。此外，演员 - 评论家（Actor-Critic）算法同时使用策略和价值评估联合做出决策，其中，智能体会根据策略做出动作，而价值函数会对做出的动作给出价值，这样可以在原有的策略梯度算法的基础上加速学习过程，取得更好的效果。

强化学习算法

在前面的介绍中，我们了解到强化学习能够在没有额外监督信息的环境下，自主地学习并做出决策。对于一个状态转移概率已知的马尔可夫决策过程，一般可以使用动态规划算法来求解。那么，在状态转移概率未知的情况下，强化学习如何学习到策略并根据策略选择动作呢？蒙特卡洛强化学习（Monte-Carlo Reinforcement Learning）和时序差分强化学习（Temporal-Difference Reinforcement Learning）可以在不知道马尔可夫状态转移概率的情况下，让智能体根据经验来估计状态的价值。本节我们将介绍最为经典的时序差分强化学习算法 Q-learning 和 Sarsa。

知识点

时序差分强化学习、蒙特卡洛强化学习、Q-learning、Sarsa

问题 **1** 举例说明时序差分强化学习和蒙 **难度：**★ ☆ ☆ ☆ ☆
特卡洛强化学习的区别。

分析与解答

时序差分强化学习是指在不清楚马尔可夫状态转移概率的情况下，以采样的方式得到不完整的状态序列，估计某状态在该状态序列完整后可能得到的收益，并通过不断的采样持续更新价值。与此不同，蒙特卡洛强化学习则需要经历完整的状态序列后，再来更新状态的真实价值。例如，你想获得开车去公司的时间，每天上班开车的经历就是一次采样。假设今天在路口 A 遇到了堵车，那么，时序差分强化学习会在路口 A 就开始更新预计到达路口 B、路口 C……，以及到达公司的时间；而蒙特卡洛强化学习并不会立即更新时间，而是在到达公司后，再修改到达每个路口和公司的时间。时序差分强化学习能够在知道结果之前就开始学习，相比蒙特卡洛强化学习，其更快速、灵活。

什么是 Q-learning？

难度：★ ★ ☆ ☆ ☆

分析与解答

Q-learning 是非常经典的时序差分强化学习算法，也是基于价值迭代的强化学习算法。在 Q-learning 中，我们需要定义策略的动作价值函数（即 Q 函数），以表示不同状态下不同动作的价值。记策略 π 的动作价值函数为 $Q^{\pi}(s_t, a_t)$，它表示在状态 s_t 下，执行动作 a_t 会带来的累积奖励 G_t 的期望，具体公式为

$$
\begin{aligned}
Q^{\pi}(s_t, a_t) &= \mathbb{E}[G_t \mid s_t, a_t] \\
&= \mathbb{E}[r_t + \gamma r_{t+1} + \gamma^2 r_{t+2} + \cdots \mid s_t, a_t] \\
&= \mathbb{E}[r_t + \gamma(r_{t+1} + \gamma r_{t+2} + \cdots) \mid s_t, a_t] \\
&= \mathbb{E}[r_t + \gamma Q^{\pi}(s_{t+1}, a_{t+1}) \mid s_t, a_t]
\end{aligned}
\tag{6-2}
$$

式（6-2）是马尔可夫决策过程中 Bellman 方程的基本形式。累积奖励 G_t 的计算，不仅考虑当下 t 时刻的动作 a_t 的奖励 r_t，还会累积计算对之后决策带来的影响（公式中的 $\gamma < 1$ 是后续奖励的衰减因子）。从式（6-2）可以看出，当前状态的动作价值 $Q^{\pi}(s_t, a_t)$，与当前动作的奖励 r_t 以及下一状态的动作价值 $Q^{\pi}(s_{t+1}, a_{t+1})$ 有关，因此，动作价值函数的计算可以通过动态规划算法来实现。

从另一方面考虑，在计算 t 时刻的动作价值 $Q^{\pi}(s_t, a_t)$ 时，需要知道在 t、$t+1$、$t+2$……时刻的奖励，这样就不仅需要知道某一状态的所有可能出现的后续状态以及对应的奖励值，还要进行全宽度的回溯来更新状态的价值。这种方法无法在状态转移函数未知或者大规模问题中使用。因此，Q-learning 采用了浅层的时序差分采样学习，在计算累积奖励时，基于当前策略 π 预测接下来发生的 n 步动作（n 可以取 1 到 $+\infty$）并计算其奖励值。具体来说，假设在状态 s_t 下选择了动作 a_t 并得到了奖励 r_t，此时状态转移到 s_{t+1}，如果在此状态下根据同样的策略选择了动作 a_{t+1}，

则 $Q^{\pi}(s_t, a_t)$ 可以表示为

$$Q^{\pi}(s_t, a_t) = \mathbb{E}_{s_{t+1}, a_{t+1}}[r_t + \gamma Q^{\pi}(s_{t+1}, a_{t+1}) \mid s_t, a_t] \qquad (6\text{-}3)$$

Q-learning 算法在使用过程中，可以根据获得的累积奖励来选择策略，累积奖励的期望值越高，价值也就越大，智能体越倾向于选择这个动作。因此，最优策略 π^* 对应的动作价值函数 $Q^*(s_t, a_t)$ 满足如下关系式：

$$Q^*(s_t, a_t) = \max_{\pi} Q^{\pi}(s_t, a_t) = \mathbb{E}_{s_{t+1}}[r_t + \gamma \max_{a_{t+1}} Q(s_{t+1}, a_{t+1}) \mid s_t, a_t] \qquad (6\text{-}4)$$

Q-learning 算法在学习过程中会不断地更新 Q 值，但它并没有直接采用式（6-4）中的项进行更新，而是采用类似于梯度下降法的更新方式，即状态 s_t 下的动作价值 $Q^*(s_t, a_t)$ 会朝着状态 s_{t+1} 下的动作价值 $r_t + \gamma \max_{a_{t+1}} Q^*(s_{t+1}, a_{t+1})$ 做一定比例的更新：

$$Q^*(s_t, a_t) \leftarrow Q^*(s_t, a_t) + \alpha(r_t + \gamma \max_{a_{t+1}} Q^*(s_{t+1}, a_{t+1}) - Q^*(s_t, a_t)) \qquad (6\text{-}5)$$

其中 α 是更新比例（学习速率）。这种渐进式的更新方式，可以减少策略估计造成的影响，并且最终会收敛至最优策略。

在具体学习过程中，Q-learning 算法会根据动作价值函数及动作选择策略获得出下一状态要执行的动作。动作选择策略可以采用贪心算法，即每次都选择会获得最大价值的动作；也可以采用 ξ 贪心策略，即以 ξ 的概率随机采取动作，以 $1-\xi$ 的概率选择获得最大价值的动作。Q-learning 算法具体流程如下。

1: $Q(s, a) \leftarrow 0$;   // 初始化

2: for episode = 1 to M do:

3:    构建初始状态 s_1;

4:    for t = 1 to N do:

5:       $a_t \leftarrow$ 基于状态 s_t 和特定策略（如 ξ 贪心策略）来选择动作;

6:       执行动作 a_t，获得收益 r_t 以及下一个状态 s_{t+1};

7:       $Q(s_t, a_t) \leftarrow Q(s_t, a_t) + \alpha(r_t + \gamma \max_{a_{t+1}} Q(s_{t+1}, a_{t+1}) - Q(s_t, a_t))$;

8:    end for

9: end for

从上述学习过程可以看出，Q-learning 是免模型、借鉴策略的强化学习算法。Q-learning 完全不考虑所处环境的具体情况，只考

虑与环境交互获得的奖励和到达的状态，因此是免模型的方法。此外，Q-learning 产生实际行为的策略（如 ξ 贪心策略）与更新价值的策略（最优策略）不相同，因此是借鉴策略的学习方法。2013 年，DeepMind 团队提出的深度强化学习也使用了 Q-learning 学习框架，足见 Q-learning 的经典性和普适性。

问题 **3** 简述 Sarsa 和 Sarsa(λ) 算法，难度：★★★★☆
并分析它们之间的联系与区别。

分析与解答

Sarsa 是现实策略学习的时序差分强化学习算法，其名字来源于图 6.4 所示的序列：在状态 s_t 下，智能体根据某种策略执行动作 a_t，获得奖励 r_t，然后状态转移到 s_{t+1}，智能体再根据策略产生一个新的动作 a_{t+1}。

图 6.4 Sarsa 序列示意图

Sarsa 的更新策略同 Q-learning 相似但又不同，具体的迭代公式为

$$Q(s_t,a_t) \leftarrow Q(s_t,a_t) + \alpha(r_t + \gamma Q(s_{t+1},a_{t+1}) - Q(s_t,a_t)) \quad (6\text{-}6)$$

其中，α 是学习速率参数，γ 是累积奖励中的衰减因子。在 Sarsa 算法中，也采用了一张大表来存储 $Q(s,a)$ 的数值。在状态 s_t，智能体根据当前行为策略选择动作 a_t；相应地，在更新动作价值 $Q(s_t,a_t)$ 时，智能体仍然依据该策略在状态 s_{t+1} 下选择动作 a_{t+1}。由于选择动作 a_t 和 a_{t+1} 的策略是一致的，因此是现实策略算法。比较 Q-learning 的更新的式（6-5）和 Sarsa 的更新的式（6-6）可以发现，Sarsa 并没有选取最大值的 max 操作。因此，Q-learning 是一非常激进的算法，希望每一步都获得最大的利益；而 Sarsa 则相对比较保守，会选择一条相对安全的迭代路线。Sarsa 算法的具体流程如下。

1: $Q(s,a) \leftarrow 0$;　　// 初始化

2: for episode = 1 to M do:

3:　　　构建初始状态 s_1;

4:　　　$a_1 \leftarrow$ 基于状态 s_1 和特定策略（如 ξ 贪心策略）来选择动作;

5:　　　for $t = 1$ to N do:

6:　　　　　执行动作 a_t,获得收益 r_t 以及下一个状态 s_{t+1};

7:　　　　　$a_{t+1} \leftarrow$ 基于状态 s_{t+1} 和与之前相同的策略来选择动作;

8:　　　　　$Q(s_t, a_t) \leftarrow Q(s_t, a_t) + \alpha(r_t + \gamma Q(s_{t+1}, a_{t+1}) - Q(s_t, a_t))$;

9:　　　end for

10: end for

Sarsa 属于单步更新法，也就是说每执行一个动作，就会更新一次价值和策略。如果不进行单步更新，而是采取 n 步更新或者回合更新，即在执行了 n 步之后再来更新价值和策略，这样就得到了 n 步 Sarsa。具体来说，对于 Sarsa，在 t 时刻其价值的计算公式为

$$q_t = r_t + \gamma Q(s_{t+1}, a_{t+1}) \tag{6-7}$$

而对于 n 步 Sarsa，它的 n 步 Q 收获为

$$q_t^{(n)} = r_t + \gamma r_{t+1} + \cdots + \gamma^{n-1} r_{t+n-1} + \gamma^n Q(s_{t+n}, a_{t+n}) \tag{6-8}$$

如果给 $q_t^{(n)}$ 加上衰减因子 λ 并进行求和，即得到 Sarsa(λ) 的 Q 收获:

$$q_t^{\lambda} = (1-\lambda)\sum_{n=1}^{\infty} \lambda^{n-1} q_t^{(n)} \tag{6-9}$$

因此，n 步 Sarsa(λ) 的更新策略可以表示为

$$Q(s_t, a_t) \leftarrow Q(s_t, a_t) + \alpha(q_t^{\lambda} - Q(s_t, a_t)) \tag{6-10}$$

总的来说，Sarsa 和 Sarsa(λ) 的差别主要体现在价值的更新上。

我们以马里奥找宝藏为例，当找到宝藏时，奖励值会 +1，否则奖励值为 0。图 6.5 给出了 Sarsa 和 Sarsa(λ) 的示意图，图 6.5（a）给出了一个采样路线；对于 Sarsa 来说，每前进一步都会更新价值，但是在没有找到宝藏的时候，每一步的奖励都为 0，只有最后一步会获得奖励 +1，如图 6.5（b）所示；而对于衰减因子 $\lambda = 0.8$ 的 Sarsa(λ) 来说，当前采样的每一步都与找到宝藏有关，离宝藏最近的动作对找到宝藏的贡献最大，较远的步数对找到宝藏的贡献较小，其价值更新如图 6.5（c）所示。特别地，对于 Sarsa(λ) 来说，当 $\lambda = 0$ 时，就是单步更新的 Sarsa 算法。

总的来说，Sarsa 和 Q-learning 非常相似。它们的决策部分完全相同，仅有策略更新方式不同：Sarsa 是现实策略的时序差分强化学习算法，而 Q-learning 是借鉴策略的时序差分强化学习算法。

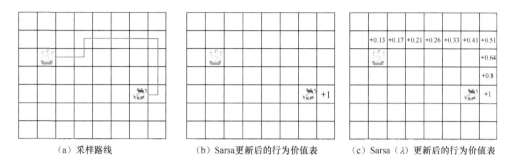

（a）采样路线 （b）Sarsa更新后的行为价值表 （c）Sarsa（λ）更新后的行为价值表

图 6.5 Sarsa 和 Sarsa(λ) 的对比示意图

深度强化学习

场景描述

2013 年 DeepMind 在 NIPS 会议上首次提出了深度强化学习（Deep Reinforcement Learning）的思想 [3]，将深度学习与强化学习结合起来，实现从感知到动作的端到端学习。2015 年 DeepMind 在 Nature 上发表了论文 [1]，对 DQN（Deep Q-Network）进行了改进，在 Atari 游戏平台上的 49 个不同游戏场景下全面超越了人类。自此之后，深度强化学习迅速成为人工智能领域的焦点。那么，基于深度网络的强化学习相比前面提到的传统强化学习算法有哪些魅力呢？

知识点

深度强化学习、DQN、经历回放（Experience Replay）

问题 **什么是 DQN ？它与传统 Q-learning 有什么联系与区别？**　　难度：★ ★ ★ ☆ ☆

分析与解答

DQN[3] 是指基于深度学习的 Q-learning 算法，主要结合了价值函数近似（Value Function Approximation）与神经网络技术，并采用了经历回放的方法进行网络的训练。

在 Q-learning 中，我们使用表格来存储每个状态 s 下采取动作 a 获得的奖励，即动作价值函数 $Q(s,a)$。然而，这种方法在状态量巨大甚至是连续的任务中，会遇到维度灾难问题，往往是不可行的。因此，DQN 采用了价值函数近似的表示方法。

什么是价值函数近似呢？简单来说，就是通过构建函数来近似计算状态或行为的价值。构建的函数可以是简单的线性函数，也可以是复杂的决策树、傅里叶变换，甚至是神经网络。使用函数进行价值的近似计算，替代原来的表格存储，无疑是更加经济、高效的解决方案。这个过程可以表示为，建立一个由参数 $\boldsymbol{\theta}$ 构成的网络 Q，它接收状态变量 s 和行为变量 a 作为输入；通过不断地调整参数 $\boldsymbol{\theta}$ 的值，Q 会逐渐符合基于某一策略 π 的动作价值函数，即

$$Q(s, a; \boldsymbol{\theta}) \approx Q_{\pi}(s, a) \qquad (6\text{-}11)$$

需要注意的是，对于动作空间比较小的任务（例如仅有离散的上、下、左、右这 4 个动作的超级玛丽游戏），我们可以仅将状态变量作为 Q 的输入，此时 Q 的输出是针对动作空间中每一个动作的价值，也即 Q 的输出不再是一个标量值，而是由多个数值组成的向量，每个数值对应一个动作的价值。这种设计方式能让 Q-learning 算法更方便地进行价值的更新和动作的选择。

对于深度网络，我们需要设计一个损失函数，据此来计算梯度并更新参数。DQN 算法采用了与 Q-learning 相似的思路，即使用 $r_t + \gamma \max_{a_{t+1}} Q(s_{t+1}, a_{t+1}; \boldsymbol{\theta})$ 作为 $Q(s_t, a_t; \boldsymbol{\theta})$ 目标。如果价值函数最后收敛，也就意味着在任何状态选取任何动作，价值函数计算出的价值与目标价值相似，此即为深度网络的训练目标。参照 Q-learning，我们可以得到 DQN 的价值函数更新公式：

$$Q(s_t, a_t; \boldsymbol{\theta}) \leftarrow Q(s_t, a_t; \boldsymbol{\theta}) + \alpha(r_t + \gamma \max_{a_{t+1}} Q(s_{t+1}, a_{t+1}; \boldsymbol{\theta}) - Q(s_t, a_t; \boldsymbol{\theta})) \qquad (6\text{-}12)$$

相应的损失函数为

$$Loss(\boldsymbol{\theta}) = \mathbb{E}[(r_t + \gamma \max_{a_{t+1}}(s_{t+1}, a_{t+1}; \boldsymbol{\theta}) - Q(s_t, a_t; \boldsymbol{\theta}))^2] \qquad (6\text{-}13)$$

此外，DQN 在训练过程中还使用了经历回放。例如，在用 DQN 学习 Atari 游戏时，我们可以对游戏图片进行采样，并将样本的状态、动作、获得的奖励以及转移后的下一个状态，即元组 $\langle s_t, a_t, r_t, s_{t+1} \rangle$，存储起来。这样，如果存储的样本足够大，就可以每次随机选取数据进行学习。这个过程与监督学习中对训练数据的采样很相似。

基于经历回放的 DQN 算法的具体流程如下。

1: 初始化经历数据 $\mathbb{D}$，并随机初始化动作价值函数 Q；

2: for episode = 1 to M do：

3:       构建初始状态 s_1；

4:     for $t = 1$ to N do：

5:     a_t ←基于状态 s_t 和特定策略（如 ξ 贪心策略）来选择动作；

6:     执行动作 a_t，获得收益 r_t 以及下一个状态 s_{t+1}；

7:     $\mathbb{D} \leftarrow \mathbb{D} + \langle s_t, a_t, r_t, s_{t+1} \rangle$；

8:     在 $\mathbb{D}$ 中随机采样得到样本 $\langle s_j, a_j, r_j, s_{j+1} \rangle$；

9:     $y_j = \begin{cases} r_j, & \text{如果 } s_{j+1} \text{ 是终点,} \\ r_j + \gamma \max_a Q(s_{j+1}, a; \boldsymbol{\theta}), & \text{如果 } s_{j+1} \text{ 不是终点;} \end{cases}$

10:     计算误差 $(y_j - Q(s_j, a_j; \boldsymbol{\theta}))^2$ 并进行梯度反向传播；

11:    end for

12: end for

整体来说，DQN 与 Q-learning 的目标价值以及价值的更新方式都非常相似，主要的不同点在于：一、DQN 将 Q-learning 与深度学习结合，用深度网络来近似表示动作价值函数，这与 Q-learning 中采用表格存储不同；二、DQN 采用了经历回放的训练方法，从历史数据中随机采样；而 Q-learning 直接采用下一个状态的数据进行学习。

· 总结与扩展 ·

DQN 开启了崭新的深度强化学习领域，具有开创性的价值。在这之后，有大量的工作对 DQN 进行了改进，其中较为经典的有以下工作。

（1）为了改进目标价值的计算，Double DQN[4] 使用一个单独的网络计算目标价值，以减少 Q-learning 计算目标价值时带来的偏差。

（2）针对强化学习中高质量样本较少的问题，Prioritied Replay[5] 利用梯度损失的大小来定义样本的质量，并提出对高质量样本进行优先学习。

（3）DeepMind 团队在 2016 年提出的 Dueling Network[6] 框架，在评估 $Q(s,a)$ 时，同时评估了这个状态的价值函数 $V(s)$ 和在该状态下各个动作的相对价值函数 $A(s,a)$，该方法极大地提升了 DQN 的性能。

强化学习的应用

场景描述

2015 年 Hinton、Bengio 及 LeCun 发表在 Nature 上的论文中提到，深度强化学习将是未来深度网络的发展方向 [7]。强化学习通过与环境进行交互、不断"试错"的方式来学习行为策略，这种学习方法有很多的应用场景，包括游戏、自动驾驶、神经网络架构设计、广告投放等领域。

知识点

强化学习、自动驾驶、神经网络架构设计、对话系统、广告竞价策略

问题　**简述强化学习在人工智能领域的**　　难度：★ ★ ☆ ☆ ☆
　　　一些应用场景。

分析与解答

强化学习能够在没有额外监督信息的环境下，自主地学习并做出决策。AlphaGo 的作者之一 David Silver 表示，深度网络＋强化学习＝人工智能，深度网络给智能体提供了大脑，而强化学习则提供了学习机制，这足以见得强化学习机制的重要性。近几年，强化学习在游戏、自动驾驶、控制论、神经网络架构设计、对话系统、推荐系统、广告竞价等领域都有所涉及。下面简单列举一些强化学习的应用场景，具体细节可以参阅本书的各个应用章节。

■　**游戏中的策略制定**

2013 年 DeepMind 团队发表的论文 [3] 是强化学习应用在游戏领域的里程碑式工作。在这之后，强化学习在棋类游戏（如围棋、五子棋等），Atari/Gym 游戏平台的小游戏（如倒立摆、月球登陆者、毁灭战士等），甚至是策略类电脑游戏（如星际争霸等）中，都超越了人类玩家。强化学习满足了电子游戏中"非玩家"角色的需求；与此同时，电子游戏提供了定义和构建人工智能问题的平台，促进了强化学习算法的发展。

很多强化学习算法都是专门针对游戏领域设计的。例如前面介绍的 DQN，结合了强化学习已有的 Q-learning 框架与深度神经网络技术，采用了经历回放方法来训练网络，在 Atari 游戏平台中胜过了人类玩家。对于更复杂的即时策略类游戏（如星际争霸），算法则需要考虑多种要素，设计复杂的计划，并随时根据环境调整策略。阿里巴巴在 2017 年提出多智能体协同学习的框架，其可通过学习一个多智能体双向协同网络，来维护一个高效的通信协议，实验表明该方法可以学习并掌握星际争霸中的各类战斗任务 [8]。

此外，针对围棋游戏的 AlphaGo 和 AlphaGo Zero 更是战胜了人类围棋冠军，一战成名。AlphaGo 算法运用了强化学习和深度学习技术，通过设计策略网络和价值网络来指导蒙特卡洛树搜索算法。具体来说，AlphaGo 的训练过程分为两个阶段：第一阶段，基于有监督学习，使用强化学习中的策略梯度方法，优化策略网络；第二阶段，基于大量的自我对弈棋局，使用蒙特卡洛策略评估方法得到新的价值网络。AlphaGo Zero 则是 AlphaGo 的进阶版，不再基于人类棋谱，直接通过自我对弈进行网络训练。

■ 自动驾驶中的决策系统

目前，自动驾驶在决策和控制方面还处在初步的尝试阶段。传统的自动驾驶决策系统多采用人工定义的规则，但人工定义的规则不够全面，容易漏掉一些边界情况。因此，我们可以考虑用强化学习方法来设计一个自动驾驶决策系统，使之能从驾驶经验中自动学习并优化自身的决策。

自动驾驶决策系统需要保证策略的安全性，并需要实时监测其他车辆、行人的行为，因此相比其他场景下的决策系统更为复杂 [9]。在自动驾驶系统中，危险事故出现的概率一般非常低，这会导致危险事故对应的样本在训练数据集中通常不存在或数量很少，因而在训练过程中很容易被模型忽略。要解决这一问题，我们需要调整行为的奖励值，为危险事故设置非常大的惩罚值。

此外，为了确保行车安全，一些方法将驾驶策略划分为两部分，即可以学习的策略和不可以学习的策略。其中，不可以学习的策略会定义一些强制限制条件，用来处理边界情况以确保安全性。这样，整个驾驶策略可以表示为 $\pi_\theta = \pi' \circ \pi''_\theta$，其中 π' 是强制性的约束，可以是人工定义的规则，确保行车安全；π''_θ 是可学习的策略（θ 是模型参数），它需要最大化累积奖励。

▓ 自动化机器学习中的神经网络架构搜索

在自动化机器学习领域中，神经网络架构的自动设计是一个重要的研究方向。我们通常使用神经网络架构搜索来实现针对特定问题的自动化网络架构设计。顾名思义，神经网络架构搜索是在特定搜索空间内，通过一定搜索策略，搜索出合适的神经网络架构的过程。针对神经网络架构搜索，较为常用的方法包括随机搜索策略、演化算法、强化学习以及梯度算法。

使用强化学习完成神经网络架构搜索的基本流程为，先定义一个控制器作为强化学习的智能体，将生成一个网络架构的过程视为一个动作，将每一轮对搜索出的网络架构的评估结果作为动作的奖励并回传给控制器。Google Brain 在 2017 年 ICLR 会议上发表的论文 [10] 就是使用强化学习完成神经网络架构搜索的经典工作之一，论文中的方法使用了循环神经网络作为强化学习的控制器。

▓ 自然语言处理中的对话系统

对话系统是指可以通过文本、语音、图像等自然的沟通方式自动地与人类交流的计算机系统。对话系统根据设计目标的不同可以被划为任务型对话系统与非任务型对话系统。任务型对话系统需要根据用户的需求完成相应的任务，如发邮件、打电话、行程预约等。而非任务型对话系统大多是根据人类的日常聊天行为而设计的，对话没有明确的任务目标，只是为了和用户更好地沟通。一个典型的任务型对话系统包括对话理解、对话生成和策略学习 3 个部分。

在对话系统中，用户的输入往往是多种多样的；对于不同领域的对话内容，对话系统可以采取的行为也是多种多样的。这类问题如果用普通的有监督学习方法（如深度神经网络）来求解，则无法获得充足的训练样本。强化学习可以在一定程度上解决这个问题。对于任务型对话系统来说，用户的对话以及系统可以采取的行动的组合数量相对庞大，这个部分比较适合使用强化学习来解决 [11-13]。在非任务型对话系统（如微软小冰）的设计中 [14]，有类似的对话管理模块设计。强化学习不仅可以用于策略模块的优化，也可以对整个对话系统进行端到端的建模，以简化对话系统设计。

■ **广告投放中的广告主竞价策略**

在实时竞价场景中，流量交易平台会把广告流量实时发给广告主；广告主根据流量信息，给出一个竞价，这个竞价实时产生，每次出价时广告主可以决定合适的竞价；流量交易平台接收到所有广告主的竞价之后，把广告位分配给出价最高的广告主，广告主为广告付出的价格是第二高的竞价，或者平台事先给出的底价。广告主的付费方式有很多种，业内主流的方法是按广告点击收费，即只有用户点击了广告，平台才对广告主收费，没有点击则不收费。广告主的竞价策略，即为每一个符合广告主条件的广告位设计一个合适的竞价。

广告主竞价策略可以使用强化学习来求得。在这个场景下，智能体为竞价策略本身，环境是流量交易平台，状态是营销活动的剩余预算和剩余时间，动作是给出竞价，收益是用户点击行为。参考文献 [15] 用深度强化学习方法，并结合"探索"与"利用"的方式进行初始化和训练，从而完成竞价策略的设计。

· **总结与扩展** ·

虽然深度强化学习是最接近通用人工智能的范式之一，并且在各个领域中都有大量的工作，但它在一些领域中还不能真正地奏效，往往很难超越在特定任务中设计的监督学习的方法，哪怕是在一些游戏中（例如对于 Atari 游戏，使用简单的蒙特卡洛搜索也能获得优于 DQN 的性能 [16]）。此外，目前大部分强化学习方法都是免模型方法，但是基于免模型的强化学习方法，数据利用率较差，往往需要大量的样本进行训练。因此，强化学习领域还有不少需要深入探索的问题。

参考文献

[1] MNIH V, KAVUKCUOGLU K, SILVER D, et al. Human-level control through deep reinforcement learning[J]. Nature, Nature Publishing Group, 2015, 518(7540): 529.

[2] SILVER D, HUANG A, MADDISON C J, et al. Mastering the game of Go with deep neural networks and tree search[J]. Nature, Nature Publishing Group, 2016, 529(7587): 484.

[3] MNIH V, KAVUKCUOGLU K, SILVER D, et al. Playing Atari with deep reinforcement learning[J]. arXiv preprint arXiv:1312.5602, 2013.

[4] VAN HASSELT H, GUEZ A, SILVER D. Deep reinforcement learning with double Q-learning[C]//30th AAAI Conference on Artificial Intelligence, 2016.

[5] SCHAUL T, QUAN J, ANTONOGLOU I, et al. Prioritized experience replay[J]. arXiv preprint arXiv:1511.05952, 2015.

[6] WANG Z, SCHAUL T, HESSEL M, et al. Dueling network architectures for deep reinforcement learning[J]. arXiv preprint arXiv:1511.06581, 2015.

[7] LECUN Y, BENGIO Y, HINTON G. Deep learning[J]. Nature, Nature Publishing Group, 2015, 521(7553): 436.

[8] PENG P, YUAN Q, WEN Y, et al. Multiagent bidirectionally-coordinated nets for learning to play starcraft combat games[J]. arXiv preprint arXiv:1703.10069, 2017, 2.

[9] SHALEV-SHWARTZ S, SHAMMAH S, SHASHUA A. Safe, multi-agent, reinforcement learning for autonomous driving[J]. arXiv preprint arXiv:1610.03295, 2016.

[10] ZOPH B, LE Q V. Neural architecture search with reinforcement learning[J]. arXiv preprint arXiv:1611.01578, 2016.

[11] YOUNG S, GAŠIĆ M, THOMSON B, et al. Pomdp-based statistical spoken dialog systems: A review[J]. Proceedings of the IEEE, 2013, 101(5): 1160–1179.

[12] WEISZ G, BUDZIANOWSKI P, SU P-H, et al. Sample efficient deep reinforcement learning for dialogue systems with large action spaces[J]. IEEE/ACM Transactions on Audio, Speech and Language Processing, 2018, 26(11): 2083–2097.

[13] CUAYÁHUITL H, KEIZER S, LEMON O. Strategic dialogue management via deep reinforcement learning[J]. arXiv preprint arXiv:1511.08099, 2015.

[14] ZHOU L, GAO J, LI D, et al. The design and implementation of XiaoIce, An empathetic social chatbot[J]. arXiv preprint arXiv:1812.08989, 2018.

[15] WU D, CHEN X, YANG X, et al. Budget constrained bidding by model-free reinforcement learning in display advertising[C]//Proceedings of the 27th ACM International Conference on Information and Knowledge Management. ACM, 2018: 1443–1451.

[16] GUO X, SINGH S, LEE H, et al. Deep learning for real-time Atari game play using offline Monte-Carlo tree search planning[C]//Advances in Neural Information Processing Systems, 2014: 3338–3346.

第 7 章

元学习

深度学习模型吃数据的情况越来越严重。以 ImageNet 为例，它大约有 1500 万张图片，若每张图片通过平移、旋转、缩放等变换扩展出 60 张不同的图片，每张图片在人眼前曝光时间为 1 秒，则人即使不睡觉、不闭眼也需要 28 年才能看完这些图片。2019 年年初，DeepMind 的 AlphaStar 在星际争霸中战胜了人类玩家高手，训练它所用的游戏时长达 200 年。有句话说明了训练数据的规模的重要性：一个再精密的深度网络结构，不如众包标注出一个千万级的训练集。智能的本质难道就是训练数据吗？当令众生神往的各类深度模型降格为靠经验数据的拟合函数，对智能时代的憧憬是否会被尴尬取代？回头看看"人类学习"，在许多层面上机器学习远未达到人类的水平：第一，人类可以从少量样本中获得强大的泛化能力，通过几个教学示例就能快速掌握新技能；第二，人类一生都在面对着持续的任务流，时刻都在学习处理各种任务。人类学习，不仅学习知识，更是在学习如何学习，这在学术界被称为学会学习（Learning to Learn）。它不关注具体任务，而是研究如何提升自身学习能力。我们希望机器可以像人类一样，触类而旁通、温故而知新，从过去的任务学习中获得针对新任务的学习能力。这里我们称之为元学习（Meta-Learning）。

在本章中，我们先回顾元学习的概念和方法，以及如何构造元学习的数据集，然后详细论述几类经典模型和现在的前沿模型，解答从理论到实践中可能遇到的若干问题。

元学习的主要概念

场景描述

从元学习的学习过程看，它有另一个常用名叫学会学习。从元学习的使用角度看，元学习可以帮助模型在少量样本下快速地学习，人们也称之为**少次学习**（Few-Shot Learning）。更具体地，如果训练样本数为1，则称为一次学习（One-Shot Learning）；如果训练样本数为 K，则称为 K 次学习；更极端地，训练样本数为0，则称为零次学习（Zero-Shot Learning）。另外，多任务学习（Multi-Task Learning）和迁移学习（Transfer Learning）在理论层面上都能归结到元学习的大家庭中。

追溯元学习的起点，几乎所有相关论文在引用早期元学习文献时，都会指向这两位学者——Jürgen Schmidhuber 和 Yoshua Bengio。1987 年夏，Schmidhuber 在德国慕尼黑工业大学读完本科，他的毕业论文[1]被认为是最早提出元学习概念的。随后的几年，Schmidhuber 继续在本校读博并于 1991 年博士毕业转为博士后，然后在 1992 年和 1993 年两年里他借助循环神经网络进一步发展元学习方法。与此同时，1991 年夏，比 Schmidhuber 小一岁的 Bengio 在大西洋彼岸的加拿大麦吉尔大学拿到博士学位，并在当年发表了论文[2]（合著者中还有他的弟弟 Samy Bengio）。这篇论文提出通过学习带参函数来模拟学习大脑神经元中突触的学习法则，从优化神经网络的角度看，该法则是把优化过程本身看成了一个可学习问题，而非一个事先定好的梯度下降算法。

知识点

学会学习、少次学习、小样本、泛化、假设空间

问题 **1** 元学习适合哪些学习场景？可解 **难度：★ ★ ☆ ☆ ☆**
决什么样的学习问题？

分析与解答

元学习适合**小样本**、**多任务**的学习场景，可解决在新任务缺乏训练样本的情况下**快速学习**（rapid learning）和**快速适应**（fast adaptation）的问题。

对于小样本的单个任务，常见的机器学习模型容易过拟合。应对办法有数据增强和正则化技术，但是它们没有从根本上解决问题。人类学习不存在小样本的制约，究其本质，是因为人类在成长过程中始终面对不断到来的各种任务，如画画、写字等，它们虽不一样，但具有某些共性，如坐姿、握笔、画线等。因此，完成画画的学习任务后，人类不必回到娘胎自呱呱坠地起重新学习，而是在已经掌握握笔、画线的基础上，更快地学会写字等新任务。人类在学习一系列不同但相关的任务时，能够通过学习它们彼此交叉的知识点和技能点，获得举一反三的泛化能力。这种泛化能力让我们在面对新任务时有章可循，从而快速上手。元学习即是根据上述思想来设计的。

元学习需要多个不同但相关的任务支持，每个任务都有自己的训练集和测试集。为了解决小样本新任务的快速学习问题，我们需要构造多个与新任务有相似设定的任务，它们将作为训练集参与元训练（meta-training）。例如，在一个图片分类任务中，要分类如东北虎、金丝猴、藏羚羊等珍稀动物，由于拍摄它们的图片实在太少，训练样本很匮乏。反观身边常见的动物，如猫、狗等，它们的图片有很多，因此可以在这些常见的动物的图片中，随机选择一组类别构造一个常见动物的图片分类任务，同时还可以换另一组类别构造第二个常见动物的图片分类任务。我们可以构造出很多个这样的图片分类任务，并在这些任务上做元训练，然后再在小样本的新任务上实现快速学习。

问题 **2** **元学习与有监督学习 / 强化学习** 难度：★ ★ ★ ☆ ☆
具体有哪些区别？

分析与解答

我们把有监督学习和强化学习称为从经验中学习（Learning from Experiences），下面简称 LFE；而把元学习称为学会学习（Learning to Learn），下面简称 LTL。两者的区别如下。

■ **训练集不同**

LFE 的训练集面向一个任务，由大量的训练经验构成，每条训练经验即为有监督学习的〈样本，标签〉对，或者强化学习的回合（episode）；而 LTL 的训练集是一个任务集合，其中的每个任务都各自带有自己的训练经验。

■ **预测函数不同**

LFE 的预测函数可写成 $\hat{y} = f(x; \theta)$，其中 θ 是给定任务的模型参数；而 LTL 的预测函数可写成 $\hat{y} = f(x, \mathcal{D}_{train}; \Theta)$，其中 Θ 代表元参数，它不依赖于某个任务，$\mathcal{D}_{train}$ 是单个任务的全部训练数据，它与一个测试样本 x 共同作为 f 的输入。

■ **损失函数不同**

LFE 的目标函数是给定某个任务下最小化训练集 $\mathcal{D}_{train}$ 上的损失函数，即

$$\min_{\theta} \sum_{(x,y) \in \mathcal{D}_{train}} L(y, f(x; \theta)) \tag{7-1}$$

而 LTL 的目标函数考虑所有训练任务 $t \in \mathcal{T}_{train}$，最小化它们在各自测试集 $\mathcal{D}_{test}^{t}$ 上的损失函数之和，即

$$\min_{\Theta} \sum_{t \in \mathcal{T}_{train}} \sum_{(x,y) \in \mathcal{D}_{test}^{t}} L(y, f(x, \mathcal{D}_{train}^{t}; \Theta)) \tag{7-2}$$

■ **评价指标不同**

LFE 的评价指标是在给定任务的测试集 $\mathcal{D}_{test}$ 上的预测准确率，即

$$\frac{1}{|\mathcal{D}_{test}|} \sum_{(x,y) \in \mathcal{D}_{test}} \mathbf{1}[y = f(x; \theta)] \tag{7-3}$$

而 LTL 的评价指标是在测试任务集 $\mathcal{T}_{\text{test}}$ 的每个任务 t 上，利用它的小样本训练集 $\mathcal{D}^t_{\text{train}}$，在测试集 $\mathcal{D}^t_{\text{test}}$ 上做预测，然后计算所有任务的预测准确率之和，即

$$\frac{1}{|\mathcal{T}_{\text{test}}|} \sum_{t \in \mathcal{T}_{\text{test}}} \frac{1}{|\mathcal{D}^t_{\text{test}}|} \sum_{(x,y) \in \mathcal{D}^t_{\text{test}}} \mathbf{1}[y = f(x, \mathcal{D}^t_{\text{train}}; \Theta)] \qquad （7\text{-}4）$$

▦ 学习内涵不同

LFE 是基层面的学习，学习的是样本特征（或数据点）与标签之间呈现的相关关系，最终转化为学习一个带参函数的形式；而 LTL 是在基层面之上，元层面的学习，学习的是多个相似任务之间存在的共性。不同任务都有一个与自己适配的最优函数，因此 LTL 是在整个函数空间上做学习，要学习出这些最优函数遵循的共同属性。

▦ 泛化目标不同

LFE 的泛化目标是从训练样本或已知样本出发，推广到测试样本或新样本；而 LTL 的泛化目标是从多个不同但相关的任务入手，推广到一个个新任务。LTL 的泛化可以指导 LFE 的泛化，提升 LFE 在面对小样本任务时的泛化效率。

▦ 与其他任务的关系不同

LFE 只关注当前给定的任务，与其他任务没关系；而 LTL 的表现不仅与当前任务的训练样本相关，还同时受到其他相关任务数据的影响，原则上提升其他任务的相关性与数据量可以提升模型在当前任务上的表现。

问题 3 从理论上简要分析一下元学习可 难度：★★★★★ 以帮助少次学习的原因。

分析与解答

建立传统的机器学习模型，经常可以简化为根据数据点拟合一个函数的过程。根据 Blumer 在 1987 年提出的定理，我们可以估计出学习一个函数所需训练样本数的下限。

定理： 给定函数空间 H 中的一个目标函数 f，以及一个不含噪声的

数据集 $\mathcal{D}$，对于任何在 $\mathcal{D}$ 上与 f 一致的假设 $h \in H$，h 的错误率大于 ε 的概率可控制在 $(1-\varepsilon)^{|\mathcal{D}|} |H|$ 以内。换句话说，如果训练样本数满足：

$$|\mathcal{D}| \geqslant \frac{1}{-\ln(1-\varepsilon)} \left(\ln(|H|) + \ln(\frac{1}{\delta}) \right) \qquad （7-5）$$

则任何在 $\mathcal{D}$ 上与 f 一致的假设 h 会以 $(1-\delta)$ 的概率保证对未来数据预测的错误率低于 ε。

在上述定理中，h 是一个假设，H 称为假设空间，h 本质上可以看成 H 中的一个候选函数或一个估计出的函数参数解。h 与目标函数 f 在数据集 $\mathcal{D}$ 上一致，表明拟合的 h 在所给数据点上的函数值与 f 相同，也就是说 h 拟合数据点的均方误差已降为零，无法再优化下去。从式（7-5）可以看出，训练一个函数所需的样本规模只与 3 个量有关系：预期的错误率 ε、保证的概率 δ 和假设空间 H 的大小，而与使用的学习算法、目标函数 f 及样本数据的分布无关。因此，在保证假设空间始终包含目标函数的情况下，想办法缩小它，就能降低所需的训练样本数，提升模型的泛化能力。支持向量机就采用了这样的思路。

再看元学习的模型，同时在多个拥有共同属性的任务上做学习，比如多个不同的图像识别任务（如姿态识别、表情识别、年龄识别等）都遵循图像的平移不变性和旋转不变性。这些共同属性某种程度上对假设空间做了剪枝，削减了假设空间的大小，缩小了最优参数解的搜索范围，从而降低了训练模型的样本复杂度，让模型在新任务只有少量样本的情况下依然有很强的泛化能力。

· 总结与扩展 ·

可以这样来理解元学习的基本概念：传统的机器学习模型 f 可以看作一个**学习器**（learner），输入一个样本 x，输出一个类别标签 $\hat{y} = f(x; \theta)$；元学习的模型 $\mathcal{M}$ 则被称为**元学习器**（meta-learner），输入一个任务的训练集 $\mathcal{D}_{\text{train}}$，输出一个学习器 $f(\cdot; \theta(\mathcal{D}_{\text{train}}, \Theta)) = \mathcal{M}(\mathcal{D}_{\text{train}}; \Theta)$。关于本节的更多资料详见参考文献 [3]。

元学习的主要方法

场景描述

上一节介绍了元学习的主要概念，那么如何设计具体的方法来实现元学习的思想？元知识（Meta-Knowledge）代表了跨越具体任务的模型知识，那么如何设计模型的结构或学习过程来表征元知识、而不仅仅是捕捉当前任务下的数据规律呢？

知识点

元参数、函数分解、带参规则和程序

问题 试概括并列举当前元学习方法的主要思路。它们大致可以分为哪几类？　　难度：★★★★☆

分析与解答

本题考查面试者对于元学习相关进展的了解程度以及对算法的对比、归纳能力。这里给出一种主流分类方法以供参考。

大部分主流元学习方法可以分成两个大类：一类着眼于从参数空间层面来刻画"元"的概念，将参数划分成通用的元参数和特定任务相关的参数；另一类试图学习出不同任务共同遵循的约束条件，这些约束条件自身不能通过参数的方式来表达。

■ 按划分参数空间的方法分类

（1）**元参数定义在函数中。**元参数和任务相关参数共同组成要学习函数的参数空间，即 $f(\cdot; \theta_t, \Theta)$，其中 t 代表当前任务。对函数的构造进行建模，可分为

- **递归式分解：** 大致有 3 种分解形式，(i) $f(\cdot;\theta_t,\Theta) = h(g(\cdot;\Theta);\theta_t)$，即 $f_t = h_t \circ g$，这种分解让不同任务共享学出的底层特征，例如不同的自然语言处理任务共用一个预训练的词向量字典，但是靠近输出层的部分可以因任务目标的不同而有所改变；(ii) $f(\cdot;\theta_t,\Theta) = g(l(\cdot;\theta_t);\Theta)$，即 $f_t = g \circ l_t$，这种分解对应任务目标相同但输入域不同，例如同是语音识别的两个任务，一个是会议室环境下的语音输入，一个是广场环境下的语音输入，需要输入部分能适应来自不同域的输入；(iii) $f_t = h_t \circ g \circ l_t$，这种分解具有上面两种分解的优点。上面的函数分解中，g 部分参与到所有任务的学习中，它的参数在切换任务后不需重置，因此 g 中学习的知识可以带到新任务中，它自身学出的复杂度反映了跨任务迁移知识的多少，当 g 的复杂度远大于每个 h_t 和 l_t 时，训练单个任务所需的样本复杂度会大大降低。

- **分段式分解：** 最简单的形式为 $f_t = w_t^1 h^1 + \cdots + w_t^m h^m$ 或 $f_t = \max(w_t^1 h^1, \cdots, w_t^m h^m)$，其中 $w_t = (w_t^1, \cdots, w_t^m)$ 代表与任务 t 相关的参数，每个 w_t^i 为一个标量，而 h_i 为一个函数，可看作定义在某个子空间上的基函数。m 个这样的基函数构成与具体任务无关的基础"积木"，为单个特定任务下搭建更复杂模型提供"基建材料"。其他的复杂形式需要根据任务场景自行设定，例如将总目标分解成层级结构下的多个子目标，将控制按粗细粒度不同组织成层级结构等。当处理的任务数远大于基函数个数时，训练单个任务所需的样本复杂度会大大降低。

（2）**元参数定义在规则和程序中。** 这里的规则和程序是指通过符号和算法建立的学习模型。相比依靠函数拟合的学习模型，它们的参数定义方式更多样、更复杂。例如，归纳式逻辑规划（Inductive Logic Programming）可用于建立基于规则的学习系统，遗传规划可构造基于程序代码描述的学习系统。如果把规则和程序看成非解析型的函数，它们同样拥有递归调用和条件语句拼接的搭建模式，而且比函数型的递归式分解和分段式分解更灵活。将参数适当嵌入到规则和程序中，通过多个任务学习它们的最优值，可以获得比人工指定更好的规则和程序。

值得一提的是，函数拟合的过程常常使用基于梯度的优化算法，从优化算法的角度看，函数拟合也是一种通过算法建立的学习模型，只不过传统方法中使用的优化算法是指定好的，而非带参的。将优化算法自身的步骤看成可参数化、可学习的例子将在本章 07 节中详细介绍。

（3）**元参数定义在控制参数中**。函数的拟合过程通常涉及对控制参数的人工调节，如调试模型和算法的超参数，这些超参数可以在多任务的语境下通过学习的方式确定。简单来说，我们可以将控制参数当作多个任务共享的元参数；复杂一些，可以定义一个基于元参数的学习网络，输入一个任务，输出该任务对应的控制参数。另一个例子是使用基于记忆的最近邻方法，具体细节将在本章 04 节中介绍。计算最近邻需要定义距离度量，因此可以把参数定义在距离度量里，通过多个任务学习出一个最优的距离度量。

按学习约束条件的方法分类

（1）**学习从真实数据到仿真数据的变换规则**。该方法从已知任务的数据集中学习出数据样本遵守的约束规则，并以此生成大量高逼真度的合成数据。最简单的例子，给定一张图片，根据平移、旋转、缩放不变性处理原图片，得到一张新图片，这张新图片不在训练集中，但是它与原图片几乎没有差别。当然，这些不变性已存在于我们的先验知识中，是不需要学习的。复杂一点的变换是需要学习的，如某个物体的照片因拍摄视角变化而变成一张新图片，则需要知道三维空间中射影变换等的多个参数。应用这种方法有两个前提：一是这些任务上的数据变换规则是一样的；二是数据变换规则是容易学习的。

（2）**学习目标函数的斜率 / 梯度约束**。斜率 / 梯度约束从某种程度上控制拟合函数的复杂度，如果发现相似任务上的目标函数都是低次的，且函数变化比较平缓，那么在学习新任务的函数时，我们可以将函数形式控制在低次，且限制函数斜率的大小。

（3）**学习内部表征的约束**。如果我们可以通过多个任务的学习，将样本数据映射到一个受约束的低维流形上，得到内部因子解耦后的向量表征，那么对于相似的新任务，有理由相信该任务的样本也将映射到这个学出的流形上，利用解耦后的向量表征，降低模型后续处理的复杂度，从而降低依赖的样本复杂度。

■ **其他划分维度**

（1）**按学习多个任务的顺序：** 采用增量的模式，即一个一个任务学，该方法有内存优势，且适用于流式数据输入的在线学习（online learning）场景；采用并列的模式，即所有任务一起学，可以挖掘任务间更复杂的关联和共性。

（2）**按任务间的优先级：** 任务没有优先级，同等对待每一个任务；任务有优先级之分，会计算新任务与每个训练任务的相似性，挑选最相似的任务给予高优先级或高权重。

（3）**按任务间共享数据的情况：** 有的多个任务拥有完全相同的输入数据，只是标签集或任务目标有差异；有的多个任务拥有各自不同的数据来源，但是任务目标是相同的。

（4）**按在参数搜索步骤中的位置：** 初始搜索偏置，通过多个任务学习一个好的初始点；搜索约束，通过多个任务学习搜索过程中要遵守的约束。

（5）**按性能评估针对的任务范围：** 有针对所有任务的性能评估，以及针对某个指定任务的性能评估。

近年来，基于深度学习模型做元学习已成为主流趋势，其中提出的方法基本都属于第一大类。从最近发表的论文看，元学习的方法可分为**基于度量学习的方法、基于外部记忆的方法和基于优化的方法**。这些方法在后面几节中会一一介绍。

· **总结与扩展** ·

正如有监督学习、强化学习，元学习也代表一类学习问题，具体的实现方法可以有很多种，大体思想是在训练阶段面向多个任务做联合训练，在测试阶段单独面向某个新任务做小样本训练。这里举一个最不像元学习的例子，假定有一个分类器 $f(\cdot;\theta)$，可用于多个不同任务上的分类，初始参数为 θ_0；训练阶段，将多个任务的数据合并在一起，然后当作一个大任务来训练分类器，得到参数 θ^*；测试阶段，对任何一个新任务 t，在 θ^* 的基础上继续训练分类器，得到参数 θ_t^{**}。在这个例子中，从 θ_0 到 θ^* 的过程为元学习，从 θ^* 到 θ_t^{**} 的过程为普通的有监督学习。

元学习的数据集准备

在做元学习的实验前，需要为它量身定做包含多任务的数据集，这些任务需要是相关的，并且任务的个数越多越好。然而，实际中找到多个满足相关或相似条件的任务并不容易，手上现有的往往都是传统的数据集，如手写数字识别数据集 MNIST、ImageNet 大规模视觉识别竞赛数据集 ILSVRC 等，这就需要将手上现有的数据集改造成适合元学习的多任务数据集。

知识点

元训练集（meta-training）、元验证集（meta-validation）、元测试集（meta-testing）、K 次 N 分类（K-shot, N-class）数据集

问题 给定一个传统的多分类数据集，如何构造一份适于元学习的 K 次 N 分类数据集？ 难度：★ ★ ★ ☆ ☆

分析与解答

准备元学习的 K 次 N 分类数据集，其核心思想是构造多个相关的小样本任务，每个任务都有一个自己的 N 分类数据集，且每个类别只有 K 个训练样本。

首先，将原多分类数据集按类别划分成 3 个互不交叠的元集合，分别对应元训练集、元验证集和元测试集。这样做的目的是，保证元验证集和元测试集中的任务为新任务。例如，给定一个类别数为 100 的原多分类数据集，我们可以将总类别按 64 ： 16 ： 20 划分到元训练集、元验证集和元测试集中。

其次，准备元训练集$\mathcal{D}_{\text{meta-train}}$。我们需要构造出多个任务，每个任务 t 都是一个 K 次 N 分类任务：从划分给元训练集的类别中随机挑选 N 个类别，构造该任务的数据集 $\mathcal{D}_t = (\mathcal{D}_{\text{train}}^t, \mathcal{D}_{\text{test}}^t)$。这里需要 $\mathcal{D}_{\text{train}}^t$ 中每个类别只有 K 个训练样本，并且 $\mathcal{D}_{\text{train}}^t$ 和 $\mathcal{D}_{\text{test}}^t$ 共享类别信息但不共享样本，因此要先给 $\mathcal{D}_{\text{train}}^t$ 抽出 $K \times N$ 个样本作为训练集，再在剩下的样本中给 $\mathcal{D}_{\text{test}}^t$ 选出若干个测试样本。面对任务 t 的训练集 $\mathcal{D}_{\text{train}}^t$，传统模型每次预测时都独立地处理每个训练样本，而元学习模型综合所有训练样本一起考虑。最后得到的元训练集形式为 $\mathcal{D}_{\text{meta-train}} = (\mathcal{D}_1, \cdots, \mathcal{D}_T)$，如果是通过随机抽样的方式构造具体的任务实例，则可以不断地重复此抽样过程，理论上可以造出无限多个任务。图 7.1 展示了图片分类任务中一个元训练集的例子，每个盒子代表一个独立的任务数据集，包含训练样本和测试样本，在本例中是一个一次五分类任务，即训练样本共有 5 个类别，每个类别仅含一个样本，而最右侧的两个测试样本，它们的类别均来自训练集已有的类别。

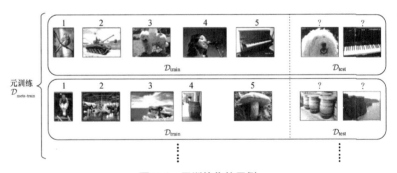

图 7.1 元训练集的示例

最后，准备元验证集 $\mathcal{D}_{\text{meta-valid}}$ 和元测试集 $\mathcal{D}_{\text{meta-test}}$，步骤类似元训练集 $\mathcal{D}_{\text{meta-train}}$ 的构建，只需造出有限个任务用来满足模型评估即可。图 7.2 展示了一个元测试集的例子，其设定与上面元训练集的例子一样，但是拥有与元训练集完全不一样也就是互不相交的类别信息。

图 7.2 元测试集的示例

总之，元学习的数据集拥有两层嵌套结构：外层对应元层，按训练集、验证集、测试集划为 3 个集合；内层对应基层，按训练集和测试集分成 2 个集合，内层的测试集常参与到元学习模型的训练中。

· 总结与扩展 ·

构造元学习数据集的关键是找出很多个不同任务，并要求它们相关甚至相似。目前的元学习模型尚不具备从差别较大的任务间挖掘共性的能力。我们知道在有监督学习中，通常会对训练数据和测试数据做独立同分布假设，两者的实际分布也需要尽可能保持一致，否则分布偏差会显著降低模型的泛化能力。同样地，在元学习中对测试用的新任务也有类似要求，要求新任务与训练任务在分布上尽可能一致。注意，这里的分布指的是任务层面的分布，而不是任务中样本数据的分布。举个例子，对花卉的图片分类、对鸟类的图片分类、对岩石的图片分类以及对云层的图片分类，这些都属于图片分类的任务集，我们可以拿前三个分类任务作元训练集，将最后一个任务当作新任务，但是每个任务中图片样本的分布差别非常大，不可能用训练识别花卉的分类器来识别云层。因此，有监督学习是样本层面上的泛化，而元学习是任务层面上的泛化。

04 元学习的两个简单模型

场景描述

元学习的方法不一定都是复杂的，它可能很简单。一个有监督学习模型稍作改造，就可以变成一个元学习模型。你要时刻提醒自己，元学习不是在当前任务下学习，而是在与当前任务相关的多个任务下学习，学习的是任务到任务间的泛化，而不是样本到样本的泛化。元学习的过程常常跟着当前任务下的学习，在元学习所获知识的基础上针对当前任务的小样本做快速适应、快速学习。本节主要探讨实现元学习的两个简单模型，它们常常在元学习的论文里被拿来做基线模型。

知识点

非参数方法、最近邻方法、微调

问题 1 如何用最近邻方法将一个普通的神经网络训练过程改造为元学习过程？

难度：★ ★ ★ ☆ ☆

在一个有监督学习的设定下，有一个数据集 $\mathcal{D}$ 和一个基于神经网络的模型 f，如何改造并借助简单的最近邻方法，把它变成一个元学习的过程？

分析与解答

改造为元学习的过程大致可以分成 3 个阶段。

■ 准备元学习数据集

按照本章 03 节描述的具体步骤，我们可以将原数据集 $\mathcal{D}$ 构造成 3 个互不相交的元集合，分别是元训练集 $\mathcal{D}_{\text{meta-train}}$、元验证集 $\mathcal{D}_{\text{meta-valid}}$ 和元测试集 $\mathcal{D}_{\text{meta-test}}$。每个元集合都由多个不同的任务数据集构成，如 $\mathcal{D}_{\text{meta-train}} = (\mathcal{D}_{\text{task1}}, \mathcal{D}_{\text{task2}}, \cdots)$。一个任务数据集又包含一个训练集和一个测

试集，记 $\mathcal{D}_{\text{task}} = (\mathcal{D}_{\text{train}}, \mathcal{D}_{\text{test}})$。

■ **在$\mathcal{D}_{\text{meta-train}}$上训练元学习模型（元训练）**

现有一个标准的神经网络模型 f，但是它只能应对单个任务。为了利用 f，将 $\mathcal{D}_{\text{meta-train}}$ 中所有任务的样本数据合在一起，当成一个大的任务来训练这个神经网络。因此，f 的输出应是一个对应到 $\mathcal{D}_{\text{meta-train}}$ 上所有类别的向量，表示输入样本所属类别的概率分布。对于 $\mathcal{D}_{\text{meta-train}}$ 上的这个大任务来说，训练 f 是一个有监督学习的过程，f 是一个普通的学习器；但是，对于 $\mathcal{D}_{\text{meta-valid}}$ 和 $\mathcal{D}_{\text{meta-test}}$ 中的一个个新任务来说，这是一个元学习的过程，f 是它们的元学习器。

■ **在$\mathcal{D}_{\text{meta-valid}}$和$\mathcal{D}_{\text{meta-test}}$上用最近邻方法预测分类**

在元训练集上训练的模型 f 不能直接用于元验证集和元测试集的样本分类，这是因为 $\mathcal{D}_{\text{meta-valid}}$ 和 $\mathcal{D}_{\text{meta-test}}$ 上的类别与 $\mathcal{D}_{\text{meta-train}}$ 的完全不同，f 的输出不再反映对类别的预测。但是，可以将 f 的输出（一般是网络中靠后的一层或若干层的输出）当作输入样本经神经网络变换后的一个向量表示，也称嵌入（embedding），此时 f 由一个分类器变成一个嵌入模型。这样，每一个样本都可以转换成一个向量，即高维空间中的一个点。面对一个新任务，首先，得到该任务的 $\mathcal{D}_{\text{train}}$ 中所有训练样本的向量表示，将这一群点作为最近邻方法的记忆数据；然后，对于一个新进入的点，也计算出它的向量表示，并据此查找出它在训练样本中的 K 个最近邻；最后，根据这些近邻点的类别来确定该点的分类。这是一个非参数的过程，没有利用 $\mathcal{D}_{\text{train}}$ 上的样本做参数训练。图 7.3 给出了图片分类的一个元学习加最近邻方法的例子。

$\mathcal{D}_{\text{meta-valid}}$**的用法说明如下：** 通常情况，在 $\mathcal{D}_{\text{meta-train}}$ 上的元训练过程，针对不同的超参数和迭代次数，会提供 f 的多个模型快照。这时，可以通过 $\mathcal{D}_{\text{meta-valid}}$ 来评估这些模型快照，挑出最好的 f 来做最终的测试。

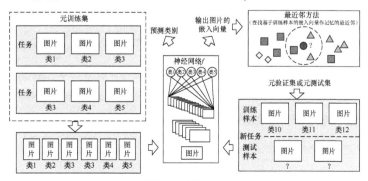

图 7.3 元学习加最近邻方法的示例

185

问题 **2** 如何用微调训练的方法将一个普通的神经网络训练过程改造为元学习过程？　　　　难度：★★★★☆

分析与解答

沿用上面的元学习过程，只是在新任务的处理上，把最近邻方法改为继续训练的方法，也称微调（fine-tune）。

只需修改问题 1 的解答中在 $\mathcal{D}_{\text{meta-valid}}$ 和 $\mathcal{D}_{\text{meta-test}}$ 上做计算的部分，其他地方保持不变。

在 $\mathcal{D}_{\text{meta-valid}}$ 的新任务上做微调训练和模型评估，以确定微调过程的最优超参数，包括随机梯度下降的迭代次数、学习率、学习率衰减因子等。具体来讲，在一组候选超参数配置下，对于 $\mathcal{D}_{\text{meta-valid}}$ 的每一个新任务，拿到它的数据集 $(\mathcal{D}_{\text{train}}, \mathcal{D}_{\text{test}})$，复制一份元训练的模型参数作为 f 的初始值，调整网络的输出层并在 $\mathcal{D}_{\text{train}}$ 上做微调训练，然后在 $\mathcal{D}_{\text{test}}$ 上做评估。最后，汇总每组候选超参数在 $\mathcal{D}_{\text{meta-valid}}$ 的所有任务上的评估结果，挑选出最优的一组超参数配置。

在 $\mathcal{D}_{\text{meta-test}}$ 的新任务上做微调训练和模型评估，以对模型做最终评估。具体来讲，在上一步挑选出来的最优超参数配置下，对于 $\mathcal{D}_{\text{meta-test}}$ 的每一个新任务，拿到它的数据集 $(\mathcal{D}_{\text{train}}, \mathcal{D}_{\text{test}})$，复制一份元训练的模型参数作为 f 的初始值，调整网络的输出层并在 $\mathcal{D}_{\text{train}}$ 上做微调训练，然后在 $\mathcal{D}_{\text{test}}$ 上做评估。最后，汇总在 $\mathcal{D}_{\text{meta-test}}$ 的所有任务上的评估结果，作为模型的最终评估。

·总结与扩展·

在上述两个简单模型的元训练过程中，我们并没有区分 $\mathcal{D}_{\text{meta-train}}$ 中每个任务的训练集和测试集，或者只用了训练集，因为我们仅仅是为了得到训练后的神经网络模型。直觉上，还是想尽量发挥测试集的作用，否则会感觉欠缺点什么。请读者思考一下，怎样利用测试集才是有意义的？

基于度量学习的元学习模型

场景描述

基于度量学习（Metric Learning）的元学习方法，是基于最近邻方法的元学习的延伸，用带参的神经网络模型去武装非参数方法，将非参数方法快速吸收新样本的能力与神经网络在多任务下的泛化能力有机结合，将欧氏空间中的样本匹配拓展到更一般的两两关系上。

知识点

灾难性忘却（Catastrophic Forgetting）、度量学习、外部记忆、注意力机制

问题 1 元学习中非参数方法相比参数方法有什么优点？

难度：★★★☆☆

在 04 节的基线模型中，我们已见识了最近邻方法这样的非参数方法，请问非参数方法相比参数方法的优点是什么？

分析与解答

非参数方法是指在 $\mathcal{D}_{\text{meta-valid}}$ 的元验证阶段和在 $\mathcal{D}_{\text{meta-test}}$ 的元测试阶段中，在每个新任务的 $\mathcal{D}_{\text{train}}$ 上没有使用训练带参函数的方法，也就是说，在新任务上没有参数学习的过程。如果是参数方法，则在新任务上需要继续微调模型，比如使用随机梯度下降法对模型的权重参数进行更新。

参数方法有两个缺点：一是随机梯度下降法通常需要多步更新才能达到较优的点，这会使新任务上的学习过程变得很慢，无法达到快速学习的效果，更不适于训练样本很少的情况；二是在微调的过程可能受新任务自身携带噪声、部分样本体现的任务本征模式与训练任务差异过大等因素的影响，让原先在 $\mathcal{D}_{\text{meta-train}}$ 上预训练好的模型参数值被错误信息覆盖，这种现象称为**灾难性忘却**。

相比而言，非参数方法不依赖梯度下降的优化过程，不修改预训练的参数信息，而且因为在新任务中无参数训练过程，新样本信息不会相互干扰，避免了灾难性忘却。结合适当的距离度量并采用最近邻方法，模型可以快速吸收和利用新样本，尤其适于一次学习这种极端的例子。

问题 2   如何用度量学习和注意力机制来改造基于最近邻的元学习方法？

难度：★★★★★

04 节的最近邻方法使用的距离度量过于简单，如果想改用度量学习方法，并基于注意力机制访问作为外部记忆的 $\mathcal{D}_{\text{train}}$，该如何改造？

分析与解答

首先介绍一种新的利用训练集和测试集的模型结构。给定单个任务的数据集 $\mathcal{D}_{\text{task}} = (\mathcal{D}_{\text{train}}, \mathcal{D}_{\text{test}})$，将 $\mathcal{D}_{\text{train}}$ 定义成一个由〈样本，标签〉对构成的支持集，视作一个外部记忆（external memory）。然后，当预测一个来自 $\mathcal{D}_{\text{test}}$ 的新样本时，可对这个外部记忆做快速查找，灵活地访问已知 $\mathcal{D}_{\text{train}}$ 的每个样本信息。访问的方法采取软注意力（soft-attention）机制，这是一种形如加权平均的访问机制，完全可导，方便利用梯度下降进行端到端的学习。

其次要对元学习做建模，定义函数 $f(x, \mathcal{D}_{\text{train}}; \Theta)$。元学习的泛函意义，是指从单个任务 t 到该任务分类器函数的映射，即 $t \mapsto f(\cdot, \mathcal{D}_{\text{train}}^{t}; \Theta)$。也就是说，元学习会为每个任务生成一个分类器，不同任务基于各自的训练集 $\mathcal{D}_{\text{train}}^{t}$，但共享一份元参数 Θ。注意，元训练阶段的模型是带参的，这个参数是元参数，不妨碍元验证和元测试阶段使用非参数方法。

接下来看实现 $f(x, \mathcal{D}_{\text{train}}; \Theta)$ 的具体结构。在图 7.4 的示例中，有两个计算嵌入向量的神经网络结构，即 g_{Θ} 和 h_{Θ}，其中 g_{Θ} 负责计算训练样本的嵌入向量，h_{Θ} 负责计算测试样本的嵌入向量，神经网络参数就代表元参数。g_{Θ} 和 h_{Θ} 可以是不同的神经网络，也可以采用同一个网络。例如，对于图片数据，可以用深层卷积神经网络；对于文本数据，处理字词可以用浅层嵌入网络，处理句子可以用循环神经网络。

- 基于训练样本的嵌入向量，构造外部记忆。假设 $z_i = g_\Theta(x_i)$ 为样本 x_i 的嵌入向量，对应的类别标签记为 y_i，将 (z_i, y_i) 储存在记忆模块的一个槽里。当有访问时，基于 z_i 计算匹配权重，匹配返回 y_i。这样的记忆模块称为关联记忆（Associative Memory）。

- 对于一个测试样本 x，先计算它的嵌入向量 $z = h_\Theta(x)$，再利用注意力机制访问记忆模块以获得最终的标签，公式是 $y = \sum_i a(z, z_i) y_i$，其中 $a(\cdot, \cdot)$ 可以是一个神经网络，也可以是采用更简单的非参数方法（如计算余弦相似度然后再通过一个 Softmax 层做归一化）。

可以看到，这个注意力机制的两两计算方式，本质就是核方法（Kernel Method），故称它为注意力核（Attention Kernel）。也有人注意到它与最近邻方法的相似处，但比起最近邻方法的离散特点，注意力核的连续可导性质让它具有可学习的能力，这也是度量学习的意义所在。

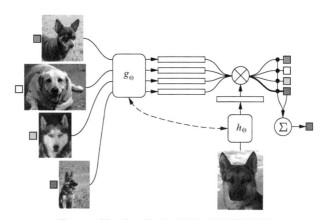

图 7.4 基于度量学习和外部记忆的模型架构

上面对 g_Θ 和 h_Θ 的建模是单个计算一个样本的嵌入向量，即 $g_\Theta(x_i)$ 和 $h_\Theta(x)$，网络每次只能考虑一个样本，无法通盘考虑。对这两个嵌入网络做改造，将整个训练集 $\mathcal{D}_{\text{train}}$ 记为支持集 S 输入到网络中，即 $g_\Theta(x_i, S)$ 和 $h_\Theta(x, S)$，这样嵌入网络在计算每个样本的嵌入向量时就拥有了全局视野。采用基于循环神经网络的设计，具体结构如下。

- $g_\Theta(\cdot, S)$ 是一个双向 LSTM。指定 S 中样本的一种排列顺序，构造两个方向上的 LSTM 模块，第 i 个位置上输入未考虑 S 时的样

本嵌入 $g_\Theta(x_i)$，输出的是两个方向上的隐向量，记为 h_i^1 和 h_i^2，最终 $g_\Theta(x_i, S) := h_i^1 + h_i^2 + g_\Theta(x_i)$。这里的元参数包括 g_Θ 的参数以及两个 LSTM 的参数。

- $h_\Theta(x, S)$ 是一个基于测试样本 x 的带注意力 LSTM。具体来说，展开一个事先定好的步数 K，每步的输入都是未考虑 S 时的样本嵌入 $h_\Theta(x)$，对第 k 步的隐向量 h_k 进行如下修改：

$$\tilde{h}_k, c_k = \text{LSTM}(h_\Theta(x), [h_{k-1}, r_{k-1}], c_{k-1}) \qquad (7\text{-}6)$$

$$h_k = \tilde{h}_k + h_\Theta(x) \qquad (7\text{-}7)$$

$$r_k = \sum_{i=1}^{|S|} a(h_k, g_\Theta(x_i)) \cdot g_\Theta(x_i) \qquad (7\text{-}8)$$

$$a(h_k, g_\Theta(x_i)) = \text{Softmax}(\langle h_k, g_\Theta(x_i)\rangle_{i=1}^{|S|})_i \qquad (7\text{-}9)$$

其中，式（7-7）相当于在每步的输入端和输出端之间加了一个直接通路，式（7-8）和式（7-9）表明采用了基于内容相似度的注意力机制读取支持集上训练样本的嵌入信息。$h_\Theta(x, S)$ 是上述 LSTM 最后一步的隐向量 h_K，即 $h_\Theta(x, S) = h_K$。

最后，分析了模型的结构，再谈一谈如何做元训练。训练的每步迭代，采样元训练集上的一个任务，$\mathcal{D}_{\text{task}} = (\mathcal{D}_{\text{train}}, \mathcal{D}_{\text{test}})$，拿 $\mathcal{D}_{\text{train}}$ 作支持集构建外部记忆，同时从 $\mathcal{D}_{\text{test}}$ 中采样一批（batch）或拿整个 $\mathcal{D}_{\text{test}}$ 作当前批 $\mathcal{B}$，输入到模型 $f(\mathcal{B}, \mathcal{D}_{\text{train}}; \Theta)$，最小化 $\mathcal{B}$ 上的损失，如此多步迭代后，得到一个训练好的元参数 Θ。

·总结与扩展·

本节介绍的基于度量学习的元学习采用了非参数方法，一个明显的缺点是，外部记忆的大小会随着支持集的样本数增大而增大，没有一个上限，这会造成训练复杂度的急剧上升。在下一节我们会使用神经图灵机解决这个问题。

本节的解答主要参考了 2016 年 DeepMind 的 Oriol Vinyals 等人提出的匹配网络（Matching Networks）[4]。此外，用度量学习来处理元学习的工作还包括连体神经网络（Siamese Neural Network）[5]、关系网络（Relation network）[6]、原型网络（Prototypical Network）[7]、TADAM[8] 等。

基于神经图灵机的元学习模型

场景描述

如果给出一张天安门的照片，图像分类系统通常能快速地识别；但要做到这点，需要先在大量的图片上做训练，使用基于梯度的方法学习模型参数，这个过程不怎么快。如果我问你天安门在哪，你脑中若存有"天安门在北京"这条信息，它就会迅速从记忆中被检索出来，产生一个正确答案；反之，你若不知道这条信息，肯定无法作答，但是你可以将此答案记住，以便下次用到。

从上面的描述中，我们可以看到两种不同的学习过程：一种是慢的，通过反复训练获得；另一种是快的，通过记住与检索实现，靠的是记忆。这里说到记忆，自然要提一下神经网络版的记忆模型——神经图灵机（Neural Turing Machine）[9] 和记忆网络（Memory Network）[10]，这两个经典记忆模型在 2014 年分别由 DeepMind 的 Graves 等人和 Facebook AI Research 的 Weston 等人提出。

知识点

神经图灵机、编码绑定与检索、读 / 写头、最少与最近使用原则

问题 *1* 带读 / 写操作的记忆模块（如神经图灵机）在元学习中可以起到什么样的作用？ 难度：★ ★ ★ ☆ ☆

分析与解答

带读/写操作的记忆模块在元学习中的作用主要体现在以下两个方面。

（1）在新任务上能够快速学习、快速适应。写操作时，通过快速编码（encode）和绑定（bind）查询信息（如输入样本）与目标信息（如标签），生成记忆信息快速写入记忆模块，记忆信息可以是显式关联的样本标签对,也可以是隐式编码后的向量;读操作时,通过检索(retrieve)获得相关的已绑定信息,实现对记忆模块的快速读取。总之,记忆模块的快读和快写机制,有利于快速地吸收和利用新到来的样本标签数据。

(2)有利于减小灾难性忘却的影响。因为基于梯度的学习过程需要依赖大量样本和多步迭代,学出的结果也倾向于高频出现的模式,所以当稀有模式的样本仅出现一次时,梯度方法很难捕捉到它;而记忆模块会主动地编码每条样本数据,并写入记忆模块,不丢失信息,不受其他不相关样本的干扰。当然,如果记忆模块大小有限,使用频率过低的记忆槽也可能会清零。

问题 2   如何构造基于神经图灵机和循环神经网络的元学习模型？

难度:★★★★★

基于训练集构造外部记忆,记忆的大小不可控。现在如果使用神经图灵机做一个有动态读写能力的记忆模块,并基于循环神经网络的架构来实现元学习,该如何实现?

分析与解答

首先,我们要认识到记忆模块与快慢两个层面学习的关系。慢层面的学习,是元学习发生的地方,学习的元知识反映了不同任务间的共性,具体的实现方式是通过梯度下降更新记忆模块的参数,在多次迭代的过程中缓慢靠近最优参数区域;快层面的学习,是在单个任务下发生的,利用记忆模块的编码和绑定以及检索的机制,快速加载当前任务的已见过样本信息作记忆内容,在预测下一个样本时,可迅速定位、获取与当前输入有关的记忆信息,而非一个参数学习的优化过程。

其次,我们要考虑如何处理作输入的训练样本数据,以便加载到记忆模块中。一种方法是类似前一节,将 $\mathcal{D}_{\text{train}}$ 每个样本编码后整体加载到记忆中。这里是基于循环神经网络的架构,将 $\mathcal{D}_{\text{train}}$ 序列化成 $(x_1, 0), (x_2, y_1), \cdots, (x_T, y_{T-1})$,一个接一个地写入记忆,如图 7.5 所示。这样处理的数据集输入也叫回合(episode),如果再次使用,我们需要对序列做洗牌(shuffle),目的是打乱样本的输入顺序,以及当前

样本 x_t 与上一个样本标签 y_{t-1} 的关联。这种关联是随机组对造成的，不是我们想要的，我们想要的是当前样本 x_t 与对应标签 y_t 的关联，只不过 y_t 出现在下一对输入 (x_{t+1}, y_t) 中。

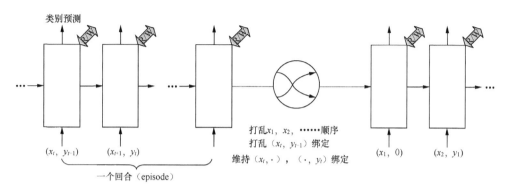

图 7.5 序列化的样本标签对输入

为什么要这样设计输入序列呢？一方面，我们要在位置 t 上预测当前样本 x_t 的类别，不希望此时引入 y_t 作输入，而引入 y_{t-1} 作输入与当前样本的标签无关，不会干扰模型正常做预测；另一方面，我们想把正确的样本标签关联写入记忆模块，在预测完样本 x_t 后，如果能尽快将它的标签信息 y_t 加载到记忆中，就能让后续样本的预测早点利用前面加载的信息，故把 y_t 和下一个样本 x_{t+1} 一起送入下一次输入。当然，我们没有显式地关联 x_t 和 y_t，而是通过一个 LSTM 编码这些信息，认为每步输出的隐状态向量 h_{t+1} 吸收了 x_t 和 y_t 的信息，并在优化过程中学到它们的关联。理论上，这样的输入序列可以让模型虽然无法预测新类别中见到的第一个样本，但在获得类别标签后可以迅速建立样本与标签的关联关系，并用于后续预测任务中，从而实现少样本学习。

下面，我们详细设计用作记忆模块的神经图灵机，如图 7.6 所示。它由控制器和外部记忆两部分组成。控制器使用上面提到的 LSTM 编码每步的输入 (x_t, y_{t-1}) 并输出 h_t 作为对外部记忆 $\boldsymbol{M}_t$ 的查询向量，记为 k_t。控制器附带一个读头和一个写头。读头用于检索，先计算读权重向量 w_t^r，再从外部记忆读取内容 r_t，公式为

$$w_t^r(i) = \mathrm{Softmax}(\mathrm{cosine}(k_t, \boldsymbol{M}_t(\cdot)))_i \quad (7\text{-}10)$$

$$r_t = \sum_i w_t^r(i)\boldsymbol{M}_t(i) \quad (7\text{-}11)$$

读头读取的信息 r_t 会和 h_t 拼接成 $[h_t, r_t]$，去预测当前样本的类别。

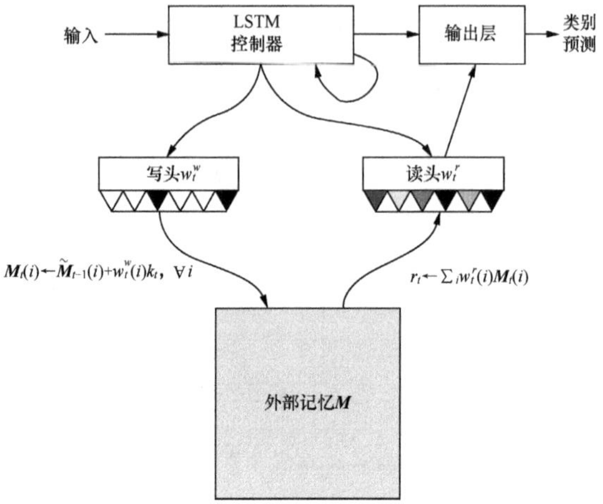

图 7.6　基于 LSTM 控制器的神经图灵机架构

写头相对复杂些，一方面要根据当前上下文及时更新最近使用的相关记忆槽，称为**最近使用原则**；另一方面要对不常用的记忆槽清零，并写入新的信息，称为**最少使用原则**。因此，写头采用的是**最少与最近使用的访问模块**（Least Recently Used Access Module）。与读头一样，写头要计算写权重向量 w_t^w，然后用 k_t 根据写权重大小更新外部记忆的每个槽，公式为

$$w_t^w = \sigma(\alpha)w_{t-1}^r + (1-\sigma(\alpha))w_{t-1}^{lu} \qquad （7\text{-}12）$$

$$\boldsymbol{M}_t(i) = \widetilde{\boldsymbol{M}}_{t-1}(i) + w_t^w(i)k_t, \forall i \qquad （7\text{-}13）$$

可以看出，写权重来源于两部分：上一步的读权重 w_{t-1}^r 和上一步的最少使用权重 w_{t-1}^{lu}。前者体现了最近使用原则，后者体现了最少使用原则，二者通过带参数 α 的 Sigmoid 函数进行加权平均得到 w_t^w。这里的 w_{t-1}^{lu} 是一个 0/1 向量，取值为 1 的位置表示当前被清零的位置，而 $\widetilde{\boldsymbol{M}}_{t-1}$ 就是基于 w_{t-1}^{lu} 对上一步外部记忆 $\boldsymbol{M}_{t-1}$ 清零后的结果。

留下一个关键问题，如何定义最少使用权重 w_{t-1}^{lu}？先定义使用权重 w_{t-1}^{u}。"使用"二字的含义，既要考虑当前的读操作，又要考虑当前的写操作，还要考虑过去的使用情况。因此，w_{t-1}^{u} 由 3 部分构成：

$$w_{t-1}^{u} = \gamma w_{t-2}^{u} + w_{t-1}^{r} + w_{t-1}^{w} \qquad （7\text{-}14）$$

其中，γ 为一个衰减因子。在 w_{t-1}^{u} 的基础上，将最小 n 个元素置 1 其余置 0，并定义这个新向量为最少使用权重 w_{t-1}^{lu}。

最后，整个元学习的过程可由图 7.7 所示，主要由 3 个信息流组成：
一是绑定和编码输入信息并写入记忆的信息流；二是通过检索绑定信息
读取记忆并由此输出分类预测的信息流；三是从损失函数做反向传播到
前面步骤并由此修正模型参数的信息流。每步操作，模型先写入记忆再
读取记忆，然后做分类预测。因此，越往后，记忆模块的信息越丰富，
读取的记忆越能帮助到分类预测。实验中可能会出现：预测第 1 个样
本的准确率很低，如 36.4%，接着第 2 个的准确率为 82.8%，第 3 个
为 91.0%，第 5 个为 94.9%，第 10 个为 98.1%。那么，如果要保证
90% 的准确率，就要做 3 次学习（3-Shot Learning）；如果要保证
98% 的准确率，就要做 10 次学习（10-Shot Learning）。

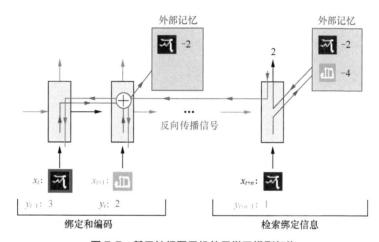

图 7.7 基于神经图灵机的元学习模型架构

·总结与扩展·

本节主要参考了 2016 年 DeepMind 的 Adam Santoro 等人提出的记忆增强神经网络
（Memory-Augmented Neural Network）[11]，该模型通过学习记忆模块的控制器和使
用记忆模块的检索机制，分别实现元级别和任务级别的一慢一快两个层面的学习。2017 年
Tsendsuren Munkhdalai 等人提出的元网（MetaNet）[12]，也采用记忆增强神经网络，
它的记忆模块是一个复杂的关联记忆，从任务级的样本动态表征关联到样本级的快学习权
重，模型做预测时同时考虑元级别的慢权重和样本级的快权重，将元级别、任务级和样本
级的参数一一区分，充分反映了由慢到快的学习过程。

基于学习优化器的元学习模型

在深度学习的语境下，说到"学习"二字，离不开优化算法，比如 SGD、Momentum、Adagrad、Adadelta、Adam 等，但是如果换作"快速学习"呢？我们知道，刚才提到的优化算法都不是为有限步参数更新而设计的，它们收敛到最优点附近通常需要百万次的迭代。那么，如何针对快速学习设计优化算法呢？单独解决这个问题有非常大的困难，我们不妨借助元学习，与其设计快速学习版的优化算法，不如学习一个快速学习的优化算法。在元学习的框架下，有快、慢两个层面的学习，虽然我们期待实现单任务级别上的快学习，但是这不代表要丢弃元级别上的慢学习。通过跨任务构成的大量数据，我们可以学习出一个适应多个任务的通用快速学习优化器。

基于梯度的优化、LSTM 遗忘门和输入门、黑塞矩阵（Hessian matrix）

问题 *1*　使用学习优化算法的方式处理元学习问题，与基于记忆的元学习模型有哪些区别？

难度：★ ★ ☆ ☆ ☆

分析与解答

先看基于记忆的元学习模型，它可以形式化为 $f(x, \mathcal{D}_{\text{train}}; \Theta)$，其中 Θ 为训练记忆模块中学习的元参数，是构成嵌入网络、编码网络或控制器的参数。元训练完成后，Θ 固定下来；之后，在面对一个新任务时，有任务数据 $\mathcal{D}_{\text{task}} = (\mathcal{D}_{\text{train}}, \mathcal{D}_{\text{test}})$，该模型不再基于梯度的优化算法继续慢学习的微调过程，而是利用记忆模块的快速检索机制，编码样本 $x \in \mathcal{D}_{\text{train}}$ 通过查询记忆读取相关信息，以助于对该样本的预测。

再看学习优化算法的方式，元学习模型可形式化为 $f(x;\theta = \text{optimizer}(\mathcal{D}_{\text{train}};\Theta))$，其中 θ 为单任务下的模型参数，而元参数 Θ 转化为优化器的参数。元训练的学习目标，是学习出一个好的优化器，替代常用的基于梯度的优化算法（如 SGD、Adam 等）。为什么要这么做呢？上面说到，基于梯度的学习通常是一个慢学习的过程，受制于梯度下降这个事先设计的算法，受制于人工设定的学习率。因此，想通过元学习，在众多相关或相似任务上获得一个通用且自适应的可学习的优化过程，以取得加速学习的效果。记这个优化器为 $\text{optimizer}(\cdot;\Theta)$，接收单任务的训练集 $\mathcal{D}_{\text{train}}$ 作输入，输出该任务下优化后的模型参数 θ。我们希望优化器通过元学习，可以在小样本训练数据下快速给出一个接近最优的模型参数。

问题 2 如何基于 LSTM 设计一个可学习的优化器？

难度：★ ★ ★ ★ ☆

基于梯度的优化是一个迭代过程，形式与 LSTM 的计算规则有点像。能否基于 LSTM 设计一个可学习的优化器，使其有助于在单任务上的快速学习？

分析与解答

在传统基于梯度下降的优化算法中，参数更新规则可写为

$$\theta_t = \theta_{t-1} - \alpha_t \nabla_{\theta_{t-1}} L_t \qquad (7\text{-}15)$$

其中，α_t 为学习率，可以是一个常量，也可以出自简单的自适应规则（如 Adam）；梯度 $\nabla_{\theta_{t-1}} L_t$ 是针对当前损失 L_t 和模型参数 θ_{t-1} 而言的。考虑 LSTM 的结构，单元状态（cell state）的更新公式为

$$c_t = f_t \odot c_{t-1} + i_t \odot \tilde{c}_t \qquad (7\text{-}16)$$

其中，f_t 和 i_t 分别为遗忘门和输入门，$\tilde{c}_t$ 为加入当前输入的候选单元状态。我们可以看到，上面两条更新规则是何等相似：如果令 $f_t = 1$，$c_{t-1} = \theta_{t-1}$，$i_t = \alpha_t$，$\tilde{c}_t = -\nabla_{\theta_{t-1}} L_t$，那么这个 LSTM 的更新公式就完全表达了梯度下降的优化过程，LSTM 的单元状态 c_t 刻画了迭代更新中的模型参数 θ_t。

当然，因为 LSTM 的遗忘门和输入门的权重从数据中学习得到，不会硬性指定为 1 和 α_t，所以给元学习模型留下了施展能力的空间。我们有理由认为，人为指定的 $f_t = 1$ 和 $i_t = \alpha_t$ 造成了传统梯度下降算法的低效率，因此需要设计一种让 f_t 和 i_t 可学习的优化过程，其中 i_t 体现了可学习的学习率，f_t 则代表可学习的收缩率。基于 LSTM 的具体设计如下。

（1）单元状态 $c_{t-1} = \theta_{t-1}$：要将模型参数扁平化拼接成一个长向量。

（2）候选单元状态 $\tilde{c}_t = -\nabla_{\theta_{t-1}} L_t$：取对模型参数的负梯度。

（3）可学习的输入门 i_t：不是标量，体现了向量维度级别自适应的学习率，用一层 Sigmoid 网络来学习：

$$i_t = \sigma(W_I \cdot [\nabla_{\theta_{t-1}} L_t, L_t, \theta_{t-1}, i_{t-1}] + b_I) \tag{7-17}$$

网络的输入综合考虑了当前损失 L_t、梯度信息 $\nabla_{\theta_{t-1}} L_t$、模型参数 θ_{t-1} 以及上一次输入门 i_{t-1}。使用 Sigmoid 函数将输出控制在 $(0,1)$，是因为考虑到学习率不宜偏大，避免造成发散。

（4）可学习的遗忘门 f_t：同输入门，也用一层 Sigmoid 网络来学习：

$$f_t = \sigma(W_F \cdot [\nabla_{\theta_{t-1}} L_t, L_t, \theta_{t-1}, f_{t-1}] + b_F) \tag{7-18}$$

网络的输入综合考虑了当前损失 L_t、梯度信息 $\nabla_{\theta_{t-1}} L_t$、模型参数 θ_{t-1} 以及上一次遗忘门 f_{t-1}。我们将 f_t 解释成收缩率，但是通常在优化算法中没有这一项，为什么这里还要考虑呢？一方面，如果不让 f_t 恒为 1，而是一个可学习的介于 0 和 1 之间的数，具有向原点靠拢的含义，可看作施加正则项的效果，意义体现在参数空间上搜索范围的约束，避免 θ 取值远离原点进而引起优化中的发散。另一方面的意义是帮助模型参数跳出可能的局部最优或鞍点。尤其是在梯度饱和的情况下，即 $\tilde{c}_t \approx 0$，只剩下 $c_t = f_t \odot c_{t-1}$，仅能靠 f_t 调节 c_t 的变化。例如，当损失 L_t 很大但此时梯度趋于零时，参数所处曲面趋于平坦，无法提供有效的下降信息，若让 $f_t < 1$，通过向原点处收缩的方式试图逃出梯度饱和的高原陷阱，不失为一种可行的策略。

（5）可学习的初始状态 c_0：c_0 也可以作为优化器的一个参数，其意义是找到一个通用的模型参数的最优初始点 θ_0，作为每个任务共用的初始模型参数。好的公共初始点有助于模型在单个任务上的快速学习。

在优化过程的初始阶段，我们通过设定 b_F 的初值尽量让 f_t 接近 1，以保证反向传播时梯度流的通畅；同时通过设定 b_I 的初值尽量让 i_t 靠近 0，这对应着一个小的学习率，有助于保持训练初始的稳定，抑制发散。

问题 3 如何设计基于 LSTM 优化器的元学习的目标函数和训练过程？

难度：★ ★ ★ ★ ★

基于问题 2 的 LSTM 优化器，如何设计元学习模型的目标函数，并组织元训练的过程？

分析与解答

假设将模型（也称学习器）的参数记为 θ，元模型（也称元学习器）的参数记为 Θ。这里，LSTM 优化器要优化更新的模型参数是 θ，而它自己的参数是 Θ，具体包括构成 LSTM 遗忘门和输入门的权重 W_F 和 W_I、偏置 b_F 和 b_I 以及公共初始点 θ_0。

给定单个任务的数据集 $(\mathcal{D}_{\text{train}}, \mathcal{D}_{\text{test}})$，元训练的目标函数不是定义在训练样本上的损失函数，而是基于 T 步迭代更新的参数 θ_T 在测试样本上计算得的损失函数。一句话，我们要最小化的是元模型在快速适应 $\mathcal{D}_{\text{train}}$ 后泛化到 $\mathcal{D}_{\text{test}}$ 上的错误率。从图 7.8 可知，在 $\mathcal{D}_{\text{train}}$ 样本上计算的损失 $L_1, L_2, \cdots, L_T$ 不作为目标函数，而是与它们各自对应的梯度 $\nabla_{\theta_0} L_1, \nabla_{\theta_1} L_2, \cdots, \nabla_{\theta_{T-1}} L_T$ 一起，仅作为输入传给 LSTM 优化器。定义在 $\mathcal{D}_{\text{test}}$ 的测试样本上的 $L(f_{\theta_T}(x), y)$ 才是真正用于反向传播并更新元参数 Θ 的损失函数。

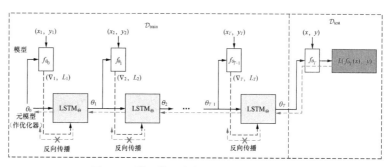

图 7.8　基于学习优化器的元学习模型架构

值得注意的是，反向传播在经过$(\nabla_{\theta_{t-1}} L_t, L_t)$时需要计算$\nabla_{\theta_{t-1}} L_t$的梯度，即黑塞矩阵$\nabla^2_{\theta_{t-1}} L_t$。考虑到训练模型的计算开销会由此大幅增加，可以采用近似方法，免去这条计算线路上的反向传播，因此回传的梯度只走 LSTM 展开的一路。

至此，根据上面目标函数的计算架构，我们可以将元训练过程分为内、外两层循环。

（1）**外层循环：**每次从元训练集$\mathcal{D}_{\text{meta-train}}$中选取一个训练任务，$\mathcal{D}_{\text{task}} = (\mathcal{D}_{\text{train}}, \mathcal{D}_{\text{test}})$，运行内层循环，利用 LSTM 优化器遍历$\mathcal{D}_{\text{train}}$样本做多步迭代，得到一个最终的模型参数$\theta_T$，然后在$\mathcal{D}_{\text{test}}$上计算损失函数，并启动反向传播更新元模型参数$\Theta$。

（2）**内层循环：**每步从$\mathcal{D}_{\text{train}}$中取一批样本，通过模型$f_\theta$计算当前批的损失和梯度，作为输入传给 LSTM 优化器。

问题 4 上述 LSTM 优化器如何克服参数规模过大的问题？

难度：★★★★★

问题 2 和问题 3 忽略了一个现实问题，当前主流的深度学习模型，其参数规模都非常大，包含多个权重矩阵和偏置向量，扁平化后拼接在一起将是一个很长的向量，实际中无法用作 LSTM 的单元状态，怎么办？

分析与解答

实际计算中，LSTM 通常基于批而非单个样本，而一个批内的状态张量大小是批内样本个数与 LSTM 状态维数的乘积。LSTM 的状态维数取决于模型（内层学习器）的参数，即$\theta = (W_1, b_1, \cdots, W_n, b_n)$，扁平化后变成一个很长的向量$(\theta^{(1)}, \theta^{(2)}, \cdots, \theta^{(d)})$，其中 d 是θ的长度（即元素个数或坐标个数）。目前主流的深度学习模型，其参数规模一般都非常大，因此 d 是一个非常大的值，实际应用中无法作为 LSTM 的状态维数。

对于问题 3 中的 LSTM 优化器，一个批内通常只有一个样本，因此一个批的状态张量可以写成 $1\times d$ 的二维张量。现在，我们把θ转置为 $d\times 1$ 的二维张量，将θ的每个坐标都看成一个独立的样本，此时 d 变成

批内样本个数，1 是 LSTM 的状态维数，这样 LSTM 单元的参数规模
会大大减小。这个做法的含义是什么？答案是**让模型参数 θ 的不同坐标
共享同样的 LSTM 参数，即这里的元参数**。具体来说，如果把 d 当作
状态维数，那么遗忘门和输入门的权重矩阵会非常大，θ 的每个坐标对
应权重矩阵的不同列；如果把 d 当作批内样本个数，θ 的每个坐标相当
于不同的样本，均使用权重矩阵的同一列。同样，对于梯度 $\nabla_\theta L$，其大
小等同于 θ 的大小，可沿用上面处理 θ 的做法；对于损失 L，由于它只是
一个标量，不妨将其并到每个坐标旁，形成一个 $d \times 2$ 的 $(\nabla_\theta L, L)$ 作输入。
最后，我们构造出一个坐标级的 LSTM，如图 7.9 所示。

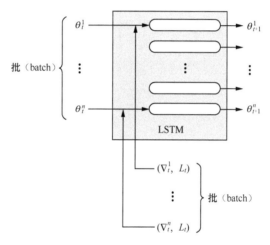

图 7.9　坐标级的 LSTM 结构

这样做的确大幅削减了 LSTM 参数的复杂度，但是会造成一个新
的问题：刻画单元状态的维度个数太少、通道太窄，不利于前后的信息
传递，因此需要考虑通道加宽。目前有以下两种办法。

（1）从每个坐标上下手，一分为二，将 $(\nabla_\theta^i L, L)$ 变成
$(\nabla_\theta^{i,1} L, \nabla_\theta^{i,2} L, L^1, L^2)$，让维数翻倍。考虑到梯度和损失在不同坐标上的取
值量级相差很大，为了更精准地刻画很大与很小的正负值，可以将一个
坐标值拆解成两部分：

$$x \to \begin{cases} \left(\dfrac{\log |x|}{p}, \mathrm{sign}(x) \right), & |x| \geqslant e^{-p} \\ (-1, e^p x), & \text{其他} \end{cases} \quad （7\text{-}19）$$

其含义为对大数取对数置于第一个坐标，对小数乘一个很大的数置于第二个坐标。

（2）在坐标级的 LSTM 结构下面，加一层大通道的 LSTM，如维数为 20，从而有能力将历史的梯度和损失信息考虑进来，如图 7.10 所示。底层 LSTM 输出到上层 LSTM 的信息，不仅包含了当前的 $(\nabla L_t, L_t)$，而且通过较宽的通道得以吸收历史的 $(\nabla L_i, L_i)_{i<t}$，以此参与上层 LSTM 的遗忘门和输入门的计算。同时，为了保证 $\tilde{c}_t = -\nabla_{\theta_{t-1}} L_t$，需要有一根线路将梯度直接送入上层的 LSTM。

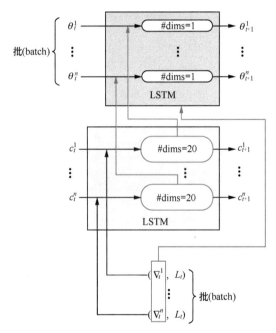

图 7.10　底层大通道 LSTM 对上层 LSTM 优化器的支持

· 总结与扩展 ·

本节的解答主要参考了 2017 年 Sachin Ravi 和 Hugo Larochelle 提出的基于 LSTM 的元学习器[13]。该论文对优化器本身进行建模，旨在学习小样本下的优化算法，虽然每步依然利用梯度信息，但是已经不同于传统基于梯度的优化算法。类似的基于 LSTM 学习优化算法的工作，可追溯到 2016 年 DeepMind 的 Marcin Andrychowicz 等人发表的论文[14]。

基于学习初始点的元学习模型

场景描述

上一节学习优化器的方法，包含了学习初始点和优化过程，主要侧重于后者，即学习优化中更新参数的规则。但是，优化结果的好坏，除了依赖所用的更新规则，还与初始点的选取密切相关。考虑到学习更新规则的复杂和不确定性，我们后退半步，沿用传统基于梯度的优化算法，不去动梯度下降算法本身，只是学习一个好的初始点。乍一看，这个思想很简单，但它提供了一个简洁通用的元学习框架，适用于任意基于梯度的学习系统，而且实验表现相当不错。

知识点

公共初始点、元目标、反向传播、黑塞－向量积、一阶导数方法、策略梯度的强化学习

问题 1　简单描述基于初始点的元学习方法。　　难度：★ ★ ★ ★ ★

分析与解答

既不用记忆模块，也不学习优化器，回归到更简洁的一类学习初始点的方法，使得对每个任务，可以基于该初始点使用传统的基于梯度的优化算法，快速收敛到近似最优点。请问怎么做？

分析与解答

相比于基于记忆的 $f(x, \mathcal{D}_{\text{train}}; \Theta)$，以及学习优化器的 $f(x; \theta = \text{optimizer}(\mathcal{D}_{\text{train}}; \Theta))$，基于学习初始点的元学习模型可以形式化为

$$f(x; \theta = \text{SGD}(\mathcal{D}_{\text{train}}; \theta^0 = \Theta))　　　　（7-20）$$

其中，θ 为面向单个任务的模型参数，SGD 可以是任何基于梯度的优化算法（如 Adam），元参数 Θ 作为优化单个任务时 θ 的初始点 $\theta^0 = \Theta$，也

就是说，所有任务在单独优化时都基于这个初始点。问题来了，是否存在一个好的公共初始点，使得每个任务都能从中大幅获益？

学习公共初始点的思路看似简单，背后的洞见却是深刻的。它基于这样一个假设：在一群相似或相关的任务集上，存在针对每个任务都不错的初始点，也就是说，每个任务都存在一个离公共初始点不远的最优点，如图 7.11 所示。熟悉深度学习的人知道，神经网络模型的最优点通常不止一个，可能存在很多个，甚至是含无限个点的点集，或是一个最优区域。不同任务的最优点集合在高维空间中可能存在相互靠拢的地方，使得可以找到一个公共初始点，让不同任务的最优点集合中都存在一个靠近该公共初始点的最优点。举例说明，在图片分类任务中，无论是分类猫、狗等动物，还是分类花、草等植物，模型可以共用底层的视觉特征，所以最优模型的参数在网络下层部分可以比较接近，即在参数的高维空间中，存在某个子空间，使得二者的最优区域几乎重合。

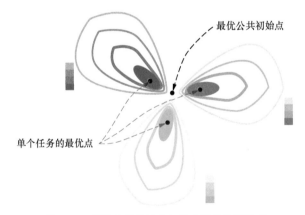

图 7.11　最优公共初始点与单个任务的最优点

有了好的公共初始点，当一个新任务到来时，模型利用少量样本做几步梯度下降，就能接近该任务的最优点，从而赋予模型通过简单微调达到快速学习、快速适应的能力，如图 7.12 所示。这里，考虑采用一步梯度下降的简单设计，对于每个任务 t，微调后的模型参数 θ_t 为

$$\theta_t = \Theta - \alpha \nabla_\Theta L_t(f(X_t; \Theta), Y_t) \qquad (7\text{-}21)$$

其中，α 是一个事先设定的超参数（也可以通过学习得到），(X_t, Y_t) 是取自任务 t 中 $\mathcal{D}_{\text{train}}$ 的一批样本。进而，可以得到元学习模型的总目标函数，

也称为元目标（meta-objective）：

$$\min_{\Theta} \sum_t L_t(f(X_t';\Theta - \alpha\nabla_{\Theta}L_t(f(X_t;\Theta),Y_t)),Y_t') \qquad (7\text{-}22)$$

其中，(X_t',Y_t')是另一批样本。该元目标的意义是，优化公共初始点，使得在每个任务上仅做一步梯度下降，各个任务的损失之和最小。

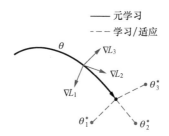

图 7.12　利用公共初始点快速适应各个任务

该元学习模型的一个优点是，适用于一切基于梯度下降的学习系统，如分类模型、回归模型、策略梯度的强化学习模型。虽然一直以来都有试图取代梯度下降优化算法的研究，但是相较于学习的优化器，传统基于梯度的优化算法简单、有效，不需引入附加参数，不需额外训练模拟优化过程的模型，而且收敛情况稳定，在合适的初始点和学习率下可以做到快速学习（但要防止小样本下过拟合）。

问题 2　学习公共初始点的方法与预训练的方法有什么不同？

难度：★★☆☆☆

分析与解答

预训练的方法，通常是先在已有的一批训练任务上，或者在一个更大数据集的任务上，学习得到一个模型参数，然后在面对新任务时，将其当作初始点继续训练微调。这里"预"的含义，是对新任务而言，对于旧任务不存在"预"的意义。

学习公共初始点的方法，"初始"二字既是对已有的训练任务而言，也是对新任务而言。无论面对哪个任务，该方法都要从这个初始点开始，经过一系列梯度下降的过程，微调至该任务的最优点附近。训练过程中，优化的是初始点参数$\theta^0 = \Theta$，而传给每个任务模型的是微调后的模型参数θ_t。

问题 **3** **基于初始点的元学习方法中的两次反向传播有什么不同？** 难度：★★★☆☆

训练问题 1 中的元学习模型时，会遇到两次反向传播，请问这两次反向传播有什么不同？

分析与解答

训练元学习模型，通常涉及内、外两层循环，内层循环遍历每个训练任务，外层循环迭代更新元参数。由此，可以找到两次反向传播的不同。

第一次反向传播发生在内层，是在每个任务内进行的。反向传播基于该任务的损失，获得对模型参数θ的梯度信息，用于执行一步梯度下降，达到快速收敛、快速适应的目的。这里的"反向"是针对单个任务的模型而言，其计算流在整个元模型看来仍属于前向计算阶段。

第二次反向传播发生在外层，是在元级别上进行的。反向传播基于元目标，获得对元参数Θ的梯度信息，用于训练元模型。由于元模型的前向计算阶段包含第一次反向传播的求梯度操作，第二次反向传播涉及求二阶导数，即黑塞矩阵，可以利用**黑塞 − 向量积**（Hessian-vector product）来降低计算复杂度，也可以忽略此路反向传播，退化成**一阶导数**（first order derivatives）的近似方法来更新元参数。

问题 **4** **基于初始点的元学习模型，用在强化学习中时与分类或回归任务有何不同？** 难度：★★★★☆

如果将问题 1 中的元学习模型应用于基于策略梯度的强化学习，相比分类和回归，它的训练过程有哪些不同，需要注意什么？

分析与解答

首先，从分类和回归到策略梯度的强化学习，元学习模型的框架没有变，但是面向单个任务的模型 f 变化了，f 不再是一个分类器或回归器，而是表示强化学习中的一个策略 $\pi(a \mid s)$，即给定状态 s 下选择动作 a 的概率分布。

其次，训练样本不再是 N 个〈样本，标签〉对，而是 N 个由一串状态和动作组成的轨迹。〈样本，标签〉对的分布因训练集给定而固定不变，但是状态动作轨迹会因策略的改变而动态变化。问题 1 的训练步骤涉及两次样本采样，即 (X_t, Y_t) 和 (X_t', Y_t')。对有监督学习来说，这两次采样所用分布都是完全一致的；但对于强化学习而言，第一次采样所用策略的参数为 $\theta^0 = \Theta$，第二次采样所用策略是基于微调后的参数，即 $\theta_t = \Theta - \alpha \nabla_\Theta L_t(f_\Theta)$。因此，为了维护强化学习的现实策略，这两次采样轨迹一定要基于不同的策略参数。

最后，策略梯度的方法有其高方差、不稳定的一面，需要额外考虑一些常见技巧，如控制变量（control variate）等。

· 总结与扩展 ·

本节的解答主要参考了 2017 年 Chelsea Finn 等人提出的模型无关元学习模型（Model-Agnostic Meta-Learning，MAML）[15]。此后，来自 OpenAI 的 Alex Nichol 等人提出 Reptile 算法 [16]，继承并发展了 MAML，从理论上拓展了一阶近似 MAML 的方法家族，从实践上简化了元参数更新公式。2018 年，DeepMind 的 Andrei Rusu 等人提出潜在嵌入优化（Latent Embedding Optimization，LEO）[17] 的方法，考虑到深度模型的参数空间一般是超高维的，小样本情况下几步梯度下降的做法在实际中仍有不足，因此该方法要学习高维参数的一个低维嵌入，在这个低维空间中实施有限步的梯度下降，每步后都可以将低维的参数嵌入映射回正常的参数空间，用以计算模型的损失和梯度。

参考文献

[1]   SCHMIDHUBER J. Evolutionary principles in self-referential learning. On learning how to learn: The meta-meta-... hook[D]. Technische Universitat Munchen, Germany, 1987.

[2]   BENGIO Y, BENGIO S, CLOUTIER J. Learning a synaptic learning rule[M]. Université de Montréal, Département d'informatique et de recherche, 1990.

[3]   THRUN S, PRATT L. Learning to learn[M]. Springer Science & Business Media, 2012.

[4]   VINYALS O, BLUNDELL C, LILLICRAP T, et al. Matching networks for one shot learning[C]//Advances in Neural Information Processing Systems, 2016: 3630–3638.

[5]   KOCH G, ZEMEL R, SALAKHUTDINOV R. Siamese neural networks for one-shot image recognition[C]//ICML Deep Learning Workshop, 2015.

[6]   SUNG F, YANG Y, ZHANG L, et al. Learning to compare: Relation network for few-shot learning[C]//Proceedings of the IEEE Conference on Computer Vision and Pattern Recognition, 2018: 1199–1208.

[7]   SNELL J, SWERSKY K, ZEMEL R. Prototypical networks for few-shot learning[C]//Advances in Neural Information Processing Systems, 2017: 4077–4087.

[8]   ORESHKIN B, LÓPEZ P R, LACOSTE A. TADAM: Task dependent adaptive metric for improved few-shot learning[C]//Advances in Neural Information Processing Systems, 2018: 719–729.

[9]   GRAVES A, WAYNE G, DANIHELKA I. Neural Turing machines[J]. arXiv preprint arXiv:1410.5401, 2014.

[10]   WESTON J, CHOPRA S, BORDES A. Memory networks[J]. arXiv preprint arXiv:1410.3916, 2014.

[11]   SANTORO A, BARTUNOV S, BOTVINICK M, et al. Meta-learning with memory-augmented neural networks[C]//International Conference on Machine Learning, 2016: 1842–1850.

[12] MUNKHDALAI T, YU H. Meta networks[C]//Proceedings of the 34th International Conference on Machine Learning-Volume 70. JMLR. org, 2017: 2554–2563.

[13] RAVI S, LAROCHELLE H. Optimization as a model for few-shot learning[J]. 2016.

[14] ANDRYCHOWICZ M, DENIL M, GOMEZ S, et al. Learning to learn by gradient descent by gradient descent[C]//Advances in Neural Information Processing Systems, 2016: 3981–3989.

[15] FINN C, ABBEEL P, LEVINE S. Model-agnostic meta-learning for fast adaptation of deep networks[C]//Proceedings of the 34th International Conference on Machine Learning-Volume 70. JMLR. org, 2017: 1126–1135.

[16] NICHOL A, ACHIAM J, SCHULMAN J. On first-order meta-learning algorithms[J]. CoRR, abs/1803.02999, 2018, 2.

[17] RUSU A A, RAO D, SYGNOWSKI J, et al. Meta-learning with latent embedding optimization[J]. arXiv preprint arXiv:1807.05960, 2018.

第 8 章

自动化机器学习

近年来机器学习在越来越多的业务场景里发挥关键性作用，例如推荐系统、人脸识别、自动驾驶等领域。然而在各类业务场景里，机器学习的应用流程都需要大量的机器学习人类专家参与。从学术角度看，目前的机器学习算法并没有让机器"自动"地学习；从工业角度看，人类专家供不应求，很多企业难以在有限的预算下觅得需要的人才。在这样的背景下，自动化机器学习（Automated Machine Learning）成了一个热门领域。自动化机器学习的目标是将机器学习算法的应用流程自动化，这个自动化的流程可以通过反复迭代去搜寻针对特定业务场景的最优的数据预处理操作、超参数配置以及算法模型。

自动化机器学习的基本概念

场景描述

　　自动化机器学习的终极目标是要将人类专家移出机器学习模型的构建流程，人类专家只需要负责定义机器学习任务、提供数据并确定评估指标。

知识点

自动化、机器学习

问题　**自动化机器学习要解决什么问题？有哪些主要的研究方向？**　难度：★ ☆ ☆ ☆ ☆

分析与解答

　　自动化机器学习要解决的问题是，针对特定的一类或若干类机器学习任务，在没有人类专家干预且计算资源有限的条件下，自动化地构造机器学习算法流程。这里的机器学习算法流程包括根据数据建立算法模型、算法效果评估、不断优化算法效果等。自动化机器学习在构造算法流程时的主要目标如下。

- 能够在不同数据集甚至不同任务间泛化。
- 不需要人类专家干预。
- 计算效率（在有限的计算资源下、有限的时间内给出最优的算法流程）。

　　自动化机器学习的研究方向包括自动化特征提取、自动化模型选择、自动化模型参数调优、自动化模型结构搜索（主要针对神经网络）、自动化模型评估、元学习、迁移学习等。每一个研究方向又会包含多种具体技术，例如其中的自动化模型参数调优涉及的技术就有简单/启发式搜索、无梯度优化、强化学习、梯度下降优化等[1]。

模型和超参数自动化调优

02

场景描述

对于同一个业务场景或同一个数据集，一般可以选择多种机器学习算法或模型；而在给定的算法模型下，通常又会有大量的可调超参数。对于大部分机器学习算法应用者来说，模型和超参数的调优很大程度上依赖于自身的从业经验、直觉以及对算法与业务场景本身的理解。那么能否有一些自动化、系统化的方式来辅助人们进行模型和超参数的调优呢？这就是本节要探讨的问题。

知识点

超参数调优、网格搜索、随机搜索、贝叶斯优化、高斯过程回归（Gaussian Process Regression, GPR）

问题 *1* 模型和超参数有哪些自动化调优 **难度：★★★☆☆**
方法？它们各自有什么特点？

分析与解答

我们首先来定义模型和超参数的调优问题。这里把机器学习模型的选择和超参数的指定统称为机器学习模型的配置。对于一个给定的机器学习问题和一个数据集 $\mathcal{D}$，我们可以配置一个具体的机器学习模型，然后在这个数据集上训练并拿到测试效果指标。这里的效果指标可以是测试集上的损失函数平均值，也可以是某种业务指标（比如预测准确率）。如果把一个具体的机器学习模型的配置记为 λ（包括用哪个模型，以及该模型的超参数取值），所有可能的配置参数空间记为 Λ，效果指标记为 $f(\lambda) = \mathcal{L}(\lambda, \mathcal{D}_{\text{train}}, \mathcal{D}_{\text{valid}})$，则要优化的问题可定义为 $\lambda^* = \operatorname{argmax}_{\lambda} f(\lambda)$，其中 $f(\lambda)$ 是要优化的目标函数，λ^* 是模型的最优配置。需要注意的是，这里假定效果指标是越大越好。另外，如果计算资源允许的话，还可以使用 k 折叠交叉验证，此时优化的目标函数就是

$$f(\lambda) = \frac{1}{k}\sum_{i=1}^{k}\mathcal{L}(\lambda, \mathcal{D}_{\text{train}}^{(i)}, \mathcal{D}_{\text{valid}}^{(i)}) \qquad (8\text{-}1)$$

通常来说，机器学习模型配置的优化目标函数是一个黑盒函数，即除了执行模型训练并验证效果指标以外，没有其他方法获得目标函数的信息。因此大多数算法应用者会依据对数据集或业务场景的领域知识、对机器学习算法的理解以及直觉来指定一组或者尝试少量组模型配置进行训练并验证，然后选择一个最优的。大数据时代，机器学习算法的训练和验证通常十分耗时，因此这种人工调优方法在计算资源有限、尝试机会较少的情况下是有优势的。但是，当计算资源相对充足，同时对效果指标又有较高追求时，自动化调优的方法变得可行。常见的自动化调优的方法有网格搜索、随机搜索和贝叶斯优化。

■ 网格搜索

网格搜索，顾名思义就是把模型的配置参数空间 Λ 划分为网格，然后给模型训练、验证程序加一个最外层循环，在此循环内遍历所有的网格点并训练得到效果指标，最后挑出效果指标最优的那个配置。

第一个需要注意的问题是，配置参数空间通常是一个有层次的空间，即有一些参数的存在是依赖于另一些参数的取值的。例如，如果有一个关于算法种类的配置参数 λ_a，那么只有当 λ_a 取值为"神经网络算法"时，网络层数、激活函数类型等超参数才有意义。即使在指定一个算法以后，超参数空间仍可能具有层次性，例如只有网络层数取值大于等于 2 时，第 2 隐藏层的神经元个数才会成为有意义的配置参数。因此，在对配置参数空间 Λ 进行划分网格时，需要分层次划分。

第二个需要注意的问题是配置参数的类型。通常配置参数有种类型（如算法种类、激活函数种类）、整型（如网络层数、神经元个数）和连续型（如学习率、正则化项系数）。对于种类型参数，一般不需要划分，只需要按种类遍历即可；对于整型和连续型参数，可以采取均匀划分或者对数均匀划分。例如，对于网络层数可以简单遍历 1、2、3（或者更大的间距），对于隐藏层的神经元个数可以遍历 128、256、512（对

数均匀），对于学习率可以遍历 0.001、0.01、0.1（对数均匀）。

第三个需要注意的问题是配置参数的取值范围，这一点通常是依据领域知识和直觉来指定。网格搜索的优点是在限定的配置参数空间内可以找到最优解；缺点是当配置参数的个数很多时，网格点的数量会由于组合爆炸变得极大，使得遍历所有网格点的计算量变得难以承受。为了缓解计算量过大的问题，通常只能人为缩小搜索范围，或者把网格加粗，但是这样又会导致调优效果的下降。另外，网格搜索完全支持并行训练调优。

▨ 随机搜索

随机搜索则是在模型的配置参数空间Λ内进行随机采样，然后训练验证，通过多次尝试得到最优的配置参数。网格搜索和随机搜索的区别如图 8.1 所示 [2]。相比于网格搜索，随机搜索可以在有限的计算资源下，通过调节采样率覆盖更大的搜索空间，不会受到组合爆炸的限制，也不会受到网格粒度限制（即便是随机网格搜索也可以把网格粒度调细），这样就有更大的概率接近最优解。同时随机搜索也完全支持并行训练调优。实验表明随机搜索可以在更少的计算资源下达到人工辅助网格搜索的调优效果。随机搜索还有一种高级策略，就是自适应资源分配策略，比如先在随机采样的一组配置参数下训练模型，但是只训练一轮；然后把一轮过后在验证集上表现较差的一部分配置参数扔掉，再继续训练下一轮，直到筛选出最优解。关于自适应资源分配策略的研究可见参考文献 [3] 和参考文献 [4]。

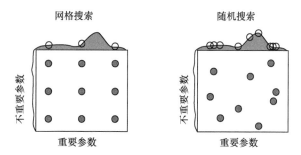

图 8.1　网格搜索和随机搜索的对比

▨ 贝叶斯优化

贝叶斯优化是近年来模型配置参数调优领域的热门方向。简单来说就是先随机尝试一些配置参数 $\lambda_1, \lambda_2, \cdots, \lambda_n$，并训练验证得到效果指标

$f_1, f_2, \cdots, f_n$；然后根据这些 $f(\lambda)$ 的采样值，通过贝叶斯公式推断出 f 在任意 λ 下的后验概率分布 $p(f|\lambda)$；根据这个后验分布可以去选择一个在当前已知信息下最优的 λ^* 作为下一次训练验证尝试的配置参数。

可以看到，贝叶斯优化是一个顺序优化的过程，两个关键步骤分别是计算 $f(\lambda)$ 的后验分布和在后验分布下寻求最优的 λ^*。第一个步骤需要对 $f(\lambda)$ 进行统计建模，常见的建模方法有高斯过程回归[5-6]、随机森林[7]、树形 Parzen 估计[6] 和深度神经网络[8]；第二个步骤需要将后验分布变换成一个可优化的目标函数，这个目标函数称为获得函数（Acquisition Function）。常见的获得函数有"期望提升"（Expected Improvement）[5,9]、"上限置信界"（Upper Confidence Bound）[5,10] 和"知识梯度"（Knowledge Gradient）[11]。

一些经验性结果表明，贝叶斯优化可以用比网格搜索或者随机搜索更少的尝试次数接近最优解，甚至超过人类专家的调优效果。此外，贝叶斯优化并不直接支持并行优化，但是可以通过一些技巧和近似来实现并行。

问题 2

简述贝叶斯优化中用高斯过程回归计算目标函数后验分布的方法。高斯过程回归可以用于种类型或者层次型模型配置参数的优化吗？

难度：★★★★☆

分析与解答

我们现在考虑用贝叶斯优化算法来优化黑盒函数 $f(\lambda)$。已知 $f(\lambda)$ 在采样点 $\lambda_1, \lambda_2, \cdots, \lambda_n$ 上的取值分别为 $f_1, f_2, \cdots, f_n$，我们需要根据这些 $f(\lambda)$ 的采样值来推断出 f 在任意 λ 下的后验概率分布 $p(f|\lambda)$，这里 $\lambda \in R^k$，$f \in R$。高斯过程回归方法假设 $f(\lambda)$ 是一个定义在 R^k 上的高维高斯过程的采样，这个高斯过程在任意 m 个点上的取值满足联合高斯分布，即

$$p(f(\lambda'_{1:m})) \sim \text{Normal}(\mu_0(\lambda'_{1:m}), \Sigma_0(\lambda'_{1:m})) \tag{8-2}$$

那么在已知前面 n 个采样点取值的条件下，对任意一点 λ 上的取值 $f(\lambda)$ 的后验概率为

$$p(f \mid f_{1:n}) = \frac{p(f, f_{1:n})}{p(f_{1:n})} \qquad (8\text{-}3)$$

将式（8-2）代入式（8-3）右侧的分子分母，可以得到如下公式：

$$p(f \mid f_{1:n}) \sim \text{Normal}(\mu_n(\lambda), \sigma_n^2(\lambda))$$

$$\mu_n(\lambda) = \Sigma_0(\lambda, \lambda_{1:n}) \Sigma_0(\lambda_{1:n}, \lambda_{1:n})^{-1} (f(\lambda_{1:n}) - \mu_0(\lambda_{1:n})) + \mu_0(\lambda) \qquad (8\text{-}4)$$

$$\sigma_n^2(\lambda) = \Sigma_0(\lambda, \lambda) - \Sigma_0(\lambda, \lambda_{1:n}) \Sigma_0(\lambda_{1:n}, \lambda_{1:n})^{-1} \Sigma_0(\lambda_{1:n}, \lambda)$$

由此看到，只要在 λ 全空间任意点上定义了这个高斯过程的均值 μ_0 和协方差矩阵 Σ_0，就可以在已知采样点取值的条件下算出 $f(\lambda)$ 的后验概率分布。在每个点 λ 上 $f(\lambda)$ 的后验概率分布仍是一个高斯分布，其均值和方差是 λ 的函数。

那么现在的问题是，如何确定在 λ 全空间点上的均值和协方差矩阵呢？通常的做法是将均值 μ_0 设为一个常数 c，将任意两点 λ_1 和 λ_2 之间的协方差矩阵 $\Sigma_0(f(\lambda_1), f(\lambda_2))$ 用一个核函数 $K(\lambda_1, \lambda_2)$ 表示。这个核函数显然反映了 $f(\lambda_1)$ 和 $f(\lambda_2)$ 的取值之间的相关性，因此当 λ_1 和 λ_2 距离越远时核函数会逐渐减小并趋于 0。通常定义两点间距离为 $r(\lambda_1, \lambda_2) = \sqrt{\sum_{i=1}^{k} (\lambda_{1(i)} - \lambda_{2(i)})^2 / \theta_i^2}$，其中，$\lambda_{(i)}$ 是 λ 的第 i 个分量，θ_i 是对 λ 第 i 维度的归一化系数，而核函数通常定义为距离的函数，即 $K(\lambda_1, \lambda_2) = K(r(\lambda_1, \lambda_2))$。常见的核函数有平方指数核（如式（8-5）所示）以及 $Mat\acute{e}rn$ 5/2 核（如式（8-6）所示），这里参数 θ_0 反映了协方差的绝对大小，显然 θ_0 必须大于 0。通常在实际问题中，平方指数核过于光滑，难以描述复杂的优化目标函数，因此更倾向使用 $Mat\acute{e}rn$ 5/2 核 [5,11]。此外，考虑到 $f(\lambda)$ 的采样噪声，一般会在协方差矩阵的对角线上增加一个常数的分量 ν（即噪声仅贡献给同一点的方差，但不贡献给不同点的协方差）。

$$K_{\text{SE}}(\lambda_1, \lambda_2) = \theta_0 \exp\left(-\frac{r^2(\lambda_1, \lambda_2)}{2} \right) \qquad (8\text{-}5)$$

$$K_{\text{M52}}(\lambda_1, \lambda_2) = \theta_0 (1 + \sqrt{5} r(\lambda_1, \lambda_2) + \frac{5}{3} r^2(\lambda_1, \lambda_2)) \exp(-\sqrt{5} r(\lambda_1, \lambda_2)) \qquad (8\text{-}6)$$

这样一来确定了高斯过程的均值和协方差矩阵，但是引入了待定参数 c、$\theta_{0:k}$、ν。我们需要确定这些参数才能将均值和协方差矩阵代入式（8-4）得到 $f(\lambda)$ 的后验概率分布。通常这些参数可以通过将已知取值的采

样点数据 $f(\lambda_{1:n})$ 代入联合高斯分布（式（8-2）），然后对待定参数 c、$\theta_{0:k}$、ν 做最大似然估计得到。然而由于在贝叶斯优化中已知的采样点通常很少，这个最大似然估计往往并不稳定，因此较好的做法不是直接反演出这些参数，而是用贝叶斯推断在各种可能的参数下计算出 $f(\lambda)$ 的后验分布，然后按参数的似然对后验分布做带权平均，即后验分布的期望：

$$\overline{p(f \mid f_{1:n})} = \int p(f \mid f_{1:n}, c, \theta_{0:k}, \nu)\, p_{\text{Normal}}(f_{1:n}, c, \theta_{0:k}, \nu)\, \mathrm{d}c\, \mathrm{d}\theta_{0:k}\, \mathrm{d}\nu \quad （8-7）$$

上述计算期望的积分可以通过马尔可夫链蒙特卡洛（MCMC）采样来计算 [5,11]。这样我们就得到了目标函数 $f(\lambda)$ 的后验分布了。

根据上面的描述可以看到，高斯过程回归不能直接用于种类型或者层次型参数的优化。一个直接原因就是高斯过程回归需要构造高斯过程的核函数，而核函数的一个基本要求就是使得距离相近的配置参数之间有较大的协方差（即较高的相关性）。对于种类型或者层次型参数，通常很难定义一个距离，进而难以构造出核函数，也就无从使用高斯过程回归。因此对于种类型或者层次型参数的优化，可以选择其他的后验分布建模方法，例如随机森林、树形 Parzen 估计等；或者也可以将配置参数空间按种类和层次划分为多个局部，对每个局部单独做高斯过程回归。

问题 **3**

贝叶斯优化中的获得函数是什么？起到什么作用？请介绍常用的获得函数。

难度：★ ★ ★ ☆ ☆

分析与解答

在贝叶斯优化中，得到了目标函数 $f(\lambda)$ 的后验分布后（见问题 2 的解答），要根据该后验分布来推断出当前最优的解 λ^*。然而，后验分布是一个分布，而"最优化"（找最大或最小值点）只能针对一个确定性函数进行，因此需要将后验分布转化为一个确定性函数 $a(\lambda)$ 再进行优化。

这个由后验分布转化成的确定性函数就是获得函数。

获得函数的构造依赖于我们期望推断出来的最优解 λ^* 所能达到的效果。一种最常见的获得函数是"期望提升"，其基本假设是期望当前推断出来的最优解比之前已经观察到的解有尽量大的提升。比如已经有 $f(\lambda)$ 的若干个观察值 $f(\lambda_1), f(\lambda_1), \cdots, f(\lambda_n)$，这些观察值中的最大值是 f_{max}（假定当前优化目标是最大化），那么，获得函数如下：

$$a_{EI}(\lambda) = \mathbb{E}[[f(\lambda) - f_{max}]^+] \qquad (8\text{-}8)$$

其中，$[\cdot]^+$ 表示 $\max(\cdot, 0)$。可以看到，$a_{EI}(\lambda)$ 的含义是在后验分布下 λ 点的取值相对之前已观察到的目标函数最大取值的超出部分的期望。之所以只计算"超出部分"，原因是如果用获得函数推断出来的最优解的最终实际观察值低于之前已观察到的最大值，那么就取之前已经观察到的最大值点作为解就可以了。在定义了获得函数之后，最优解就是 $\lambda^* = \text{argmax}_\lambda \, a_{EI}(\lambda)$。

以高斯过程回归得到的后验分布为例（见问题 2 的解答），$f(\lambda)$ 在每个点 λ 上服从高斯分布，均值为 $\mu(\lambda)$，方差是 $\sigma(\lambda)$，则 $a_{EI}(\lambda)$ 有如下解析表达式：

$$a_{EI}(\lambda) = [\Delta(\lambda)]^+ + \sigma(\lambda)\,\phi\!\left(\frac{\Delta(\lambda)}{\sigma(\lambda)}\right) - |\Delta(\lambda)|\,\Phi\!\left(\frac{\Delta(\lambda)}{\sigma(\lambda)}\right) \qquad (8\text{-}9)$$

其中，$\phi(\cdot)$ 是标准正态分布密度函数，$\Phi(\cdot)$ 是标准正态分布的累计分布函数，$\Delta(\lambda) = \mu(\lambda) - f_{max}$。可以看到，这个获得函数可以求一阶、二阶导数，因此可以用常规的梯度优化方法（如拟牛顿法）求解最大值点 λ^* [11-12]。

期望提升获得函数可以在目标函数期望值相同的条件下，在目标函数方差越大的点上取值越大，如图 8.2 所示。这种期望和方差之间的平衡实现了一种探索和利用（exploration and exploitation）的策略 [11]。

除了期望提升获得函数以外，还有其他一些获得函数的构造方式，例如"上限置信界"和"知识梯度"。这些方式本质上都是探索与利用策略的数学表达。

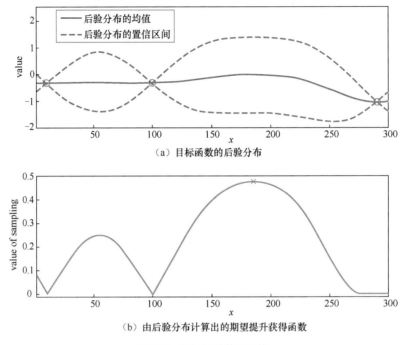

（a）目标函数的后验分布

（b）由后验分布计算出的期望提升获得函数

图 8.2　期望提升获得函数

· 总结与扩展 ·

　　模型和超参数自动化调优是自动化机器学习领域里相对成熟的技术。针对连续型、整型、种类型、层次型的参数调优都有相应的处理方法。这里列出一些贝叶斯优化的软件包供读者参考（可在 GitHub 或者 Google 上搜索）：spearmint、SMAC、hyperopt、hpolib。另请读者思考，模型和超参数自动化调优有哪些不足之处？这些不足之处在自动化机器学习的其他分支领域里得到了怎样的解决（例如神经网络架构搜索）？

神经网络架构搜索

场景描述

在自动深度学习（Automatic Deep Learning）领域，自动设计深度模型的网络架构是一个重要课题。神经网络架构搜索（Neural Architecture Search, NAS），顾名思义，就是在特定搜索空间内，通过一定搜索策略，搜索出合适的神经网络架构的过程。从业者们期待通过神经网络架构搜索，让神经网络自动完成对特定问题的网络架构设计工作。神经网络架构搜索在神经网络的超参数自动化调优这一基础上更进一步，对整个网络架构进行联合优化，从而更接近针对新问题自动生成一个神经网络的最终目标。

知识点

神经网络架构搜索、一次架构搜索（One-shot Architecture Search）、可微架构搜索（Differentiable Architecture Search, DARTS）

问题 **1** 简述神经网络架构搜索的应用场景和大致工作流程。 难度：★☆☆☆☆

分析与解答

随着深度学习的发展，越来越多的研究者投身于深度神经网络架构的设计工作。为一个新的应用场景设计适用的神经网络是一项繁杂的工作，因此许多从业者致力于自动搜索网络架构的研究。神经网络架构搜索（NAS）可以在一定的可选范围内选择适用的网络架构，也可以在科研工作中搜索和设计新颖的网络架构。NAS 的搜索范围包括网络的拓扑结构（如网络的总层数和连接方式）、卷积核的大小和种类、时序模块的种类、池化的类型等。在定义神经网络架构搜索时，一般会将这些待搜索的网络架构以参数的形式表达出来，形成搜索空间。

一般的 NAS 算法的工作流程是，定义特定的搜索空间，使用特定的搜索策略在搜索空间中找到某网络架构 A，对网络架构 A 进行评估，反馈结果并进行下一轮搜索，如图 8.3 所示[13]。这里以一个最简单的多层感知机网络为例，简单介绍 NAS 的大致步骤。假设我们在某一步固定网络的其他部分，只考虑对其中一个全连接层的神经元数量进行搜索，搜索空间为 Φ。任取 $k \in \Phi$ 为该层的神经元数量，就形成了一个候选的网络架构 A；选用最简单的完全训练评估策略，将数据集划分成训练集、验证集和测试集，在训练集上对网络架构 A 进行训练，在验证集上进行验证并将验证结果作为网络架构 A 的评估结果；重复这个过程若干次，最终根据评估结果选择最优的网络架构 A^*。如果想要得到最优网络架构 A^* 的最终效果，则需要重新在训练集和验证集上训练和验证，并在测试集上测试。

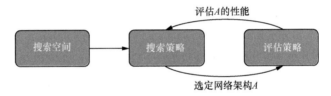

图 8.3　神经网络架构搜索的工作流程

问题 2　简单介绍神经网络架构搜索中有哪些主要的研究方向。

难度：★★☆☆☆

分析与解答

在上一问中，我们给出了 NAS 的基本工作流程。NAS 领域的大部分研究工作都是围绕这些流程开展的。

■ 搜索空间

搜索空间是网络架构的定义域，一个良好的搜索空间是 NAS 的基础。在 NAS 诞生之初，搜索空间还较为简单，一般只考虑基本的链式架构，如图 8.4（a）所示，架构的约束参数主要包括链式架构的总层数、每一层的网络种类以及对应的超参数等。随着 ResNet 等多分支网络架构在深度学习中日益常见，网络架构的搜索空间也拓展到了多分支、更复杂的架构，如图 8.4（b）所示。在此基础上，考虑到一些神经网络中开始出现重复的元胞（cell）或块（block）结构，因此也产生了基于元胞或块的搜索空间[13]。

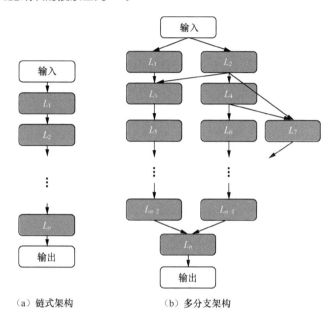

（a）链式架构　　　　　　　（b）多分支架构

图 8.4　链式架构和多分支架构

■ **搜索策略**

搜索策略是 NAS 的核心，一般可以分为以下几种。

（1）在将神经网络架构参数化的情况下，很大一部分 NAS 的问题与神经网络上的超参数自动化调优是等同的。因此上一节中提到的随机搜索和贝叶斯优化等方法也可以应用于 NAS 中。这些策略的原理在上一节中已有过描述，贝叶斯优化应用于 NAS 的一个具体样例则可以参见参考文献[14]。

（2）演化算法，很早就用于神经网络参数的优化，同时早在二十世纪就开始用于神经网络架构的优化[15]并一直在不断发展中。以 Google 的两篇经典论文为例[16-17]，使用演化算法进行 NAS 的一种流程一般是：首先生成一个架构群；每一代演化时，从架构群中随机选出一部分架构，将其中最优者设为亲代架构；对亲代架构进行某些修改，生成子代架构，重新加入架构群中，直至迭代结束或最优架构满足性能标准为止。在此过程中，符合某些条件的架构会被淘汰，从架构群中移除。从架构群中选择架构的策略、从亲代架构生成子代架构的流程以及架构的淘汰标准是这类演化算法的关键。

（3）强化学习算法，它用来做 NAS 任务时，要先定义一个控制器作为强化学习的代理（agent），将生成一个网络架构的过程视为一个动作（action），将每一轮对搜索出的架构的评估结果作为强化学习的奖励（reward）回传给控制器。Google Brain 在 ICLR 2017 会议上发表的论文 [18] 是使用强化学习算法完成 NAS 任务的经典工作之一。

（4）基于梯度的优化算法，它在 2018 年卡耐基梅隆大学和 DeepMind 联合发表了可微架构搜索（DARTS）[19] 后进入了 NAS 研究人员的视野。不同于强化学习算法和演化算法将搜索空间视为离散空间的做法，可微架构搜索将离散的搜索空间松弛为连续的搜索空间，然后用梯度方法进行优化。相比于强化学习算法和演化算法，可微架构搜索更简单高效。除了可微架构搜索之外，还有一些基于其他原理的梯度算法。

其他一些不太常见的策略，这里不再赘述。

■ **评估策略**

评估策略用来评估搜索出的架构的好坏，这是 NAS 中非常重要的一环。由于每生成一个新架构都要进行一次性能评估，而性能评估过程一般计算量巨大（需要先训练网络），因此评估策略一般也是 NAS 算法的性能瓶颈。围绕着评估策略的大部分工作，其主要目的都是在保持一定准确度的情况下尽可能减少计算量。

问题 **3** 什么是一次架构搜索？它有什么 优势和劣势？ 　　　　　　难度：★★★☆☆

分析与解答

在问题 1 中我们提到，如果不采取优化措施，NAS 每选择出一个架构就需要将这个架构训练一遍以得到性能评估结果，这会造成巨大的计算负担。一次架构搜索是 NAS 中的一种性能优化方法，基本原理是将整个搜索空间中可能的候选架构都视为一个超级图的子图[20]，这样只需要训练一次超级图（超级架构）就可以完成所有子图（子架构）在验证集上的性能评估。具体来说，一次架构搜索的基本步骤如下。

（1）设计一个能覆盖所有候选架构的超级架构。

（2）训练该超级架构，使之能用来预测子架构在验证集上的性能。

（3）每选出一个子架构，就用预训练过的超级架构对其在验证集上的性能进行评估（例如将不在这个子架构中的其他部分从超级架构中移除或置零）。

（4）从所有候选子架构中选出效果最好的一个，重新训练并在测试集上得到最终的性能指标。

一次架构搜索的主要优势在于：所有架构均分享超级架构的权重，因此只需要训练一次超级架构，就可以直接评估所有架构的性能，大大节约了 NAS 的整体时间。但是，一次架构搜索也存在一些劣势。

（1）构建一个满足条件的超级架构并不容易。该超级架构必须满足一致性条件，即从超级架构中移除某些不重要部分后不会导致其预测结果发生剧烈的变化，同时预训练的超级架构在移除某些部分后的预测结果要与单独训练的子架构保持高相关性。

（2）构建一个超级架构，意味着给候选架构集合在种类和大小上加了一个强限制，缩小了可能的搜索空间。

（3）一次架构搜索采取的评估方法有可能导致在搜索中错失最优解。

问题 **4** **简述可微架构搜索的主要原理。** 　　难度：★★★★☆

分析与解答

一般情况下 NAS 的搜索空间是离散的，将网络架构参数化后，参数空间也是离散的。离散的参数空间意味着不能用梯度搜索策略对参数选择过程进行加速，只能通过"搜索→选择→比较"这样的流程进行参数更新。可微架构搜索是由卡耐基梅隆大学和 DeepMind 联合提出的一种以梯度为依据的搜索策略，它使用 Softmax 函数将离散的搜索空间松弛为连续的搜索空间，从而可以使用梯度下降方法进行参数更新，大大加速参数优化过程 [19]。

这一方法将元胞定义为一个由 N 个节点组成的有向无环图，单个元胞可以视为一个小架构。若想要更加复杂的网络架构，可以将多个元胞进行叠加而得到（比如层层叠加组成卷积神经网络，或循环连接组成循环神经网络）。下文中的网络架构搜索，其搜索策略只搜索元胞的架构（而不是整个大网络的架构），以下论述中直接将元胞当作一个独立小架构来处理，不再区分二者。

下面介绍可微架构搜索的主要原理。记 $x^{(i)}$ 为网络架构中节点 i 的表征向量；(i, j) 是节点 i 到节点 j 的有向边，它对应着一个对 $x^{(i)}$ 进行转化的操作 $o^{(i,j)}$。这里的操作包括向量运算、连接、池化、零操作（代表两个节点之间没有联系）等，用 $\mathcal{O}$ 代表所有可能操作构成的集合。这样，节点 $x^{(j)}$ 就可以表示为之前节点的操作的函数，即

$$x^{(j)} = \sum_{i<j} o^{(i,j)}(x^{(i)}) \qquad (8\text{-}10)$$

为了将离散的搜索空间转化为连续的搜索空间，我们为每条边 (i, j) 引入变量 $\alpha^{(i,j)}$。这里 $\alpha^{(i,j)}$ 是一个定义在连续空间上的 $|\mathcal{O}|$ 维向量，其在经过 Softmax 变换后对应着不同操作在边 (i, j) 上的权重分布。这样，节点 i 到节点 j 的边就可以被松弛为所有操作的加权混合，即

$$\overline{o}^{(i,j)}(x) = \sum_{o \in \mathcal{O}} \frac{\exp(\alpha_o^{(i,j)})}{\sum_{o' \in \mathcal{O}} \exp(\alpha_{o'}^{(i,j)})} o(x) \qquad (8\text{-}11)$$

在确定了 $\alpha^{(i,j)}$ 后，边 (i, j) 上最终采取的操作为

$$o^{(i,j)} = \underset{o \in \mathcal{O}}{\arg\max} \, \alpha_o^{(i,j)} \qquad (8\text{-}12)$$

综上，在节点个数确定的情况下，只要求出参数集合 $\alpha = \left\{ \alpha^{(i,j)} \right\}$，就能确定网络架构，因此 α 也被认为是对网络架构的编码。图 8.5 是可微架构搜索的示意图，图中的方块表示节点，节点之间的边表示操作 [19]。

在训练时，可微架构搜索需要联合优化架构参数 α 和网络权重 w，这是一个连续空间上的优化问题。记 $\mathcal{L}_{\text{train}}$ 和 $\mathcal{L}_{\text{val}}$ 分别表示某个架构在训练集和验证集上的损失，我们使用训练集来调整架构的网络权重，用验证集来衡量网络架构本身的表现并据此调整架构参数 α，这样就得到一

个双层优化问题：

$$\min_{\alpha} \quad \mathcal{L}_{\text{val}}(w^*(\alpha), \alpha)$$

$$\text{s.t.} \quad w^*(\alpha) = \arg\min_{w} \mathcal{L}_{\text{train}}(w, \alpha)$$

（8-13）

上述双层优化问题可以利用梯度法来联合求解，从而最终完成最优架构的搜索。

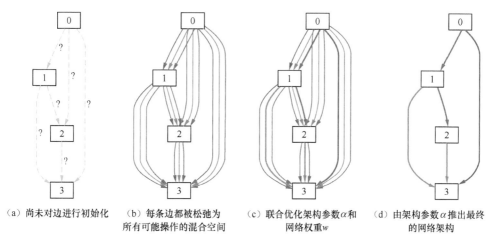

（a）尚未对边进行初始化　　（b）每条边都被松弛为　　（c）联合优化架构参数α和　　（d）由架构参数α推出最终
　　　　　　　　　　　　　　所有可能操作的混合空间　　　　网络权重w　　　　　　　　　　　的网络架构

图 8.5　可微架构搜索的示意图

· 总结与扩展 ·

除了上面提到的几个问题，还有一些关于 NAS 的扩展问题，比如 NAS 中的强化学习算法和演化算法有什么区别和联系？如果要设计一个新的 NAS 演化算法，应该如何入手？读者可以自己尝试思考一下这些问题。

神经网络架构搜索是神经网络自设计之路中不可缺失的一部分，也是自动化机器学习中关注度最高的问题之一。随着自动数据处理、自动特征工程、超参数自动化调优和神经网络架构搜索的不断发展，很可能在不遥远的将来，人工智能就能为自己新面对的问题设计解决方案。

参考文献

[1] QUANMING Y, MENGSHUO W, HUGO J E, et al. Taking human out of learning applications: A survey on automated machine learning[J]. arXiv preprint arXiv: 1810.13306, 2018.

[2] BERGSTRA J, BENGIO Y. Random search for hyper-parameter optimization[J]. Journal of Machine Learning Research, 2012, 13(Feb): 281–305.

[3] LI L, JAMIESON K, DESALVO G, et al. Hyperband: A novel bandit-based approach to hyperparameter optimization[J]. arXiv preprint arXiv:1603.06560, 2016.

[4] JAMIESON K, TALWALKAR A. Non-stochastic best arm identification and hyperparameter optimization[C]//Artificial Intelligence and Statistics, 2016: 240–248.

[5] SNOEK J, LAROCHELLE H, ADAMS R P. Practical bayesian optimization of machine learning algorithms[C]//Advances in Neural Information Processing Systems, 2012: 2951–2959.

[6] BERGSTRA J S, BARDENET R, BENGIO Y, et al. Algorithms for hyper-parameter optimization[C]//Advances in Neural Information Processing Systems, 2011: 2546–2554.

[7] THORNTON C, HUTTER F, HOOS H H, et al. Auto-WEKA: Combined selection and hyperparameter optimization of classification algorithms[C]//Proceedings of the 19th ACM SIGKDD International Conference on Knowledge Discovery and Data Mining. ACM, 2013: 847–855.

[8] SNOEK J, RIPPEL O, SWERSKY K, et al. Scalable bayesian optimization using deep neural networks[C]//International Conference on Machine Learning, 2015: 2171–2180.

[9] MOCKUS J, TIESIS V, ZILINSKAS A. The application of Bayesian methods for seeking the extremum[J]. Towards Global Optimization, 1978, 2(117-129): 2.

[10] SRINIVAS N, KRAUSE A, KAKADE S M, et al. Gaussian process optimization

in the bandit setting: No regret and experimental design[J]. arXiv preprint arXiv:0912.3995, 2009.

[11] FRAZIER P I. A tutorial on Bayesian optimization[J]. arXiv preprint arXiv:1807.02811, 2018.

[12] JONES D R, SCHONLAU M, WELCH W J. Efficient global optimization of expensive black-box functions[J]. Journal of Global optimization, Springer, 1998, 13(4): 455–492.

[13] ELSKEN T, METZEN J H, HUTTER F. Neural architecture search: A survey[J]. arXiv preprint arXiv:1808.05377, 2018.

[14] KANDASAMY K, NEISWANGER W, SCHNEIDER J, et al. Neural architecture search with Bayesian optimisation and optimal transport[C]// Advances in Neural Information Processing Systems, 2018: 2016–2025.

[15] ANGELINE P J, SAUNDERS G M, POLLACK J B. An evolutionary algorithm that constructs recurrent neural networks[J]. IEEE Transactions on Neural Networks, IEEE, 1994, 5(1): 54–65.

[16] REAL E, MOORE S, SELLE A, et al. Large-scale evolution of image classifiers[C]//Proceedings of the 34th International Conference on Machine Learning. JMLR. org, 2017: 2902–2911.

[17] REAL E, AGGARWAL A, HUANG Y, et al. Regularized evolution for image classifier architecture search[J]. arXiv preprint arXiv:1802.01548, 2018.

[18] ZOPH B, LE Q V. Neural architecture search with reinforcement learning[J]. arXiv preprint arXiv:1611.01578, 2016.

[19] LIU H, SIMONYAN K, YANG Y. DARTS: Differentiable architecture search[J]. arXiv preprint arXiv:1806.09055, 2018.

[20] BENDER G, KINDERMANS P-J, ZOPH B, et al. Understanding and simplifying one-shot architecture search[C]//International Conference on Machine Learning, 2018: 549–558.

第二部分

应用

第 9 章

计算机视觉

提到深度学习，就不能不谈计算机视觉。近年来，伴随着深度学习技术突飞猛进的发展，图像分类、物体检测、语义分割、文字识别等计算机视觉领域的研究也在飞速前进。从最初 Yan LeCun 利用卷积神经网络在 MNIST 数据集上刷新了手写数字的识别率，到如今基于深度学习的人脸识别算法在多个场景下远超人眼的识别率，深度学习模型在很多计算机视觉任务上取得了成功，落地的产品随处可见。本章针对计算机视觉领域的一些经典任务，介绍深度学习在这些任务上的应用、发展和近况。

01 物体检测

场景描述

物体检测（Object Detection）任务是计算机视觉中极为重要的基础问题，也是解决实例分割（Instance Segmentation）、场景理解（Scene Understanding）、目标跟踪（Object Tracking）、图像标注（Image Captioning）等问题的基础。物体检测，顾名思义，就是检测输入图像中是否存在给定类别的物体，如果存在，则输出物体在图像中的位置信息。这里的位置信息通常用矩形边界框（bounding box）的坐标值来表示。物体检测模型大致可以分为单步（one-stage）模型和两步（two-stage）模型两大类。本节分析和对比了这两类模型在架构、性能和效率上的差异，给出了原理解释，并介绍了其各自的典型模型和发展前沿，以帮助读者对物体检测领域建立一个较为全面的认识。

知识点

物体检测、单步模型、两步模型、R-CNN 系列模型、YOLO 系列模型

问题 1 简述物体检测领域中的单步模型和两步模型的性能差异及其原因。

难度：★★☆☆☆

分析与解答

物体检测中的**单步模型**是指没有独立地、显式地提取候选区域（region proposal），直接由输入图像得到其中存在的物体的类别和位置信息的模型。典型的单步模型有 OverFeat[1]、SSD（Single Shot multibox-Detector）[2]、YOLO（You Only Look Once）[3-5] 系列模型等。与此不同，物体检测中的**两步模型**有独立的、显式的候选区域提取过程，即先在输入图像上筛选出一些可能存在物体的候选区域，然后针对每个候选区域，判断其是否存在物体，如果存在，就给出物体的类别和位置

修正信息。典型的两步模型有 R-CNN[6]、SPPNet[7]、Fast R-CNN[8]、Faster R-CNN[9]、R-FCN[10]、Mask R-CNN[11] 等。图 9.1 总结了物体检测领域中一些典型模型（包括单步模型和两步模型）的发展历程（截至 2017 年年底）[12]。

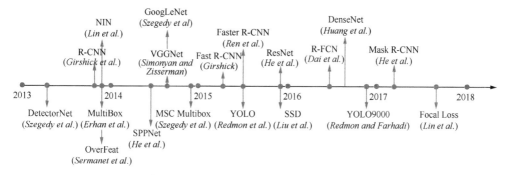

图 9.1　物体检测领域的一些典型模型（截至 2017 年年底）

一般来说，单步模型在计算效率上有优势，两步模型在检测精度上有优势。参考文献 [13] 对比了 Faster R-CNN 和 SSD 等模型在速度和精度上的差异，如图 9.2 所示。可以看到：当检测时间较短时，单步模型 SSD 能取得更高的精度；而随着检测时间的增加，两步模型 Faster R-CNN 则在精度上取得优势。对于单步模型与两步模型在速度和精度上的差异，学术界一般认为有如下原因。

（1）多数单步模型是利用预设的锚框（Anchor Box）来捕捉可能存在于图像中各个位置的物体。因此，单步模型会对数量庞大的锚框进行是否含有物体及物体所属类别的密集分类。由于一幅图像中实际含有的物体数目远小于锚框的数目，因而在训练这个分类器时正负样本数目是极不均衡的，这会导致分类器训练效果不佳。RetinaNet[14] 通过 Focal Loss 来抑制负样本对最终损失的贡献以提升网络的整体表现。而在两步模型中，由于含有独立的候选区域提取步骤，第一步就可以筛选掉大部分不含有待检测物体的区域（负样本），在传递给第二步进行分类和候选框位置 / 大小修正时，正负样本的比例已经比较均衡，不存在类似的问题。

（2）两步模型在候选区域提取的过程会对候选框的位置和大小进行修正，因此在进入第二步前，候选区域的特征已被对齐，这样有利于为第二步的分类提供质量更高的特征。另外，两步模型在第二步中候选框会被再次修正，因此一共修正了两次候选框，这带来了更高的定位精度，但同时也增加了模型复杂度。单步模型没有候选区域提取过程，自然也没有特征对齐步骤，各锚框的预测基于该层上每个特征点的感受野，其输入特征未被对齐，质量较差，因而定位和分类精度容易受到影响。

（3）以 Faster R-CNN 为代表的两步模型在第二步对候选区域进行分类和位置回归时，是针对每个候选区域独立进行的，因此该部分的算法复杂度线性正比于预设的候选区域数目，这往往十分巨大，导致两步模型的头重脚轻（heavy head）问题。近年来虽然有部分模型（如 Light-Head R-CNN[15]）试图精简两步模型中第二步的计算量，但较为常用的两步模型仍受累于大量候选区域，相比于单步模型仍存在计算量大、速度慢的问题。

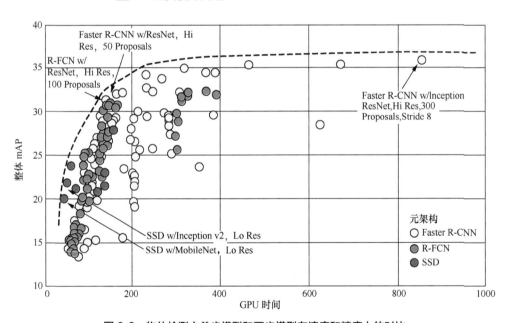

图 9.2　物体检测中单步模型和两步模型在速度和精度上的对比

最新的一些基于单步模型的物体检测方法有 CornerNet[16]、RefineDet[17]、ExtremeNet[18] 等，而基于两步模型的物体检测方法则有 PANet[19]、Cascade R-CNN[20]、Mask Score R-CNN[21] 等，这里不再赘述这些模型的细节，感兴趣的读者可以阅读相关的论文。

问题 **2** 简单介绍两步模型 R-CNN、 **难度：★★★☆☆**
SPPNet、Fast R-CNN、
Faster R-CNN 的发展过程。

分析与解答

■ **R-CNN**

R-CNN（Regional CNN）是第一个将卷积神经网络用于目标检测的深度学习模型。它的主要思路是，首先使用无监督的选择性搜索（Selective Search, SS）方法将输入图像中具有相似颜色直方图特征的区域进行递归合并，产生约 2000 个候选区域；然后从输入图像中截取这些候选区域对应的图像，将其裁剪缩放至合适的尺寸，并相继送入一个 CNN 特征提取网络进行高层次的特征提取，提取出的特征再被送入一个 SVM 分类器进行物体分类，以及一个线性回归器进行边界框位置和大小的修正；最后对检测结果进行非极大值抑制（Non-Maximum Suppression, NMS）操作，得到最终的检测结果。

■ **SPPNet**

SPPNet 中的 SPP 是指空间金字塔池化（Spatial Pyramid Pooling）。由于 R-CNN 中的 SVM 分类器和线性回归器只接受固定长度的特征输入，这就要求之前由 CNN 提取的特征必须是固定维度的，进一步要求输入的图像也是固定尺寸的，这也是上文提到的 R-CNN 中要对候选区域图像进行裁剪或缩放至固定尺寸的原因。然而，这种操作会破坏截取图像的长宽比，并损失一些信息。针对这一缺陷，SPPNet 提出了空间金字塔池化层，该层被放置于 CNN 的末端，它可以接受任意尺寸的特征图作为输入，然后通过 3 个窗口大小可变但窗口个数固定的池化层，最终输出具有固定尺寸的池化特征。此外，R-CNN 还存在另一个问题：它产生的大量候选区域往往是互相有重叠的，这表明特征提取过程存在大量的重复计算，进而导致了 R-CNN 的速度瓶颈。为解决该问题，SPPNet 在 R-CNN 的基础上，只进行一次全图的特征提取，而后每个候选区域对应的特征直接从全图特征中进行截取，然后送入空间金字塔池化层进行尺寸的统一。SPPNet 的其他流程与 R-CNN 基本一致。

■ **Fast R-CNN**

Fast R-CNN 的思想与 SPPNet 几乎一致，主要区别在于前者使用感兴趣区域池化（Region-of-Interest Pooling）而非空间金字塔池化。同时，Fast R-CNN 在得到了固定长度的特征后，使用全连接网络代替了之前的 SVM 分类器和线性回归器来进行物体分类和检测框修正，这样可以与前面用于提取特征的 CNN 构成一个整体，大大增强了检测任务的一体性，提高了计算效率。

■ **Faster R-CNN**

Faster R-CNN 在 Fast R-CNN 的基础上，将其最耗时的候选区域提取步骤（即选择性搜索）用一个区域候选网络（Region Proposal Network, RPN）进行了替代，并且这个 RPN 和用于检测的 Fast R-CNN 网络共享特征提取部分的权值。在 Faster R-CNN 中，一幅输入图像先由 RPN 提取候选区域，再取出各个候选区域对应的特征图，送入 Fast R-CNN（独立于 RPN 的后半部分）进行物体分类和位置回归。Faster R-CNN 第一次做到了实时的物体检测，具有里程碑意义。

问题 **3** 简单介绍单步模型 YOLO、YOLOv2、YOLO9000、YOLOv3 的发展过程。

难度：★★★☆☆

分析与解答

■ **YOLO**

YOLO 的基本思想是使用一个端到端的卷积神经网络直接预测目标的类别和位置。相对于两步模型，YOLO 实时性高，但检测精度稍低。YOLO 将输入图片划分成 $S \times S$ 的方格，每个方格需要检测出中心点位于该方格内的物体。在具体实施时，每个方格会预测 B 个边界框（包括位置、尺寸和置信度）。YOLO 的主体网络结构参考 GoogLeNet，由 24 个卷积层和 2 个全连接层组成。

■ **YOLOv2**

YOLOv2 针对 YOLO 的两个缺点，即低召回率和低定位准确率，进行了一系列的改进，下面简单介绍其中的几点。

（1）YOLOv2 在卷积层后面添加了批归一化（BN）层，以加快收敛速度，防止过拟合。

（2）YOLOv2 的卷积特征提取器在进行检测任务前，先在高精度的图片上调优（fine-tune）10 个批次（batch），这样能使检测模型提前适应高分辨率图像。

（3）YOLOv2 采用 k-means 算法进行聚类获取先验锚框，并且聚类没有采用欧氏距离，而是有针对性地改进了距离的定义，即

$$d(\text{box, centroid}) = 1 - \text{IOU}(\text{box, centorid}) \qquad (9\text{-}1)$$

使其更适合于检测任务。

（4）YOLOv2 直接在预先设定的锚框上提取特征。YOLO 使用卷积神经网络作为特征提取器，在卷积神经网络之后加上全连接层来预测边界框的中心位置、大小和置信度；而 YOLOv2 借鉴了 Faster R-CNN 的思路，用卷积神经网络直接在锚点框上预测偏移量和置信度，该方法要比 YOLO 更简单、更容易学习。

（5）YOLOv2 将输入图像的尺寸从 448×448 变成 416×416，这是因为在真实场景中，图片通常是以某个物体为中心，修改输入图像的尺寸后，将整幅图像经过卷积层后变成 13×13（416/32=13）的特征图，长宽都是奇数，可以有效地识别出中心。

（6）YOLOv2 在 13×13 的特征图上检测物体，对于小物体检测这个精度还远远不够。因此，YOLOv2 还将不同大小的特征图结合起来进行物体检测。具体来说，YOLOv2 将最后一个池化层的输入 26×26×512 经过直通层变成 13×13×2048 的特征图，再与池化后的 13×13×1024 特征图结合在一起进行物体检测。

（7）YOLOv2 使用不同尺寸的图片同时训练网络。为了增强模型的鲁棒性，模型在训练过程中，每隔 10 个批次就改变输入图片的大小。

（8）YOLOv2 使用新的卷积特征提取网络 DarkNet-19。当时大多数检测模型的特征提取部分都采用 VGGNet-16 作为网络主体，VGGNet-16 虽然效果良好，但是参数过多，运行缓慢。DarkNet-19 采用 3×3 的卷积核，共有 19 个卷积层和 5 个池化层。

YOLO9000

YOLO9000 可以实时地检测超过 9000 种物体，其主要贡献是使

用检测数据集和分类数据集进行联合训练。检测数据集相对于分类数据集来说，数据量小、类别少、类别粒度粗且获取困难，因此研究人员考虑使用分类和检测数据集进行联合训练，提高模型的泛化能力。然而，一般分类数据集的标签粒度要远小于检测数据集的标签粒度，为了能够联合训练，YOLO9000 模型构建了字典树，合并 ImageNet 的分类数据集标签与 COCO 的检测数据集标签。

■ YOLOv3

YOLOv3 在 YOLOv2 的基础上进行了一些小的改动来优化模型的效果。首先，检测数据可能存在一些语义上重叠的标签（如女人和人），但 Softmax 函数基于一个假设，即每个检测框内的物体只存在一个类别。因此，YOLOv3 使用二元交叉熵损失函数，而不是 Softmax 函数，这样可以更好地支持多标签的检测。其次，YOLOv3 采用了更深的网络作为特征提取器，即 DarkNet-53，它包含了 53 个卷积层。为了避免深层网络带来的梯度消失问题，DarkNet-53 借鉴了残差网络的快捷连接（shortcut）结构。同时，YOLOv3 还采用了 3 个不同大小的特征图进行联合训练，使其在小物体上也能获得很好的检测效果。

问题 **4** 有哪些措施可以增强模型对于小 物体的检测效果？ 　　**难度：★★☆☆☆**

分析与解答

对于小物体检测，我们可以从以下几个角度入手。

（1）在模型设计方面，可以采用特征金字塔、沙漏结构等网络子结构，来增强网络对多尺度尤其是小尺度特征的感知和处理能力；尽可能提升网络的感受野，使得网络能够更多地利用上下文信息来增强检测效果；同时减少网络总的下采样比例，使最后用于检测的特征分辨率更高。

（2）在训练方面，可以提高小物体样本在总体样本中的比例；也可以利用数据增强手段，将图像缩小以生成小物体样本。

（3）在计算量允许的范围内，可以尝试使用更大的输入图像尺寸。

图像分割

场景描述

图像分割是指像素级别的图像识别，即标注出图像中每个像素所属的对象类别。与图像分类对整张图像进行识别不同，图像分割需要进行稠密的像素级分类。图像分割的应用场景有很多，比如我们看到的视频软件中的背景替换、避开人物的弹幕模板、自动驾驶以及医疗辅助判断等都使用了基于图像分割的技术。根据应用场景的不同，图像分割任务可以更精细地划分成以下几类：前景分割（foreground segmentation）、语义分割（semantic segmentation）、实例分割（instance segmentation）以及从 2018 年开始兴起的全景分割（panoptic segmentation），如图 9.3 所示 [22]。其中，语义分割更注重类别之间的区分，实例分割更注重个体之间的区分，而全景分割则是语义分割和实例分割的结合。学术界常用的图像分割方面的数据集有 PASCAL VOC2012[23]、MS COCO[25] 和 CityScapes[24]。

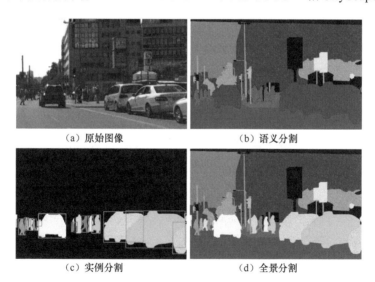

（a）原始图像 （b）语义分割

（c）实例分割 （d）全景分割

图 9.3 图像分割示例

知识点

图像分割、编码器－解码器结构、空洞卷积、DeepLab 算法

问题 **1** 简述图像分割中经常用到的编码
器－解码器网络结构的设计理念。
列举出 2 ～ 3 个基于编码器－解
码器结构的图像分割算法。

难度：★ ★ ☆ ☆ ☆

分析与解答

图像分割中的编码器可视为特征提取网络，通常使用池化层来逐渐缩减输入数据的空间维度；而解码器则通过上采样 / 反卷积等网络层来逐步恢复目标的细节和相应的空间维度。图 9.4 以 U-Net 为例，给出了一个具体的编码器－解码器网络结构[27]。在编码器中，引入池化层可以增加后续卷积层的感受野，并能使特征提取聚焦在重要信息中，降低背景干扰，有助于图像分类。然而，池化操作使位置信息大量流失，经过编码器提取出的特征不足以对像素进行精确的分割。这给解码器逐步修复物体的细节造成了困难，使得在解码器中直接由上采样 / 反卷积层生成的分割图像较为粗糙。因此，一些研究人员提出在编码器和解码器之间建立快捷连接（shortcut/skip connection），使高分辨率的特征信息参与到后续的解码环节，进而帮助解码器更好地复原目标的细节信息。

经典的图像分割算法 FCN（Fully Convolutional Networks）[26]、U-Net[27] 和 SegNet[28] 都是基于编码器－解码器的理念设计的。FCN 和 U-Net 是最先出现的编码器－解码器结构，都利用了快捷连接向解码器中引入编码器提取的特征。FCN 中的快捷连接是通过将编码器提取的特征进行复制，叠加到之后的卷积层提取出的特征上，作为解码器的输入来实现的。与 FCN 不同，SegNet 提出了最大池化索引（max-pooling indicies）的概念，快捷连接传递的不是特征本身，而是最大池化时所使用的索引（位置坐标）。利用这个索引对输入特征进行上采样，省去了反卷积操作，这也使得 SegNet 比 FCN 节省了不少存储空间。

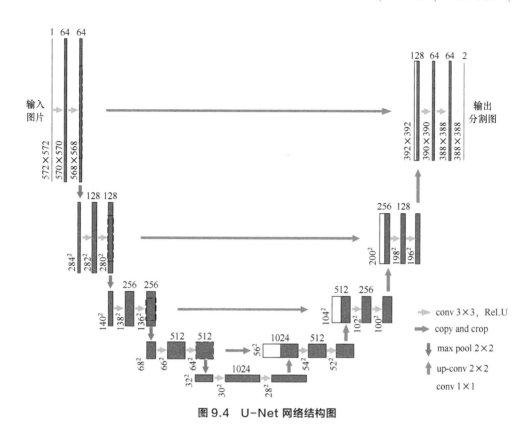

图 9.4 U-Net 网络结构图

问题 **2** DeepLab 系列模型中每一代
的创新是什么？是为了解决什么
问题？

难度：★★★☆☆

分析与解答

DeepLab 是 Google 团队提出的一系列图像分割算法。DeepLab v1
在 2014 年被提出，并在 PASCAL VOC2012 数据集上取得了图像分
割任务第二名的成绩。Google 团队之后还陆续推出了 DeepLab v2 和
DeepLab v3。DeepLab 系列已经成为图像分割领域不可不知的经典算法。

■ **DeepLab v1**

DeepLab v1 算法主要有两个创新点，分别是空洞卷积（Atrous

Covolution）和全连接条件随机场（fully connected CRF），具体算法流程如图 9.5 所示。空洞卷积是为了解决编码过程中信号不断被下采样、细节信息丢失的问题。由于卷积层提取的特征具有平移不变性，这就限制了定位精度，所以 DeepLab v1 引入了全连接条件随机场来提高模型捕获局部结构信息的能力。具体来说，将每一个像素作为条件随机场的一个节点，像素与像素间的关系作为边，来构造基于全图的条件随机场。参考文献 [29] 采用基于全图的条件随机场而非短程条件随机场（short-range CRF），主要是为了避免使用短程条件随机场带来的平滑效果。正是如此，与其他先进模型对比，DeepLab v1 的预测结果拥有更好的边缘细节。

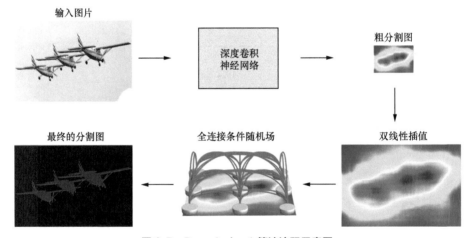

图 9.5 DeepLab v1 算法流程示意图

DeepLab v2

相较于 DeepLab v1，DeepLab v2 的不同之处是提出了空洞空间金字塔池化（Atrous Spatial Pyramid Pooling, ASPP）[30]，并将 DeepLab v1 使用的 VGG 网络替换成了更深的 ResNet 网络。ASPP 可用于解决不同检测目标大小差异的问题：通过在给定的特征层上使用不同扩张率的空洞卷积，ASPP 可以有效地进行重采样，如图 9.6 所示。模型最后将 ASPP 各个空洞卷积分支采样后的结果融合到一起，得到最终的分割结果。

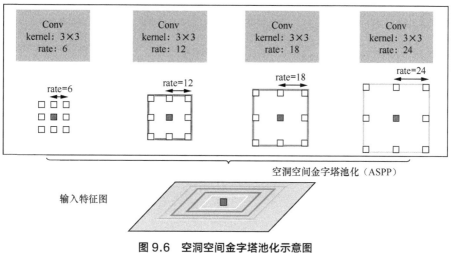

图 9.6　空洞空间金字塔池化示意图

（有效感受野的大小由不同颜色标记）

DeepLab v3 & DeepLab v3+

DeepLab v3 在 ASPP 部分做了进一步改动。首先，DeepLab v3 加入了批归一化（BN）层；其次，将 ASPP 中尺寸为 3×3、空洞大小为 24 的卷积（图 9.6 中最右边的卷积）替换为一个普通的 1×1 卷积，以保留滤波器中间部分的有效权重。这么做的原因是研究者通过实验发现，随着空洞卷积扩张率的增大，滤波器中有效权重的个数在减小。为了克服长距离下有效权重减少的问题，DeepLab v3 在空洞空间金字塔的最后增加了全局平均池化以便更好地捕捉全图信息。改进之后的 ASPP 部分如图 9.7 所示[31]。此外，DeepLab v3 去掉了CRF，并通过将 ResNet 的 Block4 复制 3 次后级联在原有网络的最后一层来增加网络的深度。网络深度的增加是为了捕获更高层的语义信息。

DeepLab v3+[32] 在 DeepLab v3 的基础上，增加了一个简单的解码器模块，用来修复物体边缘信息。同时 DeepLab v3+ 还将深度可分卷积（Depthwise Separable Convolution）应用到空洞空间金字塔和解码器模块上，以得到更快、更强大的语义分割模型。

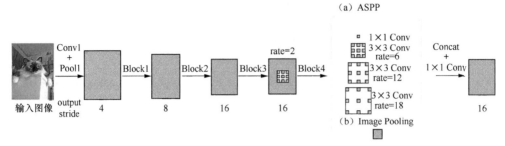

图 9.7　改进后的空洞空间金字塔池化

相比语义分割和实例分割，全景分割从 2018 年才开始兴起，虽然目前相关的研究还不是特别多，但已经可以观察到越来越多的机构将研究重心从语义分割、实例分割转移到全景分割上。可以预测，全景分割将会成为图像分割领域的下一个热点。

03 光学字符识别

场景描述

很多视频（如 Hulu 的海量娱乐视频）中都包含了大量的图像文字，比如新闻视频中的文本标题、体育视频中的比分牌、电影视频中内嵌的字幕等。这些图像文字携带了大量的文本信息，如果能将它们挖掘出来，就可以更好地理解视频及图像的内容，从而促进很多应用的发展，如图像/视频的搜索和推荐。挖掘图像中的文本信息，需要对图像中的文字进行检测和识别，这也称作光学字符识别（Optical Character Recognition，OCR）。光学字符识别的确切定义是，将包含键入、印刷或场景文本的电子图像转换成机器编码文本的过程。从二十世纪五十年代第一个识别英文字母的 OCR 产品面世以来，OCR 的领域逐步扩展到数字、符号和很多语言文字。如今，我们日常生活中见到的卡证识别、表单识别、增值税发票识别等都是基于 OCR 技术开发的。

OCR 算法通常分为两个基本模块，即文本检测（严格来说是物体检测的一个子类）和文本识别。

传统的文本检测主要依赖于一些浅层次的图像处理和分割方法，比如早期的基于二值化的连通区域提取，或者后期的基于最大极值稳定区域（Maximally Stable Extremal Regions，MSER）的字符区域提取等，以完成最终的文本定位。传统方法中使用的特征也主要以人工设计的特征为主，比较经典的有方向梯度直方图（Histogram of Oriented Gradient，HOG）。这些技术使传统 OCR 所处理的对象往往局限于成像清晰、背景干净、字体简单且排列规整的文档图像。

最初的文本识别算法是基于字符分割的。检测出文本行之后，需要将文本行分割成一个个独立的字符，之后对单独的字符进行识别，并利用隐马尔可夫模型（Hidden Markov Model，HMM）对最终的词语进行预测。这种方法思路相对简单，但识别准确率很大程度上受到字符分割效果的影响。

现在随着深度学习的兴起，越来越多的研究者采用神经网络来解决文本检测及文本识别的问题。研究问题的场景也从单纯的印刷文档图像、车牌等简单规则的文本形式拓展到了自然场景中千变万化的文本。本节介绍了一些利用深度神经网络实现自然场景下的文本检测及文本识别的方法。

自然场景、文本检测、文本识别

问题 **1** 简单介绍基于候选框和基于像素分割的文本检测算法，并分析它们的优劣。 　　难度：★★☆☆☆

分析与解答

相比早年的针对印刷文档的文本检测，近些年比较热门的自然场景下的文本检测更具有挑战性。首先，自然场景中文本的背景更加复杂且多样化；其次，文本行的形态和方向、文本的字体和大小也是千变万化；不仅如此，自然场景下的文本图片常常存在着不同程度的透视干扰、遮挡以及光照问题。图 9.8 展示的是一些自然场景中的文本样例[33]。

（a）不同的透视角度　　　　（b）弯曲的文本行

图 9.8　自然场景中的文本样例

传统的文本检测方法由于算法过于简单，手工设计的特征鲁棒性不足，已经很难在自然场景中取得令人满意的效果。当下主流的文本检测方法采用的都是基于深度神经网络的端到端框架。

基于候选框的文本检测框架是在通用物体检测的基础上，通过设置更多不同长宽比的锚框来适应文本变长的特性，以达到文本定位的效果。例如基于经典的 Faster R-CNN 所衍生出来的 Facebook 大规模文本提取系统 Rosetta[34]、基于 SSD 框架的 SegLink[35] 和 TextBoxes++[36] 等。

基于像素分割的文本检测框架首先通过图像语义分割获得可能属于的文本区域的像素，之后通过像素点直接回归或者对文本像素的聚合得到最终的文本定位。例如基于 FCN 的 TextSnake[37]、由 Mask R-CNN 所衍生的 SPCNet[38] 和 MaskTextSpotter[39] 等。

基于候选框的文本检测对文本尺度本身不敏感，对小文本的检出率高；但是对于倾斜角度较大的密集文本块，该方法很容易因为无法适应文本方向的剧烈变化以及对文本的包覆性不够紧密而检测失败。此外，由于基于候选框的检测方法是利用整体文本的粗粒度特征，而非像素级别的精细特征，它的检测精度往往不如基于像素分割的文本检测。基于像素分割的文本检测往往具有更好的精确度，但是对于小尺度的文本，因为对应的文本像素过于稀疏，检出率通常不高，除非以牺牲检测效率为代价对输入图像进行大尺度的放大。

由于这两种主流方法各有利弊，所以最近有研究者提出了将两种方法结合在一起的混合检测框架。例如 2018 年年底，云从科技公司提出的 pixel-anchor[40] 文本检测方法就是将基于候选框的文本检测框架和基于像素分割的文本检测框架结合在一起，共享特征提取部分，并将像素分割的结果转换为候选框检测回归过程中的一种注意力机制，从而使文本检测的准确性和召回率都得到了提高。

问题 2 列举 1 ~ 2 个基于深度学习的端到端文本检测和识别算法。

难度：★ ★ ☆ ☆ ☆

分析与解答

现在有不少研究者开始尝试将文本检测和文本识别统一在一个网络框架下，其目标是直接从图片中定位并识别出文本内容，一站式地解决文本检测和识别问题。端到端的文本检测 + 识别方法可以让检测和识别任务共享卷积特征层，相对于将检测与识别分别进行的两阶段方法，能大大节省计算时间。下面，我们先介绍一个端到端的文本识别算法，在此基础上，再介绍一个端到端的文本检测 + 识别算法。

■ CRNN（CNN + RNN）

2015 年提出的 CRNN 是一个端到端的文本识别算法，它是 CNN + RNN + CTC（Connectionist Temporal Classification）框架中非常经典的算法之一。CRNN 的网络结构包含卷积层、循环层以及转录层 3 个部分，如图 9.9 所示 [41]。其中，卷积层从输入图片中提取特征序列，循环层负责对卷积层提取的特征序列进行预测，转录层将循环层预测的结果经过去重整合等操作转换为最终的标签序列。虽然整个 CRNN 框架由不同类型的网络组成，但它们可以通过一个损失函数进行联合训练。

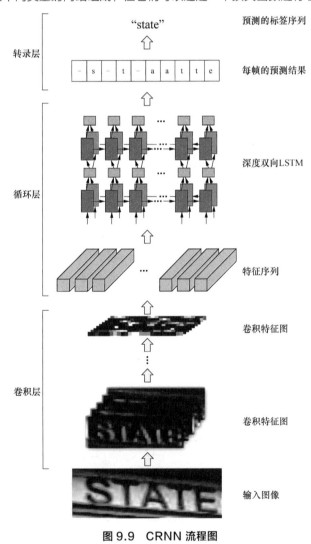

图 9.9　CRNN 流程图

■ FOTS（Fast Oriented Text Spotting）

FOTS 是一个端到端的文本检测 + 识别算法，它的整体结构主要由共享卷积层、文本检测分支、感兴趣区域旋转模块（RoIRotate）以及文本识别分支 4 个部分组成，如图 9.10 所示 [42]。由于引入了感兴趣区域旋转模块，FOTS 可以将带转向的文本区域对齐回来，从而支持倾斜文本的识别。另外，模型中的文本识别分支采用的是上述介绍的 CRNN 结构。

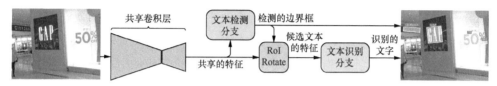

图 9.10　FOTS 流程图

· 总结与扩展 ·

OCR 领域的发展历史悠久，应用场景广泛，谷歌、微软、亚马逊、阿里巴巴等大型互联网公司都在 OCR 技术上耕耘多年。由于篇幅有限，这一节我们只针对自然场景下利用深度学习来实现文本检测及文本识别中用到的一些知识点进行了介绍。相对于计算机视觉领域中的其他方向，OCR 技术发展得相对成熟，衍生出了例如文档识别、车牌识别、证件信息自动录入等很多应用。基于 OCR 技术的落地项目比比皆是。然而就工业界而言，目前仍有一些痛点没有很好解决。首先，尽管印刷体 OCR 早已不是学术界的热点，但目前实际能使用的 OCR 技术效果仍然相当尴尬，更别提接近人类认知级别的效果了。究其原因，以英文为例，简单的识别流程都很容易做到 90% 以上的正确率，但在之后，长尾问题就开始凸显（如首字下沉、字符间距不一致），所以，为了做到 99% 以上的正确率，需要引入语言模型和文档模型。此外，对于多语言的支持也很重要。由于目前的方法的泛化能力有限，在英文上识别结果比较好的模型在其他语言上并不一定有效，所以像 Google 的 Tesseract、Facebook 的 Rosetta 等都是针对不同语言特征分别设计模型，一个语言一个语言地去支持。

04 图像标注

图像标注是一个融合计算机视觉、自然语言处理和机器学习的综合任务，它将一张图片翻译为一段描述性文字，如图 9.11 所示。该任务对于人类来说非常容易，但是对于机器却非常有挑战性，它不仅需要用模型去理解图片的内容，还需要用自然语言去表达这些内容（包括物体、关系等）并生成人类可读的句子。作为一个新兴的热门研究方向，该领域除了算法在不断地推陈出新之外，对于图像标注任务的评测指标也在不断地演变，比如从最初直接使用机器翻译领域里中的 BLEU、METEOR 指标和自动生成摘要领域的 ROUGE 指标，到后面专门针对图像标注任务自身特点设计的 CIDEr 和 SPICE 指标。通过算法以及评测指标的演变，我们可以明显地看到图像标注领域的研究还在不断地改进和提升。

I think it's a herd of cattle standing on top of a grass covered field.

图 9.11 微软的图像标注 API：CaptionBot

BLEU（Bilingual Evaluation Understudy）、ROUGE(Recall-

Oriented Understudy for Gisting Evaluation)、METEOR(Metric for Evaluation of Translation with Explicit ORdering)、CIDEr(Consensus-based Image Description Evaluation)、SPICE(Semantic Propositional Image Caption Evaluation)

问题 **图像标注任务的评测指标有哪些？简述它们各自的评测重点和存在的不足。**　难度：★★★☆☆

分析与解答

现实中很多时候我们需要用人工来评价图像标注的结果，例如使用 Amazon Mechanical Turk 平台。一般这种人工评价都偏主观，因此每一张图的标注结果都需要找至少两个人来评判，导致这种方式非常慢并且成本非常高。于是，研究者提出了一些自动评价图像标注效果的方法。下面我们按照提出时间的先后顺序逐一介绍几个主流的用于图像标注的评测指标。

■ **BLEU**

BLEU[43] 是 IBM 在 2002 年提出的用于机器翻译的一个评测指标，主要用来评估机器翻译和专业人工翻译之间的相似度。机器翻译结果越接近专业人工翻译的结果，则认为翻译结果越好。后来该指标被引入到图像标注任务中，用来评估机器生成的文本同人工注释之间的相似度。相似度的度量是基于 N-gram 匹配间接计算出来的。具体来说，BLEU 评价算法中的 3 个重要部分是，N-gram 匹配精度的计算，针对标注文本长度小于参考注释的惩罚机制，以及为了平衡 N-gram 不同阶之间的精度差别而采用的几何平均。

BLEU 的优点是它评测的粒度是 N 个词而不是一个词，考虑了更长的匹配信息。BLEU 的缺点是没有考虑不同的词性在图像标注上所表达的信息重要性可能不同这一点，比如，动词匹配的重要性通常是大于冠词的。此外，BLEU 也没有考虑同义词或相似表达的情况，这可能会导致合理的图像标注由于用词与参考标注不同而被否定。

ROUGE

ROUGE[44] 是为自动生成摘要而设计的一套评测指标。它是一种纯粹基于召回率的相似度度量方法，具体是通过比较重叠的 N 个词中单词序列和单词对来实现的，主要考察图像标注的充分性和真实性，但无法评价标注结果的流畅度。ROUGE 又分为 4 个不同版本的评测指标，分别是 ROUGE-N、ROUGE-L、ROUGE-W 和 ROUGE-S。除 ROUGE-N 以外，其余的 3 个评测指标均可以应用到图像标注任务上。

METEOR

METEOR 同 BLEU 一样，是针对机器翻译任务而提出的一个评测指标，后来被引入到图像标注任务中。METEOR 的设计初衷就是为了解决 BLEU 中的一些问题。首先，METEOR 通过 3 个不同的匹配模块（精确匹配模块、"porter stem"模块、基于 WordNet 的同义词模块）来支持同义词、词根和词缀之间的匹配。其次，METEOR 不仅考虑了匹配精度，还在评测中引入了召回率，这是因为研究表明，与单纯的基于匹配精度的标准（如 BLEU）相比，基于召回率的评测指标与参考标注（人工注释）具有更大的相关性。METEOR 放弃了 BLEU 中所采用的基于 N-gram 的匹配方法，因为 N-gram 的匹配并未直接考虑词的顺序，从而会产生很多错误的匹配结果，尤其是那些常见的单词及词组。比如，参考译文是"A B C D"，模型给出的译文是"B A D C"，虽然每个词对应上了，但顺序是错误的。METEOR 为此特意设计了相应的惩罚机制。在惩罚机制中，METEOR 使用了词块（chunk）来取代一元词（unigram）。词块由相邻的一元词构成，组成词块的一元词必须同时出现在参考标注和模型生成标注中，并且个数要尽可能多。比如，参考标注是"the president then spoke to the audience"，模型生成标注是"the president spoke to the audience"，这个例子中存在两个词块，分别是"the president"和"spoke to the audience"。惩罚因子的计算方式就是建立在词块个数上的，具体公式为

$$\text{penalty} = 0.5 \times \left(\frac{\text{chunks}}{\text{unigrams\_matched}} \right)^3 \qquad (9\text{-}2)$$

同 BLEU 相比，METEOR 的评分与人工注释在语句层面上具有更好的相关性，而 BLEU 则在语料库这一级别上与人工注释具有更好的相关性。不过，虽然 METEOR 弥补了很多 BLEU 的缺陷，但是正如在参考文献 [45] 中提到的，METEOR 也存在着一些问题，有待进一步改进。首先，METEOR 使用了一些超参数，这些参数都是依据数据集调出来的，而非学习得到，这对在不同的数据集上推广 METEOR 评测带来了困难。其次，METEOR 只考虑了匹配最佳的那一个参考标注，不能充分利用数据集中提供的多个参考标注信息。此外，METEOR 使用了 WordNet 作为同义词匹配对齐的参照，对于 WordNet 中没有包含的语言，就无法使用 METEOR 来进行评测了。

■ CIDEr

CIDEr[46] 是专门为图像标注问题而设计的。这个指标将每个句子都看作一个"文档"，将其表示成"词频－逆文档频率"（Term Frequency - Inverse Document Frequency，TF-IDF）向量的形式。具体来说，对于一幅图像 $I_i \in I$（其中 I 是测试集全部图像的集合），w_k 是一个 N-gram 词汇，它在参考标注 s_{ij} 中出现的次数记为 $h_k(s_{ij})$，则 w_k 的 TF-IDF 权重 $g_k(s_{ij})$ 的计算公式为

$$g_k(s_{ij}) = \frac{h_k(s_{ij})}{\sum_{w_l \in \Omega} h_l(s_{ij})} \times \log\left(\frac{|I|}{\sum_{I_p \in I} \min(1, \sum_q h_k(s_{pq}))}\right) \qquad （9\text{-}3）$$

其中，Ω 是所有 N-gram 构成的词汇表。式（9-3）等号右边的第一部分用来计算 w_k 的 TF 值，第二部分通过 IDF 的值来评估 w_k 的稀有性。计算完每个 N-gram 词汇的 TF-IDF 权重后，CIDEr 会计算参考标注与模型生成标注的余弦相似度，以此来衡量图像标注的一致性。记图像 I_i 的待评价的图像标注为 c_i，参考标注的候选集为 $S_i = \{s_{i1}, \cdots, s_{im}\}$，它们之间的相似程度可以用如下公式计算：

$$\text{CIDEr}_n(c_i, S_i) = \frac{1}{m} \sum_j \frac{\boldsymbol{g}^n(c_i) \cdot \boldsymbol{g}^n(s_{ij})}{\|\boldsymbol{g}^n(c_i)\| \|\boldsymbol{g}^n(s_{ij})\|} \qquad （9\text{-}4）$$

其中，$\boldsymbol{g}^n(c_i)$ 是所有的长度为 n 的 N-gram 的 $g_k(c_i)$ 所构成的向量，$\boldsymbol{g}^n(s_{ij})$ 类似。最后，将所有不同长度 N-gram（即不同的 n 值）的

CIDEr 得分相加，就得到了最终的 CIDEr 评分：

$$\mathrm{CIDEr}(c_i, S_i) = \sum_{n=1}^{N} w_n \, \mathrm{CIDEr}_n(c_i, S_i) \qquad (9\text{-}5)$$

其中，$w_n = \dfrac{1}{N}$ 时效果最好。

从直观上来说，如果一些 N-gram 频繁地出现在描述图片的参考标注中，TF 对于这些 N-gram 将给出更高的权重，而 IDF 则降低那些在所有描述语句中都常常出现的 N-gram 的权重。也就是说，TF-IDF 提供了一种度量 N-gram 显著性的方法，就是将那些常常出现、但是对于视觉内容信息没有多大帮助的 N-gram 的重要性打折。这样做的好处是可以区分对待不同的词，而不是像 BLEU 一样对所有匹配上的词都同等对待。

■ SPICE

SPICE[47] 是 Anderson 等人在 2016 年提出来的用于图像标注任务的一个新的评测指标。前面介绍的 4 种评测指标大都是基于 N-gram 计算的，所以它们存在一个共同问题，就是对 N-gram 的重叠比较敏感。例如 "A young girl standing on the top of a tennis court" 和 "A giraffe standing on the top of a green field" 这两句话描述的是两张不同的图片，但是因为 5-gram 词汇 "standing on the top of" 的存在，BLEU、METEOR、ROUGE、CIDEr 对这两个句子的相似度打分都会很高。

SPICE 就是针对上面描述的这个问题而提出的。SPICE 首先利用一个依赖关系解析器（dependency parser）将待评价的图像标注和参考标注解析成语法关系依赖树（syntactic dependencies trees），然后用基于规则的方法把语法关系依赖树映射成情景图（scene graphs），而情景图又可以被表示成一个个包含了物体、属性和关系的元组，最后对两个情景图中的每一个元组进行匹配，把计算得到的 F-Score 作为 SPICE 得分。图 9.12 给出了一个具体的例子[47]。图像标注和参考标注被依赖关系解析器解析成语法关系依赖树（上），语法关系依赖树再被映射成情景图（右）。图中红色节点表示物体，绿色节点表示属性，蓝色节点表示关系。

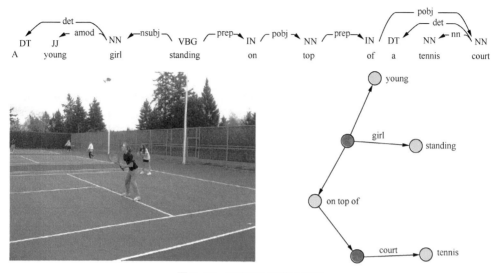

图 9.12 SPICE 原理示意图

同其他 4 种评测指标相比较，SPICE 在排除了由 N-gram 造成的重叠敏感问题的同时，更加直观和具有可解释性，但随之而来的一个问题是 SPICE 的评测中忽视了标注语句的流畅性。如果 SPICE 想要对标注语句的语法通顺方面做出评测，就需要进一步引入一些流畅性评测标准，如 surprisal[48]。此外，SPICE 的评测结果很大程度上取决于依赖关系解析器的性能。

以上便是图像标注任务中经常使用的几个评测指标。从质量、准确度及鲁棒性来讲，这些评测指标都有各自的优劣。在评价一个图像标注算法时，可以同时使用多个指标来对算法的性能进行综合评估。

人体姿态识别

场景描述

人体姿态识别（Pose Estimation）是检测图像或视频中人体关键点的位置、构建人体骨架图的过程。利用人体姿态信息可以进一步进行动作识别、人机信息交互、异常行为检测等任务。然而，人的肢体比较灵活，姿态特征在视觉上变化较大，并且容易受到视角和服饰变化的影响，这使得人体关键点检测面临着较大的挑战。近几年，得益于深度学习技术的快速发展及推广，人体姿态识别也有了很多基于深度学习的解决方法，它们刷新了该领域的最佳性能。此外，使用单幅图像重现 2D 骨架信息的技术已经日趋成熟，3D 骨架识别也逐渐成为人们关注的热点。

知识点

2D/3D 人体姿态识别、自底向上方法、自顶向下方法

问题 **1** 在 2D 人体姿态识别中，自底向上方法与自顶向下方法有什么区别？

难度：★ ★ ☆ ☆ ☆

分析与解答

人体姿态识别算法大致有自底向上和自顶向下两种方法，下面分别对这两类进行简单介绍。

■ 自底向上的人体姿态识别算法

自底向上方法也称为基于部件（part-based）的方法，它首先检测出图像或视频中人体的关键点，然后对不同关键点进行匹配，将属于同一个人的关键点连接起来。这类方法的识别速度通常不会受图像或视频中人数的影响，并能用较小的模型来实现，因此一般比较快速；

但在人体关键点的连接过程中，对于距离较近或存在遮挡的人体，准确率较低。

在自底向上方法中，人体姿态识别又可以通过关键点回归和关键点检测两种方式来实现。

（1）一般来说，关键点回归方法期望得到的是精确的坐标值 (x, y)。早期使用深度网络解决人体姿态识别的 DeepPose[49] 就是采用回归方法。

（2）通过关键点检测实现人体姿态识别的代表方法有 PAFs（Part Affinity Fields）[50]、Dense Pose[51] 和 Associative Embedding[52]。检测方法通常希望获得图像的热图（heatmap），并将热图中响应值较大的区域视为人体关键点，每个关键点对应一个热图。假设共需要检测 20 个关键点，那么将会产生 20 个热图，每一个热图是对特定感兴趣的关键点的响应。在基于关键点检测的算法中，最为经典的工作是卡耐基梅隆大学的研究团队设计的 PAFs 方法，它获得了 COCO 2016 年人体姿态识别任务的冠军。PAFs 方法最重要的改进是，在获得关键点热图的同时，设计了另一个分支用于预测关键点之间的连接关系。

由于关键点检测受热图尺寸的影响较大，各个研究团队都针对网络结构进行了优化设计。例如，密歇根大学的研究团队设计了堆叠沙漏网络（stackded hourglass network）[53]。基于这种网络结构的人体姿态识别方法获得了 MPII 2016 竞赛的冠军 [54]。堆叠沙漏网络结构不仅在姿态识别、动作识别方向被广泛应用，之后还被推广到了检测及分类领域。图 9.13 给出了堆叠沙漏网络结构示意图。该结构主要由下采样与上采样操作构成，其下采样是通过卷积及池化操作实现的，以获得分辨率较低的特征图，降低计算复杂度；之后通过反卷积操作，使图像特征的分辨率提高。该网络结构提取的特征融合了多尺度及上下文信息，具有较强的预测物体位置的能力。此外，我们还可以将多个沙漏结构进行堆叠，从而使整体网络结构更具表达能力。

■ **自顶向下的人体姿态识别算法**

自顶向下方法将人体姿态识别任务拆分为人体检测与关键点检测两个步骤。首先设计人体检测器，在图像或视频中找到目标人体，然后针对每个人体分别做关键点检测。这类方法虽然姿态识别准确度较高，但运算时间会随着图像中人体数量的增多大致呈线性增长。

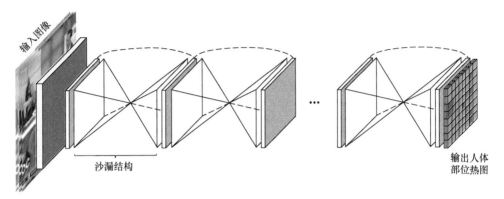

输入图像

沙漏结构

输出人体部位热图

图 9.13　堆叠沙漏网络结构

自顶向下的人体姿态识别算法的代表有 G-RMI[55]、RMPE[56] 和 Mask R-CNN。自顶向下的算法通常设计为多任务框架，同时处理人体检测、关键点检测、人体分割等问题。框架中的多个任务往往是互相关联并相互促进的，通常采用联合优化或者交替优化的优化策略。当检测出人体候选框或人体区域后，我们不仅可以有效降低关键点检测过程中背景区域的干扰，还能在关键点连接过程中确定哪些关键点属于同一个人体。由旷视公司和清华大学设计的级联金字塔网络（Cascaded Pyramid Network）[57] 就是基于自顶向下的检测框架，并且该框架获得了 COCO 2017 年人体姿态识别任务冠军。在这之后，RMPE 方法针对由于候选框不准确造成的关键点检测误差以及冗余检测给出了解决方案。

总的来说，近几年自底向上和自顶向下的人体姿态识别方法都在不断发展，速度和准确率都获得了较大的提升。例如在 COCO 2018 挑战赛中，关键点检测的平均准确率达到了 76.6%，并能进行实时检测。这两类方法在各大竞赛（COCO 和 MPII 人体姿态识别竞赛）中平分秋色。但是，人体姿态识别仍然面临着一系列问题和挑战。一方面，关键点检测不仅存在背景干扰，还会由于背景的遮挡或多个人体的相互遮挡使得关键部位缺失，给人体的关键点部位连接带来困难。另一方面，人体不同关键点检测难易程度不同，对于较为灵活的关键点，如手臂、脚踝、手指等的检测尤为困难。针对这些问题，研究者虽然给出了一系列解决方法，如预测关键点连接方向、对困难关键点设计精炼网络等，但是仍具有改进空间，我们期待出现更好的方法。

问题 2 如何通过单幅图像进行 3D 人体姿态识别？

难度：★ ★ ★ ☆ ☆

分析与解答

2D 人体姿态识别是指识别出人体的关键点，其中关键点使用 (x, y) 二维向量表示。3D 人体姿态识别是在 2D 人体姿态信息的基础上，加入深度信息，需要得到三维的关键点坐标 (x, y, z)，如图 9.14 所示。类似于 2D 人体姿态识别，我们也可以通过回归的方法，利用标注信息重建出一个 3D 人体姿态。

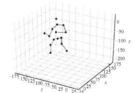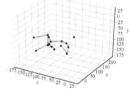

图 9.14 2D 和 3D 人体姿态信息

基于回归方法的 3D 人体姿态识别的损失函数为

$$L = \sum_i^l \| v_i(P(x, y, z) - G(x, y, z)) \|_2^2 \qquad (9\text{-}6)$$

其中，i 代表关键点编号；v_i 代表关键点是否可见，关键点在图上可见则为 1，不可见则为 0；$P(x, y, z)$ 为预测的关键点坐标；$G(x, y, z)$ 为关键点位置的标注信息。在关键点回归的过程中，可以根据几何信息添加额外的约束，例如关键点间相对位置的相互约束（如头部与颈椎的位置、手指间的相对位置等）、人体不同部位骨骼长度间比例的近似固定等。但是，由于关键点十分灵活，人为设定的约束信息无法完美地考虑到各种情景下人体千变万化的运动姿态，即使添加了约束，回归的方法也往往无法获得理想的效果。

借助 2D 人体姿态信息，可以较为明显地提升 3D 人体关键点检测的性能。Mehta 等人通过研究表明，使用预训练的 2D 关键点识别网络来初始化 3D 回归模型可以显著改善 3D 人体姿态识别的性能[58]。此外，有很多方法提出基于 2D 坐标，利用回归的方法进行 3D 关键点中深度信息估计[59-60]，但是该类方法中 3D 人体姿态信息的获得是基于图像关键点的 2D 坐标的，这一步会丢失原始的 RGB 信息。针对这一问题，有一些方法采用联合优化框架，同时生成 2D 和 3D 人体姿态信息[61-62]。例如，Zhou 等人关注真实室外场景下的 3D 人体姿态识别，将网络结构设计为 2D 关键点检测网络以及深度信息估计网络，通过弱监督迁移学习的方式，同时学习真实野外场景下的 2D 人体姿态信息，以及室内场景下的 3D 人体姿态信息，从而使得该模型在室外场景下仍能保持较好的识别性能。

参考文献

[1]   SERMANET P, EIGEN D, ZHANG X, et al. OverFeat: Integrated recognition, localization and detection using convolutional networks[J]. arXiv preprint arXiv:1312.6229, 2013.

[2]   LIU W, ANGUELOV D, ERHAN D, et al. SSD: Single shot multibox detector[C]// European Conference on Computer Vision. Springer, 2016: 21–37.

[3]   REDMON J, DIVVALA S, GIRSHICK R, et al. You only look once: Unified, real-time object detection[C]//Proceedings of the IEEE Conference on Computer Vision and Pattern Recognition, 2016: 779–788.

[4]   REDMON J, FARHADI A. YOLO9000: Better, faster, stronger[C]//Proceedings of the IEEE Conference on Computer Vision and Pattern Recognition, 2017: 7263–7271.

[5]   REDMON J, FARHADI A. YOLOv3: An incremental improvement[J]. arXiv preprint arXiv:1804.02767, 2018.

[6]   GIRSHICK R, DONAHUE J, DARRELL T, et al. Rich feature hierarchies for accurate object detection and semantic segmentation[C]//Proceedings of the IEEE Conference on Computer Vision and Pattern Recognition, 2014: 580–587.

[7]   HE K, ZHANG X, REN S, et al. Spatial pyramid pooling in deep convolutional networks for visual recognition[J]. IEEE Transactions on Pattern Analysis and Machine Intelligence, IEEE, 2015, 37(9): 1904–1916.

[8]   GIRSHICK R. Fast R-CNN[C]//Proceedings of the IEEE International Conference on Computer Vision, 2015: 1440–1448.

[9]   REN S, HE K, GIRSHICK R, et al. Faster R-CNN: Towards real-time object detection with region proposal networks[C]//Advances in Neural Information Processing Systems, 2015: 91–99.

[10]   DAI J, LI Y, HE K, et al. R-FCN: Object detection via region-based fully convolutional networks[C]//Advances in Neural Information Processing Systems, 2016: 379–387.

[11] HE K, GKIOXARI G, DOLLÁR P, et al. Mask R-CNN[C]//Proceedings of the IEEE International Conference on Computer Vision, 2017: 2961–2969.

[12] LIU L, OUYANG W, WANG X, et al. Deep learning for generic object detection: A survey[J]. arXiv preprint arXiv:1809.02165, 2018.

[13] HUANG J, RATHOD V, SUN C, et al. Speed/accuracy trade-offs for modern convolutional object detectors[C]//Proceedings of the IEEE Conference on Computer Vision and Pattern Recognition, 2017: 7310–7311.

[14] LIN T-Y, GOYAL P, GIRSHICK R, et al. Focal loss for dense object detection [C]//Proceedings of the IEEE International Conference on Computer Vision, 2017: 2980–2988.

[15] LI Z, PENG C, YU G, et al. Light-head R-CNN: In defense of two-stage object detector[J]. arXiv preprint arXiv:1711.07264, 2017.

[16] LAW H, DENG J. CornerNet: Detecting objects as paired keypoints[C]// Proceedings of the European Conference on Computer Vision, 2018: 734–750.

[17] ZHANG S, WEN L, BIAN X, et al. Single-shot refinement neural network for object detection[C]//Proceedings of the IEEE Conference on Computer Vision and Pattern Recognition, 2018: 4203–4212.

[18] ZHOU X, ZHUO J, KRÄHENBÜHL P. Bottom-up object detection by grouping extreme and center points[J]. arXiv preprint arXiv:1901.08043, 2019.

[19] LIU S, QI L, QIN H, et al. Path aggregation network for instance segmentation [C]// Proceedings of the IEEE Conference on Computer Vision and Pattern Recognition, 2018: 8759–8768.

[20] CAI Z, VASCONCELOS N. Cascade R-CNN: Delving into high quality object detection[C]//Proceedings of the IEEE Conference on Computer Vision and Pattern Recognition, 2018: 6154–6162.

[21] HUANG Z, HUANG L, GONG Y, et al. Mask scoring R-CNN[C]//Proceedings of the IEEE Conference on Computer Vision and Pattern Recognition,2019:6409–6418.

[22] KIRILLOV A, HE K, GIRSHICK R, et al. Panoptic segmentation[J]. arXiv preprint arXiv:1801.00868, 2018.

[23] EVERINGHAM M, WINN J. The PASCAL visual object classes challenge 2012

(VOC2012) development kit[J]. Pattern Analysis, Statistical Modelling and Computational Learning, Tech. Rep, 2011.

[24] LIN T-Y, MAIRE M, BELONGIE S, et al. Microsoft COCO: Common objects in context[C]//European Conference on Computer Vision. Springer, 2014: 740–755.

[25] CORDTS M, OMRAN M, RAMOS S, et al. The cityscapes dataset for semantic urban scene understanding[C]//Proceedings of the IEEE Conference on Computer Vision and Pattern Recognition, 2016: 3213–3223.

[26] LONG J, SHELHAMER E, DARRELL T. Fully convolutional networks for semantic segmentation[C]//Proceedings of the IEEE Conference on Computer Vision and Pattern Recognition, 2015.

[27] RONNEBERGER, OLAF, FISCHER P, BROX T. U-Net: Convolutional networks for biomedical image segmentation[C]//International Conference on Medical Image Computing and Computer-Assisted Intervention, 2015: 234–241.

[28] BADRINARAYANAN V, KENDALL Alex, CIPOLLA R. SegNet: A deep convolutional encoder-decoder architecture for image segmentation[J].IEEE Transactions on Pattern Analysis and Machine Intelligence, 2017.

[29] CHEN L-C, PAPANDREOU G, KOKKINOS I, et al. Semantic image segmentation with deep convolutional nets and fully connected CRFs[J].arXiv preprint arXiv:1412.7062, 2014.

[30] CHEN L-C, PAPANDREOU G, KOKKINOS I, et al. DeepLab: Semantic image segmentation with deep convolutional nets, atrous convolution, and fully connected CRFs[J].IEEE Transactions on Pattern Analysis and Machine Intelligence, 2017: 834–848.

[31] CHEN L-C, PAPANDREOU G, SCHROFF F, et al. Rethinking atrous convolution for semantic image segmentation[J].arXiv:1706.05587, 2017.

[32] CHEN L-C, ZHU Y, PAPANDREOU G, et al. Encoder-decoder with atrous separable convolution for semantic image segmentation[C]//Proceedings of the European Conference on Computer Vision, 2018: 801–818.

[33] CH'NG C K, CHAN C S. Total-text: A comprehensive dataset for scene text detection and recognition[C]//2017 14th IAPR International Conference on

Document Analysis and Recognition, 2017, 1: 935–942.

[34] BORISYUK F, GORDO A, SIVAKUMAR V. Rosetta: Large scale system for text detection and recognition in images[C]//Proceedings of the 24th ACM SIGKDD International Conference on Knowledge Discovery & Data Mining, 2018: 71–79.

[35] SHI B, BAI X, BELONGIE S. Detecting oriented text in natural images by linking segments[C]//Proceedings of the IEEE Conference on Computer Vision and Pattern Recognition, 2017: 2550–2558.

[36] LIAO M, SHI B, BAI X. TextBoxes++: A single-shot oriented scene text detector[J].IEEE Transactions on Image Processing, 2018: 3676–3690.

[37] LONG S, RUAN J, ZHANG W, et al. TextSnake: A flexible representation for detecting text of arbitrary shapes[C]//Proceedings of the European Conference on Computer Vision, 2018: 20–36.

[38] XIE E, ZANG Y, SHAO S, et al. Scene text detection with supervised pyramid context network[J]. arXiv preprint arXiv:1811.08605, 2018.

[39] LYU P, LIAO M, YAO C, et al. Mask TextSpotter: An end-to-end trainable neural network for spotting text with arbitrary shapes[C]//Proceedings of the European Conference on Computer Vision, 2018: 67–83.

[40] LI Y, YU Y, LI Z, et al. Pixel-anchor: A fast oriented scene text detector with combined networks[J].arXiv preprint arXiv:1811.07432, 2018.

[41] SHI B, BAI X, YAO C. An end-to-end trainable neural network for image-based sequence recognition and its application to scene text recognition[J]. IEEE Transactions on Pattern Analysis and Machine Intelligence, 2016, 39(11): 2298–2304.

[42] LIU X, LIANG D, YAN S, et al. FOTS: Fast oriented text spotting with a unified network[C]//Proceedings of the IEEE Conference on Computer Vision and Pattern Recognition, 2018: 5676–5685.

[43] PAPINENI K, ROUKOS S, WARD T, et al. BLEU: A method for automatic evaluation of machine translation[C]//Proceedings of the 40th Annual Meeting on Association for Computational Linguistics. Association for Computational

Linguistics, 2002: 311–318.

[44] LIN C-Y. ROUGE: A package for automatic evaluation of summaries[J]. Text Summarization Branches Out, 2004.

[45] BANERJEE S, LAVIE A. METEOR: An automatic metric for MT evaluation with improved correlation with human judgments[C]//Proceedings of the ACL Workshop on Intrinsic and Extrinsic Evaluation Measures for Machine Translation and/or Summarization, 2005: 65–72.

[46] VEDANTAM R, LAWRENCE ZITNICK C, PARIKH D. CIDER: Consensus-based image description evaluation[C]//Proceedings of the IEEE Conference on Computer Vision and Pattern Recognition, 2015: 4566–4575.

[47] ANDERSON P, FERNANDO B, JOHNSON M, et al. SPICE: Semantic propositional image caption evaluation[C]//European Conference on Computer Vision. Springer, 2016: 382–398.

[48] HALE J. A probabilistic Earley parser as a psycholinguistic model[C]//Proceedings of the 2nd Meeting of the North American Chapter of the Association for Computational Linguistics on Language technologies. Association for Computational Linguistics, 2001: 1–8.

[49] TOSHEV A, SZEGEDY C. DeepPose: Human pose estimation via deep neural networks[C]//Proceedings of the IEEE Conference on Computer Vision and Pattern Recognition, 2014: 1653–1660.

[50] CAO Z, SIMON T, WEI S-E, et al. Realtime multi-person 2D pose estimation using part affinity fields[C]//Proceedings of the IEEE Conference on Computer Vision and Pattern Recognition, 2017: 7291–7299.

[51] ALP GÜLER R, NEVEROVA N, KOKKINOS I. DensePose: Dense human pose estimation in the wild[C]//Proceedings of the IEEE Conference on Computer Vision and Pattern Recognition, 2018: 7297–7306.

[52] NEWELL A, HUANG Z, DENG J. Associative embedding: End-to-end learning for joint detection and grouping[C]//Advances in Neural Information Processing Systems, 2017: 2277–2287.

[53] NEWELL A, YANG K, DENG J. Stacked hourglass networks for human pose

estimation[C]//European Conference on Computer Vision. Springer, 2016: 483–499.

[54] ANDRILUKA M, PISHCHULIN L, GEHLER P, et al. 2D human pose estimation: New benchmark and state of the art analysis[C]//Proceedings of the IEEE Conference on Computer Vision and Pattern Recognition, 2014:3686–3693.

[55] PAPANDREOU G, ZHU T, KANAZAWA N, et al. Towards accurate multi-person pose estimation in the wild[C]//Proceedings of the IEEE Conference on Computer Vision and Pattern Recognition, 2017: 4903–4911.

[56] FANG H-S, XIE S, TAI Y-W, et al. RMPE: Regional multi-person pose estimation [C]//Proceedings of the IEEE International Conference on Computer Vision, 2017: 2334–2343.

[57] CHEN Y, WANG Z, PENG Y, et al. Cascaded pyramid network for multi-person pose estimation[C]//Proceedings of the IEEE Conference on Computer Vision and Pattern Recognition, 2018: 7103–7112.

[58] MEHTA D, RHODIN H, CASAS D, et al. Monocular 3D human pose estimation in the wild using improved CNN supervision[C]//2017 International Conference on 3D Vision. IEEE, 2017: 506–516.

[59] MARTINEZ J, HOSSAIN R, ROMERO J, et al. A simple yet effective baseline for 3D human pose estimation[C]//Proceedings of the IEEE International Conference on Computer Vision, 2017: 2640–2649.

[60] ZHOU X, LEONARDOS S, HU X, et al. 3D shape estimation from 2D landmarks: A convex relaxation approach[C]//Proceedings of the IEEE Conference on Computer Vision and Pattern Recognition, 2015: 4447–4455.

[61] LUVIZON D C, PICARD D, TABIA H. 2D/3D pose estimation and action recognition using multitask deep learning[C]//Proceedings of the IEEE Conference on Computer Vision and Pattern Recognition, 2018: 5137–5146.

[62] ZHOU X, HUANG Q, SUN X, et al. Towards 3D human pose estimation in the wild: A weakly-supervised approach[C]//Proceedings of the IEEE International Conference on Computer Vision, 2017: 398–407.

第 10 章

自然语言处理

自然语言处理（Natural Language Processing, NLP）是通过理解人类语言来解决实际问题的一门学科。自然语言处理在人工智能领域有着重要的地位，在 1950 年提出的图灵测试中，自然语言处理能力就是让机器能表现出与人类无法区分的智能的重要组成部分。自然语言处理不仅是学术界的研究热点，在工业界也有许多成果，如谷歌的文本搜索引擎、苹果的 Siri、微软小冰等。

自然语言处理领域仍然有许多充满挑战、亟待解决的问题。对自然语言处理问题的研究可以追溯到二十世纪三十年代，早期的处理方法往往是人工设计的规则；从二十世纪八十年代开始，利用概率与统计理论并使用数据驱动的方法才逐渐兴盛起来 [1]。近几年，随着计算机算力的提升与深度学习技术的发展，自然语言处理相关问题也迎来许多重大的创新与突破。

自然语言处理可以分为核心任务和应用两部分，核心任务代表在自然语言各个应用方向上需要解决的共同问题，包括语言模型、语言形态学、语法分析、语义分析等，而应用部分则更关注自然语言处理中的具体任务，如机器翻译、信息检索、问答系统、对话系统等。在本章 01 节语言的特征表示中，我们主要介绍深度学习建模方法在核心任务上的运用；另外，我们选取了各个应用方向上的突出研究成果，分别在机器翻译、问答系统与对话系统 3 个小节中进行介绍。

语言的特征表示

场景描述

传统的自然语言处理模型使用词袋（Bag-of-Words）模型，即将词编码为独热向量（One-hot Vector），同时将文本看作词的集合。这种建模方式一方面忽略了词之间的内在联系，另一方面丢失了词的顺序信息。深度学习出现后，这些复杂的语言特征得到了更完善的建模，也进一步推动了各种自然语言处理应用的发展。

知识点

词嵌入（Word Embedding）、语言模型（Language Model）

问题 1 常见的词嵌入模型有哪些？它们有什么联系和区别？

难度：★★☆☆☆

分析与解答

词嵌入模型基于的基本假设是出现在相似的上下文中的词含义相似，以此为依据将词从高维稀疏的独热向量映射为低维稠密的连续向量，从而实现对词的语义建模。词嵌入模型大致可以分为两种类型，一种是基于上下文中词出现的频次信息，另一种则是基于对上下文中出现的词的预测，下面分别进行介绍。

■ 基于词出现频次的词嵌入模型

基于词出现频次的词嵌入模型由来已久，最早可以追溯到 1990 年提出的潜在语义分析（Latent Semantic Analysis，LSA）模型[2]，其通过对"文档－词"矩阵进行矩阵分解得到每个词的语义表示。此外还有基于"词共现"矩阵的方法，2014 年提出的 GloVe 模型[3] 就属于此类。令 X_{ij} 表示词 j 出现在词 i 的上下文的次数，$X_i = \sum_k X_{ik}$ 表示任意词出现在词 i 上下文的次数，$P_{ij} = p(j|i) = \dfrac{X_{ij}}{X_i}$ 表示词 j 出现在词 i 的上下文的概率。记 v_i 和 $\tilde{v}_i$

分别表示词 i 的词向量和上下文词向量，则 GloVe 模型的基本思想就是最小化由词 i 和词 j 的向量表示 v_i 和 $\tilde{v}_j$ 算得的函数 $F(v_i^T \tilde{v}_j)$ 与概率 P_{ij} 之间的误差。将函数 F 设定为指数函数，经过一定的演化后目标函数可以表示为

$$J = \sum_{i=1}^{|W|} \sum_{j=1}^{|W|} f(X_{ij})(v_i^T \tilde{v}_j + b_i + \tilde{b}_j - \log X_{ij})^2 \qquad （10\text{-}1）$$

其中，$|W|$ 表示词表大小，b_i 和 $\tilde{b}_j$ 分别为词 i 和词 j 对应的偏置，函数 $f(X_{ij})$ 用于给不同"词对"赋不同的权重。

■ **基于词预测的词嵌入模型**

基于词预测的词嵌入模型最经典的是 Google 于 2013 年提出的 Word2Vec，它又包括 CBOW（Continuous Bag-of-Words）模型和 Skip-Gram 模型两种 [4]，两种模型都属于浅层的神经网络，其结构如图 10.1 所示。

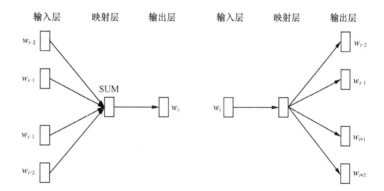

图 10.1 两种经典的词嵌入模型：CBOW 与 Skip-Gram

可以看到，CBOW 模型的目标是最大化通过上下文的词预测当前词的生成概率，而 Skip-Gram 模型则是最大化用当前词预测上下文的词的生成概率。以 Skip-Gram 模型为例，其目标函数可以表示为

$$J = \frac{1}{T} \sum_{t=1}^{T} \sum_{-m \leqslant j \leqslant m, j \neq 0} \log p(w_{t+j} \mid w_t) \qquad （10\text{-}2）$$

其中的条件概率为

$$p(w_{t+j} \mid w_t) = \frac{e^{u_{w_{t+j}}^T v_{w_t}}}{\sum_{i=1}^{W} e^{u_{w_i}^T v_{w_t}}} \qquad （10\text{-}3）$$

其中，T 表示数据集中样本窗口的数目，m 表示样本窗口的大小，W 表示词表大小，模型参数即为词表中所有词的词嵌入。由于条件概率由 Softmax 函数表示，每一次梯度反传时会影响词表中所有的词，计算代价非常大，因此在论文中引入了负采样（Negative Sampling）和层次 Softmax（Hierarchical Softmax）两种方式来提高效率。

可以看出，对同样一个样本窗口，CBOW 模型计算一次梯度，而 Skip-Gram 模型计算窗口大小次数的梯度。因此，在实际应用过程中，CBOW 模型的训练相对 Skip-Gram 模型更快，而 Skip-Gram 模型由于对低频词迭代更充分，因此对低频词的表示通常优于 CBOW 模型。

目前流行的模型中，基于词预测的词嵌入模型占据主要地位。一方面，直接预测不需要对语料进行复杂的处理，可以适应更大的计算量；另一方面，预测上下文词的任务形式也很容易扩展为其他自然语言处理任务，比如 Facebook 于 2017 年提出的 FastText 模型 [5] 就可以看作通过预测文本标签类别来训练词嵌入模型的方法。

词嵌入模型常被用于预训练任务，即利用在大规模语料库中训练得到的词嵌入表示，来初始化各种自然语言处理任务中神经网络模型的输入层参数。这样做往往能够提高在小规模数据集上特定任务的效果，然而也有不足之处，那就是句子的上下文信息在使用词嵌入表示进行初始化的过程中丢失了。那么，是否能够通过类似方式得到包含句子结构信息的特征表示？这就是语言模型发挥作用的时候了。

问题 2 语言模型的任务形式是什么？语言模型如何帮助提升其他自然语言处理任务的效果？

难度：★★★☆☆

分析与解答

回想一个咿呀学语的婴儿初窥语言的曼妙时，他们究竟学习了些什么呢？张口伊始，他们发现"妈"总是要和"妈"一起说，"爸"总是要和"爸"一起说，才能完成对那两张最熟悉面孔的呼唤；随着成长，他们学会了短语，愚公总在移山，夸父永远逐日，女娲一生补天；渐渐地，他们又习得如何组成句子、篇章，"天若有情天亦老"的下句既可以是"月如无恨月长圆"，也可以是"人间正道是沧桑"。语言模型，从本质上讲便是要模拟人类学习语言的过程。从数学上讲，它是一个概率分布模型，目标是评估语言中的任意一个字符串的生成概率 $p(S)$，其中 $S = (w_1, w_2, \cdots, w_n)$ 可以表示一个短语、句子、段落或文档，$w_i \in W \ (1 \leqslant i \leqslant n)$，$W$ 为语言中所有词的集合（即词表）。利用条件概率，$p(S)$ 又可以表示为

$$p(S) = p(w_1, w_2, \cdots, w_n) = p(w_1) \prod_{i=2}^{n} p(w_i \mid w_1, \cdots, w_{i-1}) \qquad （10\text{-}4）$$

语言模型的核心问题就是对 $p(w_i \mid w_1, \cdots, w_{i-1})$ 建模。

由于参数空间过大会导致数据稀疏问题，传统的基于统计的语言模型引入了马尔可夫假设，认为任意一个词出现的概率只与它前面出现的 N-1 个词有关，即 $p(w_i \mid w_1, \cdots, w_{i-1}) = p(w_i \mid w_{i-N+1}, \cdots, w_{i-1})$，这被称为 N 元（N-gram）语言模型。实践中使用最多的是二元（bigram）及三元（trigram）语言模型。Bengio 等人于 2003 年提出了基于前馈神经网络的 N 元神经语言模型 [6]，通过词嵌入表示大大缓解了数据稀疏问题，使其可以进行远大于三元语言模型的计算。深度学习普及后，更多基于神经网络的语言模型相继出现，突破了马尔可夫假设的限制，可以直接对 $p(w_i \mid w_1, \cdots, w_{i-1})$ 建模，同时大幅提升了语言模型的效果。

语言模型是自然语言处理中的核心任务，一方面它可以评估语言的生成概率，直接用于生成符合人类认知的语言；另一方面由于语言模型的训练不依赖额外的监督信息，因此适合用于学习语句的通用语义表示。目前非常普遍的做法就是利用语言模型在大规模公开语料库上预训练神经网络，然后在此基础上针对特定任务来对模型进行微调。近两年具有代表性的模型 ELMo（Embeddings from Language Model）[7]、GPT（Generative Pre-trained Transformer）[8] 和 BERT（Bidirectional Encoder Representations from Transformers）[9] 都采用了这种思路。图 10.2 更直观地展示了它们各自的结构，其中黄色的输入层为词或句的嵌入表示，绿色的中间层为核心的网络结构，棕色的输出层对应预测

的词或分类标签。下面分别介绍这 3 个模型。

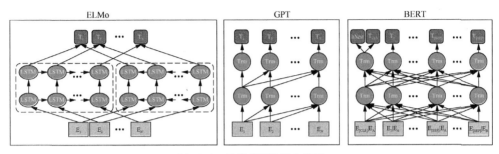

图 10.2 几种典型的语言模型

（1）ELMo 基于双向 LSTM 来学习一个双向语言模型，由此得到一组特征表示的集合：

$$R_k = \{x_k^{LM}, \vec{h}_{k,j}^{LM}, \overleftarrow{h}_{k,j}^{LM} \mid j = 1, \cdots, L\} \qquad （10\text{-}5）$$

其中，L 为 LSTM 的层数，x_k^{LM} 表示第 k 个词的词嵌入表示，$\vec{h}_{k,j}^{LM}$ 和 $\overleftarrow{h}_{k,j}^{LM}$ 分别表示第 k 个词在双向语言模型第 j 层的上文表示和下文表示（合起来作为上下文相关的词嵌入表示）。具体任务中，通过特征融合的方式将 R_k 集合中不同的表示加权求和，作为特征输入到任务模型中，权重跟随任务模型的参数一起学习。

（2）GPT 则基于 Transformer 单向编码器结构，将单向语言模型作为预训练阶段的目标函数。预训练学习到的网络结构和参数将作为具体任务模型的初始值，然后针对文本分类、序列标注、句子关系判断等不同任务对网络结构进行改造，同时将语言模型作为辅助任务对模型参数进行微调。GPT 将语言模型作为辅助任务也是一种很好地利用语言模型的思路，不仅可以提升模型的泛化能力，同时也能加快模型的收敛。

（3）BERT 是 Google 于 2018 年提出的语言模型，横扫 11 项自然语言处理任务比赛记录，一时间掀起广泛讨论，但在模型架构上其实与前两个模型是一脉相承的。BERT 相对于之前工作的改进点主要可以归纳为以下两个方面。

第一，实现真正的双向多层语言模型，对词级别语义进行深度建模。BERT 作者认为 ELMo 分开学习上文和下文，GPT 则只利用上文信息，二者都没有很好地对句子的上下文信息同时进行建模。但如果直接在语言模型任务中用完整的句子作为输入，由于自注意力机制的特性，对每个词进行预测的时候实际已经泄露了当前词的信息。因此，在 Transformer 双向编码器结构的基础上，BERT 在预训练阶段引入掩码语言模型（Masked Language Model）任务，即每轮训练选择语料中 15% 的词，随机替换成 <MASK> 标志或其他随机词或保持原样，并对这些词进行预测。

第二，显式地对句子关系建模，以更好地表征句子级别的语义。语言模型任务以任意词序列作为输入，没有显式地考虑句子之间的关系。为了更好地表征句子级别的特征，BERT 模型对输入层的嵌入表示做了两点改进，一是引入了句子向量（如图 10.2 中 E_A 和 E_B 所示）同时作为输入，二是引入了 <SEP> 标志表示句子的结尾和 <CLS> 标志表示句子关系，并分别学习对应的向量。这样在预训练阶段，通过 <CLS> 对应的隐藏层表示来预测句子 B 是否为句子 A 的下一句（如图 10.2 中 <IsNext> 标签所示），从而完成对模型参数的学习和更新。

在面对具体任务时，BERT 同样保留预训练得到的模型结构，然后通过参数微调来优化具体任务对应的目标，比如在进行句子关系判断等任务时直接利用 <CLS> 对应的嵌入表示进行分类。和 GPT 相比，BERT 在利用预训练的语言模型做下游自然语言处理任务时，对模型结构的改动更小，泛化性能更强。

上述 3 个模型的基本思想相似，在模型细节上则有一些差别，简单归纳如表 10-1 所示。

表 10-1 ELMo、GPT、BERT 的对比

	ELMo	GPT	BERT
输入层	词序列	词序列	词序列 + 句子向量 + 位置向量
网络结构	双向 LSTM	Transformer 单向编码器	Transformer 双向编码器
预训练任务	双向语言模型	单向语言模型	掩码语言模型 + 下一句预测
融合方式	特征融合	参数微调 + 辅助任务	参数微调

02 机器翻译

　　长久以来，追求"信、达、雅"的卓越翻译官们慢慢消除着不同语言在人类信息交流和传播中带来的壁垒。随着现代科技的发展、计算机的出现，机器自动翻译逐渐走上历史的舞台。其实早在 1933 年，机器翻译（Machine Translation）的概念就被提出。随着双语平行语料的增多，通过对语料的统计学习来进行自动翻译的统计机器翻译（Statistical Machine Translation，SMT）成为主流，但翻译的准确性和流畅性仍然和人工翻译有巨大的差距。直到深度学习兴起，神经机器翻译（Neural Machine Translation，NMT）的诞生为机器翻译领域带来了新的机遇，翻译质量也有了质的飞跃。目前 Google、百度等公司都已经将线上机器翻译系统升级到神经机器翻译模型，每天为数亿用户提供服务。

机器翻译、编码器 – 解码器（Encoder-Decoder）、注意力机制、Transformer

问题 **1** 神经机器翻译模型经历了哪些主要的结构变化？分别解决了哪些问题？

难度：★☆☆☆☆

分析与解答

　　神经机器翻译模型始于 Google 在 2014 年提出的基于 LSTM 的编码器 – 解码器架构[10]。相比于主流的统计机器翻译模型将任务显式地拆解为翻译模型、语言模型、调序模型等多个模块，神经机器翻译模型则采用端到端的学习形式，这样可以将翻译的质量直接作为模型优化的最终目标，以对模型进行整体优化。具体的模型结构可以参考本书第 2 章 "循环神经网络" 中的 "Seq2Seq 架构" 一节的内容。然而，这个时期的神经机器翻译模型在效果上还未超过统计机器翻译模型，主要原因在于模型将源语言端的信息全部编码到 LSTM 最后一层的隐单元，对信息进行了有损压缩，同时 LSTM 对长距离语境依赖问题解决程度有限，解码时容易丢失重要信息而导致翻译结果较差。

随后 Bengio 等人于同一年提出了基于注意力机制的神经机器翻译模型[11]。与统计机器翻译中词对齐（word alignment）思想类似，论文认为模型在解码每个词的时候，主要受源语言中与当前解码词相关的若干词影响，因此可以利用注意力机制学习一个上下文向量，作为每步解码时的输入。注意力机制一方面生成上下文向量，为解码提供额外的信息；另一方面它允许任意编码节点到解码节点的直接连接，很好地解决了长距离语境依赖问题，使模型得到了更好的学习，大大提升翻译质量，在长句上的效果尤其明显，这也让神经机器翻译首次打败统计机器翻译并成为新的研究热点。这时期出现了很多改进注意力机制具体形式的文章，比如限制注意力机制作用的语句范围[12]，让注意力机制对应的词尽量稀疏[13] 等。此外，Facebook 还提出可以结合卷积神经网络和注意力机制来提升翻译的速度[14]。

这些模型的成功让研究人员认识到了注意力机制的巨大潜力，随后 Google 在 2017 年提出了基于注意力机制的网络结构 Transformer[15]，进一步在机器翻译效果上取得显著提升。Transformer 结构的核心创新点在于提出了多头自注意力机制（multi-head self-attention），一方面通过自注意力将句中相隔任意长度的词距离缩减为常量，另一方面通过多头结构捕捉到不同子空间的语义信息，因此可以更好地完成对长难句的编码和解码。由于 Transformer 完全基于前馈神经网络，缺少了像卷积神经网络和循环神经网络中对位置信息的捕捉能力，因此它还显式地对词的不同位置信息进行了编码，与词嵌入一起作为模型的输入。另外，相对于循环神经网络，Transformer 大大提升了模型的并行能力，在训练和预测时效率都远高于基于循环神经网络的机器翻译模型。现阶段对神经机器翻译模型的改进很多都是基于 Transformer 的，比如对多头注意力机制得到的不同子空间语义进行加权的 Weighted Transformer[16] 和图灵完备的 Universal Transformer[17] 等。

问题 2 神经机器翻译如何解决未登录词的翻译问题？ 难度：★★☆☆☆

分析与解答

我们知道神经机器翻译模型中源语言和目标语言中的每个词都会被表示为一个向量。由于语言是一个开放的集合，而模型受到数据规模和计算能力的限制，通常会限制词表的大小，因此在语料中出现频率较低的词会被排除在词表外，称为未登录词（Out-Of-Vocabulary，OOV），统一以 <UNK> 表示。这些未登录词被替换为 <UNK> 后，一方面损失了语义信息，影响翻译效果，另一方面在真实应用中如果 <UNK> 出现在解码端生成的语句中将非常影响用户体验，所以未登录词的翻译也是一个从神经机器翻译模型诞生以来就受到广泛关注的问题。这里总结现有的两种主流的解决思路，一种是将翻译的基本单元从词级别变为"子词"级别或者字符级别，这样可以大大缩减未登录词的数量；另一种是将源语言中的词拷贝到目标语言。

第一种思路中广泛使用的是 BPE（Byte Pair Encoding）算法，来自于数据压缩领域，由 Sennrich 等人首先应用到机器翻译任务上[18]。以一个小的词典 {'low', 'lowest', 'newer', 'wider'} 为例，首先每个词末尾加上表示词结束的 '·' 标志，即 'low' 表示为 'low·'，然后迭代地统计相邻符号共同出现的频次，并将出现频次最高的符号对合并，直到达到指定的合并次数。比如上述词典经历的 4 次合并如图 10.3 所示，合并后的词典则变为：{'e', 'd', 'i', 'n', 's', 't', 'w', '·', 'er·', 'low'}。合并次数越少越接近字符级别，合并次数越多则越接近词级别，通常调整合适的合并次数可以保证词表大小适当且在翻译过程中几乎不出现未登录词。另外，子词在语料中出现的频次高于原词，能使模型获得更好的泛化性能；同时，序列长度小于字符序列，可以缓解长距离语境依赖的问题。因此，BPE 算法是一种非常简单且有效的解决方案。

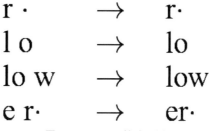

图 10.3　BPE 算法示例

第二种思路的代表是利用指针网络（pointer network），在合适的时机将源语言中的词直接拷贝到目标语言[19]。模型主要对经典的神经机器翻译模型的 Softmax 输出层进行了改造，将其分为以下 3 个组成部分。

- 交换网络（switch network）d_t，基于多层感知机建模，决定当前步进行翻译（或拷贝）的概率。
- 词表 Softmax 层 w_t，等同于经典神经机器翻译模型的 Softmax 层，决定当前步翻译为词表中任意词的概率。
- 位置 Softmax 层 l_t，基于指针网络建模或直接复用注意力机制的 Softmax 层，决定当前步拷贝源语言端不同位置的概率。

最后完整的输出层则是由 $[d_t \times w_t, (1-d_t) \times l_t]$ 拼接而成，训练时需要提供每一步为翻译或拷贝的监督信息，预测时则选择生成概率最高的被拷贝词或翻译词进行输出。

需要说明的是，上述两种思路并不对立，实践中读者可以根据情况选择其中一种，或结合两种方法使用。

问题 3　训练神经机器翻译模型时有哪些解决双语语料不足的方法？

难度：★ ★ ★ ☆ ☆

分析与解答

双语语料是机器翻译模型训练时最重要的监督信息，然而在现实应用中由于某些语言是小语种或者特定领域的语料稀缺等，经常出现双语语料不足的情况，在训练神经机器翻译模型的时候如何应对这种情况呢？这里列举几种常见的解决方案。

第一类非常直接的解决方案就是通过爬虫自动挖掘和产生更多的双语语料。这个过程中涉及双语网页的判别和双语语料的对齐等问题，尤其挖掘到的双语语料一般都是篇章对齐或段落对齐，将其正确处理为句子对齐的双语语料实际上是非常重要的研究方向，常见的包括基于长度、基于词汇和基于机器翻译等方法。

第二类比较直观的解决方案是构造伪双语平行语料，常见的构造方式有两种：一是利用目标语言端的单语语料反向翻译源语言[20]，由于这样构造的平行语料中目标语言端为真实语料，因此有利于解码器网络的学习，提升模型的效果；二是利用数据增强的方式对原始语料进行改造，比如参考文献 [21] 用在双语语料中出现频率较低的词替换原语料中某一位置的词，并利用语言模型对替换后语句打分，将排名靠前的保留，接着利用词对齐模型将目标语言端与被替换词对齐的词也替换成对应词的释义，同样选择语言模型打分最高的释义进行保留，最后将构造的双语语料加入到训练集中，这样可以有针对性地提高翻译效果较差的低频词的翻译效果。

第三类解决方案则是在模型层面来解决语料不足的问题，通常可以利用的数据包括单语语料、其他语言对、其他领域的双语语料等，解决思路不一而足，这里仅分享 Google 在 2017 年提出的具有代表性的工作：多语言机器翻译模型[22]。该模型将不同语言对的双语语料放在一起训练，共用统一的词表。唯一与单语言对翻译模型不同的是，在源语言端的输入起始位置加上 <2es> 或 <2cn> 这种表示翻译目标语言的标记，用时将不同语言对分别进行上采样或下采样以保证语料的比例相当，在实验中多源语言到单一目标语言的设置下对语料较少的语言对的翻译效果有提升作用，非常简单有效。其中值得借鉴的思想包括，在不同语言对之间通过多任务学习共享模型参数；利用语料较多的语言对学习 A 语言的编码和 B 语言的解码，从而能够实现对零样本的 A-B 语言对的翻译。

问答系统

问答系统（Question Answering System）通常是指可以根据用户的问题（question），从一个知识库或者非结构化的自然语言文档集合中查询并返回答案（answer）的计算机软件系统。目前已经有一些公司将问答系统的技术应用到了自己的产品之中，Google、Bing 等搜索引擎系统就提供了根据用户的查询直接从网页结果中抽取相关答案的功能（如图 10.4 所示）。

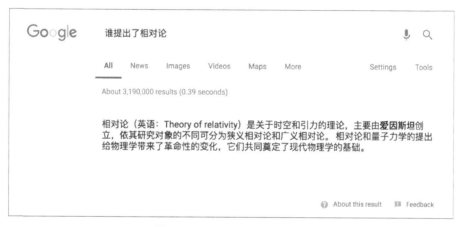

图 10.4　Google 的问答功能

一个典型的问答系统需要完成问题分类、段落检索以及答案抽取 3 个任务。

（1）问题分类主要用于决定答案的类型。比如，"珠穆朗玛峰海拔有多高"这样的问题，需要根据事实给出答案；而"美国知名的互联网流媒体公司有哪些"这样的问题，则需要根据问题中的条件，返回一个符合要求的结果列表。不同的答案类型也往往意味着在系统实现上对应着不同的处理逻辑。根据期望回答方式可以将问题分类成事实型问题、列举型问题、带有假设条件的问题、询问"某某事情如何做"以及"某某东西是什么"等问题。

（2）段落检索是指根据用户的问题，在知识库以及备选段落集合中返回一个较小候选集，这是一个粗略筛选的过程。这样做的原因是知识库以及候选段落集合往往包含海量数据，以至于无法直接在这些数据上进行答案抽取，需要应用一些相对轻量级的算法筛选出一部分候选集，使得后续的答案抽取阶段可以应用一些更为复杂的算法。

（3）答案抽取是指根据用户的问题，在段落候选集的文本中抽取最终答案的过程。目前有很多深度学习方法 [23-27] 可以用来解决这个问题。

知识点

问答系统、循环神经网络、卷积神经网络、Transformer

问题 *1* **如何使用卷积神经网络和循环神经网络解决问答系统中的长距离语境依赖问题？Transformer 相比以上方法有何改进？**　　难度：★★★★☆

分析与解答

问答系统的难点之一，就是解答问题的关键信息往往分布在候选段落的不同位置，需要结合较长文本才能给出答案。比如对于语句"月球是地球的卫星"，其中"月球"和"卫星"之间有较强的关联性，但一个位于句首，一个位于句尾，问答系统的模型要有学习这种长距离语境依赖的能力。

卷积神经网络在图像领域获得了很多成果，受此启发，有很多将卷积神经网络应用到问答系统中的研究 [28]。例如，可以基于预训练好的词向量，使用卷积神经网络学习高维特征表示，并将结果应用于问题分类。如图 10.5 所示，模型首先对于输入的文本序列进行词嵌入编码，卷积层对编码词向量序列使用多个卷积核进行卷积，并将卷积结果通过池化与拼接操作合并成最终的输出向量（特征向量）。最终的输出向量可以根据任务类型选择通过 Softmax 全连接层生成最终的模型打分，或者与其他网络结构的输出向量合并进行后续学习。

采用卷积神经网络的优点是，由于共享权重，卷积层对关键信息在问题中的位置不敏感，并且卷积操作可以获得文本的局部特征；再通过池化操作，可以得到卷积输出中最显著的向量特征，并且能将任意长度的输入文本转化成固定长度的特征向量，方便后续处理。但是，由于卷积向量的长度有限，如果输入文本中包含相隔较远的关联词，卷积神经网络也存在无法处理这种较长范围语境的问题。另外由于池化层的存在，最大池化后的特征向量只能包含最显著的输入向量值，对于输入中的多峰值情况无法很好建模。

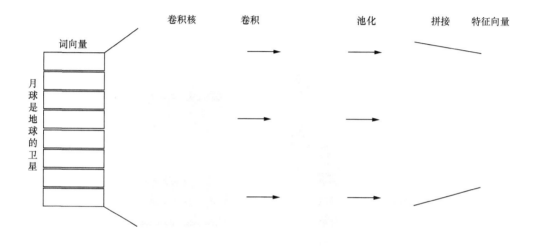

图 10.5　用卷积神经网络提取文本的特征向量

由于卷积神经网络难以处理较长语境，因此使用循环神经网络，如 LSTM，可以在一定程度上解决这个问题。LSTM 通过在经典循环神经网络的隐藏层单元中加入记忆单元，并控制是否保存上一时刻的长短期记忆单元信息，来改善在学习循环神经网络时遇到的梯度消失或爆炸问题。相比于卷积神经网络，LSTM 可以学习较长跨度的依赖信息，更适合用来学习较长文本的特征表示。

由于 LSTM 序列化的模型结构，无法利用并行来加速计算，这使得模型在训练和预测过程中的计算时间都比较长，可用于学习的训练样本量也因此受到了限制。此外，LSTM 在学习文本段落中较长距离的信息依赖时仍然存在一定的困难（网络中的前向／反向信号的传播长度与依赖距离成正比）。

相比上述这些方法，注意力机制降低了信号传播的长度，它通过有限个计算单元来处理文本序列各个位置之间的依赖，使得长距离语境依赖更容易被学习；另外，由于序列化执行的单元个数减少，模型可以利用并行化来提升计算速度。在 Transformer 架构中，就使用了自注意力机制结构，完全取代了卷积神经网络和循环神经网络结构，能够使用较短的信息传递路径学习文本中的长距离语境依赖。自注意力机制采用了尺度缩放点积注意力（scaled dot-product attention）来计算注意力权重：

$$\text{Attention}(Q,K,V) = \text{Softmax}\left(\frac{QK^{\text{T}}}{\sqrt{d_k}}\right)V \qquad （10\text{-}6）$$

在传统的 Seq2Seq 注意力机制中，Q 代表 Query，即解码器对应的待生成序列；V 代表 Value，是编码器对应的输入序列；K 代表 Key。$\text{Softmax}\left(\frac{QK^{\text{T}}}{\sqrt{d_k}}\right)$ 矩阵中每列的值表示在解码器当前位置上，该以多大的权重关注编码器的每个位置。在自注意力机制中，Q、K、V 都是由输入序列的向量生成的矩阵。具体来说，记 x_i 是输入序列中第 i 个词对应的行向量，维度为 d_{model}，q_i、k_i、v_i 分别为 Q、K、V 的第 i 行向量，则有

$$
\begin{aligned}
q_i &= x_i \cdot W_q \\
k_i &= x_i \cdot W_k \\
v_i &= x_i \cdot W_v
\end{aligned}
\qquad （10\text{-}7）
$$

其中，W_q、W_k、W_v 是学习得到的权重矩阵，q_i 与 k_i 是 d_k 维向量，v_i 是 d_v 维向量。这样，每个位置相对于当前位置的注意力权重可以通过矩阵 Q 与 K^{T} 的乘积、$\frac{1}{\sqrt{d_k}}$ 因子缩放以及 Softmax 归一化获得；而输入序列中的每个位置间的依赖关系由注意力权重与向量 v_i 的加权求和得到，不再依赖于序列长度，从而使模型更容易学习。

针对问答系统，QANet[27] 提出了一种结合卷积神经网络和 Transformer 中自注意力机制的模型结构。QANet 的核心结构是编码器模块，如图 10.6 所示。编码器模块依次由 3 个部分构成：卷积层、自注意力层和前向全连接层。每层的输入都先经过一个层级标准化（Layer Normalization），对样本中的每一维特征进行标准化（在训练时不依赖

样本批次的大小）；同时，每层都包含一个残差连接。每层的最终输出为

$$y = f(\text{LayerNorm}(x)) + x \qquad (10\text{-}8)$$

其中，x 和 y 分别是输入向量和输出向量，$\text{LayerNorm}(\cdot)$ 是层级标准化操作，$f(\cdot)$ 代表每层学习的函数表示。具体细节如下。

- 层级标准化的公式为

$$\bar{a}_i^{(l)} = \frac{g_i^{(l)}}{\sigma^{(l)}}(a_i^{(l)} - \mu^{(l)})$$

$$\mu^{(l)} = \frac{1}{H^{(l)}}\sum_{i=1}^{H^{(l)}} a_i^{(l)} \qquad (10\text{-}9)$$

$$\sigma^{(l)} = \sqrt{\frac{1}{H^{(l)}}\sum_{i=1}^{H^{(l)}}(a_i^{(l)} - \mu^{(l)})^2}$$

其中，$a_i^{(l)}$ 是输入，表示神经网络第 l 层第 i 个神经元在进入激活函数之前的加权求和值，$H^{(l)}$ 表示第 l 层神经元的个数，$\mu^{(l)}$ 和 $\sigma^{(l)}$ 分别是第 l 层的均值和标准差，$g_i^{(l)}$ 是控制尺度的增益参数。在层级标准化中，会用标准化后的 $\bar{a}_i^{(l)}$ 代替原始的 $a_i^{(l)}$。可以看出，层级标准化与批归一化类似，都是在做归一化操作；不同点是前者是在层内的节点维度上做归一化，而后者是在样本维度上做归一化。

- 卷积层采用的是深度可分离卷积（Depthwise Separable Convolutions）。这种卷积的内存效率高，泛化性能更好。卷积层可以捕捉输入文本中相邻词之间的结构信息。

- 自注意力层使用了与 Transformer 中相同的自注意力机制。这种多头注意力机制不仅可以刻画输入文本中词与词之间的相关程度，还可以捕捉不同维度上的词语联系，丰富了注意力机制的信息表示。

- 最后的前向全连接层进一步对前两层的输入进行变换，增强模型的表达能力。

在 QANet 中，由于没有循环结构，模型可以更好地进行并行计算，以加快训练和测试的速度；而速度的提升，使得模型可以学习和利用更多的训练数据，从而获得更好的效果。

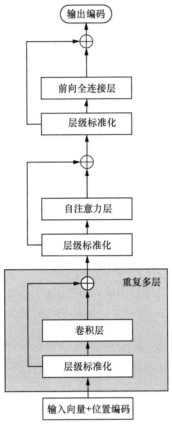

图 10.6　QANet 编码器模块

2 **在给文本段落编码时如何结合问题信息？这么做有什么好处？**　难度：★★★☆☆

分析与解答

对于同一个文本段落，不同问题的答案往往来自于段落中不同的位置。如果在对段落编码时结合问题信息，可以获得更有效的编码表示。基于这种思路，BiDAF（Bi-Directional Attention Flow）[25]、DCN（Dynamic Coattention Network）[29] 等方法就使用注意力机制来实现问题和段落的协同编码。

以 DCN 为例，它通过协同编码方式分别获取问题和段落的注意力编码。记段落的编码矩阵为 $D \in \mathbb{R}^{(m+1) \times l}$，问题的编码矩阵为 $Q \in \mathbb{R}^{(n+1) \times l}$，其中 l 是编码特征的维度，m 和 n 分别是段落和问题的文本长度，编码矩阵中多出来的一行是额外加入的哨兵向量（以允许注意力机制不关注段落或问题中的任一个词）。首先计算仿射矩阵 L：

$$L = DQ^{\mathrm{T}} \in \mathbb{R}^{(m+1) \times (n+1)} \qquad （10-10）$$

对 L 中的每一个列向量做 Softmax 归一化可以获得问题相对于段落的注意力矩阵 A^Q，而对 L 中的每一个行向量做 Softmax 归一化可以得到段落相对于问题的注意力矩阵 A^D，具体公式为

$$A^Q = \mathrm{Softmax}(L^{\mathrm{T}}) \in \mathbb{R}^{(n+1) \times (m+1)}$$
$$A^D = \mathrm{Softmax}(L) \in \mathbb{R}^{(m+1) \times (n+1)} \qquad （10-11）$$

这样，我们可以算得问题中每个词相对于段落的注意力编码，即

$$C^Q = A^Q D \in \mathbb{R}^{(n+1) \times l} \qquad （10-12）$$

类似地，也可以算得段落中每个词相对于问题的注意力编码 $A^D Q \in \mathbb{R}^{(m+1) \times l}$。在 DCN 中，不仅计算了段落相对于"问题"的注意力编码，还计算了段落相对于"问题的注意力编码"的注意力编码，即 $A^D C^Q \in \mathbb{R}^{(m+1) \times l}$。这样做的好处是，可以将问题注意力编码映射到段落注意力编码特征空间中，方便模型学习。最终的段落编码是上述两者在列方向上的拼接（增加特征维度），即

$$C^D = A^D \left[Q; C^Q \right] \in \mathbb{R}^{(m+1) \times (2l)} \qquad （10-13）$$

上述 C^D 将作为结合了问题和段落信息的协同编码结果，输入到后续的网络结构中。DCN 结合问题信息对段落进行注意力编码，降低了段落长度对预测结果的影响。QANet 等模型也采用了 DCN 来获取文本段落与问题的协同编码，在实验中提升了预测效果。

问题 3 如何对文本中词的位置信息进行编码？

难度：★ ★ ☆ ☆ ☆

分析与解答

卷积神经网络可以在一定程度上利用文本中各个词的位置信息，但

对于较长文本的处理能力比较有限。循环神经网络可以利用隐状态编码来获取位置信息，但普通的循环神经网络处理长文本的能力也有限，需要结合注意力机制等方法进行改进。注意力机制可以获取全局中每个词对之间的关系，但并没有显式保留位置信息。如果对文本中单词的位置进行显式编码并作为输入，则可以方便模型学习和利用单词的位置信息，以提升模型效果。

在 Transformer 中，研究者采用不同频率的正弦 / 余弦函数对位置信息进行编码。记 $PE_{(pos,i)}$ 表示位置 pos 的编码向量中第 i 维的取值，则有

$$PE_{(pos,2i)} = \sin(pos/10000^{2i/d_{\text{model}}})$$
$$PE_{(pos,2i+1)} = \cos(pos/10000^{2i/d_{\text{model}}})$$

（10-14）

其中，d_{model} 是单词的文本编码向量的维度。位置编码向量的维度一般与文本编码向量的维度相同，都是 d_{model}，这样二者可以直接相加作为单词最终的编码向量（既带有文本信息又含有位置信息）。

上述位置编码方式可以方便模型学习相对位置特征，这是因为对于相隔为 k 的两个位置 p_1 和 $p_2 = p_1 + k$，则 $PE_{(p_2,\cdot)}$ 可以表示为 $PE_{(p_1,\cdot)}$ 的线性组合（线性系数与 k 有关）。

$$\begin{aligned}
PE_{(p_2,2i)} &= \sin(p_2/10000^{2i/d_{\text{model}}}) \\
&= \sin(p_1/10000^{2i/d_{\text{model}}} + k/10000^{2i/d_{\text{model}}}) \\
&= \sin(p_1/10000^{2i/d_{\text{model}}})C_{(k,1)} + \cos(p_1/10000^{2i/d_{\text{model}}})C_{(k,2)} \\
&= PE_{(p_1,2i)}C_{(k,1)} + PE_{(p_1,2i+1)}C_{(k,2)}
\end{aligned}$$

（10-15）

类似地，$PE_{(p_2,2i+1)}$ 也可以写成 $PE_{(p_1,2i)}$ 和 $PE_{(p_1,2i+1)}$ 的线性组合。这样一来，上述位置编码不仅表示了词的位置信息，还使位置特征具有了一定的周期性。位置编码的另一个优点是，即使测试集中出现了超过训练集文本长度的样本，这种编码方式仍然可以获得有效的相对位置表示。此外，使用这种位置编码时，在模型中加入位置信息只需要简单的相加操作即可，不会给模型增加过大的负担。

04 对话系统

对话系统（Dialogue System）是指可以通过文本、语音、图像等自然的沟通方式自动地与人类交流的计算机系统。对话系统有相对较长的发展历史，早期的对话系统可以追溯到二十世纪六十年代麻省理工学院人工智能实验室设计的自然语言处理程序 ELIZA[30]。经过几十年的研究发展以及数据量的增加，逐渐诞生了像苹果公司的 Siri、微软的小娜（Cortana）等个人助理型的对话系统产品，以及微软小冰这样的非任务型对话系统。对话系统根据信息领域的不同（开放与闭合）以及设计目标的不同（任务型与非任务型）可以划为不同的类型：任务型对话系统需要根据用户的需求完成相应的任务，如发邮件、打电话、行程预约等；非任务型对话系统大多是根据人类的日常聊天行为而设计，对话没有明确的任务目标，只是为了与用户更好地进行沟通，例如微软小冰的设计目标之一是培养对话系统的共情能力（Empathy），更注重与用户建立长期的情感联系[31]。

一个典型的任务型对话系统包含图 10.7 所示的 3 个部分：对话理解、策略学习和对话生成。具体来说，对于用户的输入，先通过语义理解（Natural Language Understanding，NLU）单元进行编码，通过对话状态跟踪模块生成当前对话状态编码；根据当前的对话状态，系统选择需要执行的任务（由策略学习模块决定）；最后通过自然语言生成（Natural

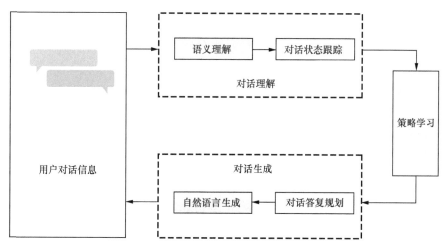

图 10.7 任务型对话系统的结构示意图

Language Generation，NLG）返回用户可以理解的表达形式（如文本、语音、图片等）。由于任务型对话系统需要完成一些特定任务，因此处理的信息领域往往是闭合的（close domain）。

对于非任务型的对话系统来说，其更注重与用户的沟通，对话的多样性以及用户的参与度比较重要，因此这类对话系统更多采用一些生成式模型（如 Seq2Seq 模型），或者根据当前内容从语料库中选择合适的回答语句。这类问答系统对应的信息领域往往是开放的（open domain）。

知识点

强化学习、重要性采样（Importance Sampling）、经验回放（Experience Replay）、蒙特卡洛方法、ACER（Actor-Critic with Experience Replay）算法

问题　**对话系统中哪些问题可以使用强化学习来解决？**　难度：★★★★★

分析与解答

强化学习是深度学习领域比较热门的研究方向之一。强化学习尝试根据环境决策不同的行为（action），从而实现预期利益的最大化。对于对话系统来说，用户的输入往往多种多样；对于不同领域的对话内容，对话系统可以采取的行为也多种多样。普通的有监督学习方法（如深度神经网络）往往无法获得充足的训练样本进行学习，而强化学习可在一定程度上解决这个问题。而且，当对话系统与用户的交互行为持续地从客户端传输到服务端时，强化学习方法可以对模型进行及时的更新，在线训练模型。

对于任务型对话系统，系统根据对用户输入的理解，采取不同的行为，这个过程可以用图 10.7 中的策略学习模块表示。由于用户的对话以及系统可采取的行为的组合数量一般比较庞大，这个部分比较适合使用强化学习来解决 [32-34]。对于非任务型对话系统，如在微软小冰的设

计中，也有类似的对话管理模块。强化学习除了可以用来为策略学习模块建模之外，还可以直接为整个对话系统进行端到端的建模，从而简化对话系统的设计。

任务型对话系统的商业应用场景比较多，用餐对话系统就是任务型对话系统的一个典型用例。对于一个用餐对话系统，用户可以通过与对话系统的交流，来获取满意的餐厅推荐以及相关餐厅的地址、电话等联系信息。用户的输入经过对话理解模块可以被编码成对话状态向量 $b \in \mathbb{R}^{n_b}$，这个 n_b 维的对话状态向量中可以包含用户在对话中表达出的订餐需求以及对话的目标等信息，并能根据对话的进行不断更新，如图 10.8 所示。

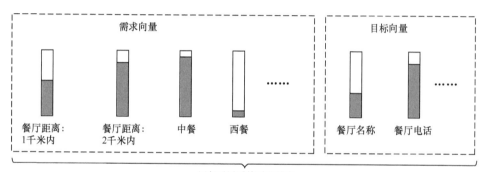

图 10.8　用餐对话系统对话状态向量示例

图 10.7 中的策略学习模块可以使用强化学习来建模。我们的目标是学习一个策略 π，根据系统当前对话状态向量 b 来选择一个最优行为 a，使得对话系统尽可能完成用户在对话中指定的任务。例如，在用餐对话系统中，行为 a 可以表示获取餐厅信息（request）、向用户确认（confirm）以及将满足用户需求的信息反馈给用户（inform）等。每段对话结束时，可以根据任务是否成功完成来设定策略的奖励：当目标任务成功完成时奖励为 $+v_e$，失败时奖励为 $-v_e$。另外在每一轮对话结束后，都反馈一个绝对值较小的 $-\epsilon$，以促使算法尽可能学习简洁的策略。

接下来，我们以用 ACER（Actor-Critic with Experience Replay）[35] 算法实现任务型对话系统的策略学习模块为例，简单介绍强化学习在对话系统中的应用。ACER 是一种基于演员 – 评论家结构的借鉴策略学习算法，优点是稳定（模型方差小），有很好的理论收敛性，而且样本利用率高。ACER 算法的优化目标是

$$J(w) = V_{\pi(w)}(\boldsymbol{b}_0) \qquad (10\text{-}16)$$

其中，$\pi(w)$是以 w 为参数的行为策略，$\boldsymbol{b}_0$ 代表对话状态的初始值，$V_\pi(\cdot)$是在策略π下的状态价值函数，它可以由如下公式得到：

$$V_\pi(\boldsymbol{b}_t) = \mathbb{E}_\pi(R_t \mid \boldsymbol{b}_t) \qquad (10\text{-}17)$$

其中，

$$R_t = \sum_{i \geqslant 0} \gamma^i r_{t+i} \qquad (10\text{-}18)$$

这里 r_t 表示 t 时刻的奖励值（这里的每个"时刻"对应对话系统中每一轮的对话），$\gamma \in [0,1]$是折扣因子（discount factor），R_t是累计回报值（cumulative discounted return），表示从 t 时刻开始的折扣奖励值之和。可以看到，γ接近 0 时，R_t只考虑最近的奖励值；而γ接近 1 时，R_t考虑未来所有轮的奖励值（直到对话结束）。状态价值函数$V_\pi(\boldsymbol{b}_t)$表示在对话状态是 $\boldsymbol{b}_t$ 的情况下，采用策略π的预期累计回报。因此，目标函数$J(w)$表示采用参数化行为策略$\pi(w)$时，一轮对话从开始到结束的整体累计回报。在 ACER 算法中，我们希望最大化$J(w)$。

上述的累计回报值 R_t 可以这样来理解，如图 10.9 所示，黄色星形表示最终的回报，绿色圆形表示一系列行为的累计回报值（在对话系统中就表示每一轮对话结束后系统采取的行为带来的累计回报），颜色越深意味着累计回报值越高。强化学习往往有延迟奖励（delayed reward）问题，比如对于任务型对话系统来说，一段对话结束之后才能获取目标奖励（是否成功完成任务），这样就很难获得每一步决策带来的奖励，所以我们加入了折扣因子γ，使得距离最终回报（图中黄色星形的位置）比较远的位置也可以获取一个折扣后的累计回报值，即 R_t。

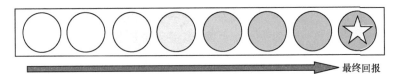

图 10.9　强化学习中的累计回报值

ACER 算法采用借鉴策略的方式进行学习，这意味着训练样本的获取策略 μ 可能与当前的目标策略 π 不同。使用借鉴策略的好处是可以使用经验回放方法，即从历史决策记录中随机采集样本进行训练。我们可以用梯度下降法来求解目标策略 π 的参数 w。记 $g(w)$ 为目标函数关于参数 w 的梯度，即

$$\nabla_w J(w) = g(w) \tag{10-19}$$

由于样本中不包含处于状态 $\boldsymbol{b}_0$ 的样本，我们将 $J(w)$ 表示为

$$J(w) = \sum_{\boldsymbol{b}\in\mathbb{B}} d^\mu(\boldsymbol{b}) V_{\pi(w)}(\boldsymbol{b}) \tag{10-20}$$

其中，$\mathbb{B}$ 表示状态全集，$d^\mu(\boldsymbol{b})$ 表示在获取策略 μ 下系统收敛于状态 $\boldsymbol{b}$ 的概率，即 $d^\mu(\boldsymbol{b}) = \lim_{t\to\infty} P(\boldsymbol{b}_t = \boldsymbol{b} \,|\, \boldsymbol{b}_0, \mu)$。引入 Q 函数 $Q_\pi(\boldsymbol{b}, a)$ 来表示在状态为 $\boldsymbol{b}$ 时采取行为 a 的预期回报，即

$$Q_\pi(\boldsymbol{b}, a) = \mathbb{E}_\pi(R \,|\, \boldsymbol{b}, a) \tag{10-21}$$

则梯度 $g(w)$ 的计算公式变为

$$g(w) = \sum_{\boldsymbol{b}\in\mathbb{B}} d^\mu(\boldsymbol{b}) \sum_{a\in\mathbb{A}} \nabla_w \pi(a\,|\,\boldsymbol{b}) Q_\pi(\boldsymbol{b}, a) \tag{10-22}$$

其中，$\pi(a\,|\,\boldsymbol{b})$ 表示在策略 π 下系统处于状态 $\boldsymbol{b}$ 时采取行为 a 的概率。采用式（10-22）来估计梯度 $g(w)$ 的难点之一是我们没有对 $d^\mu(\boldsymbol{b})$ 的估计值。此外，在每次训练中对所有状态 $\boldsymbol{b}\in\mathbb{B}$ 以及所有可能行为 $a\in\mathbb{A}$ 进行求和也不太实际。一种方法是使用重要性采样方法对式（10-22）进行变换，将其变成期望形式，然后基于训练样本用蒙特卡洛方法对期望进行估计，从而得到 $g(w)$，具体公式为

$$
\begin{aligned}
g(w) &= \mathbb{E}_{\boldsymbol{b}\sim d^\mu} \Big[\sum_{a\in\mathbb{A}} \nabla_w \pi(a\,|\,\boldsymbol{b}) Q_\pi(\boldsymbol{b}, a) \Big] \\
&= \mathbb{E}_{\boldsymbol{b}\sim d^\mu} \Big[\sum_{a\in\mathbb{A}} \mu(a\,|\,\boldsymbol{b}) \frac{\pi(a\,|\,\boldsymbol{b})}{\mu(a\,|\,\boldsymbol{b})} \frac{\nabla_w \pi(a\,|\,\boldsymbol{b})}{\pi(a\,|\,\boldsymbol{b})} Q_\pi(\boldsymbol{b}, a) \Big] \\
&= \mathbb{E}_{\boldsymbol{b}\sim d^\mu, a\sim\mu(\cdot\,|\,\boldsymbol{b})} \big[\rho(a\,|\,\boldsymbol{b}) \nabla_w \log(\pi(a\,|\,\boldsymbol{b})) Q_\pi(\boldsymbol{b}, a) \big]
\end{aligned}
\tag{10-23}
$$

其中，$\rho(a\,|\,\boldsymbol{b}) = \dfrac{\pi(a\,|\,\boldsymbol{b})}{\mu(a\,|\,\boldsymbol{b})}$ 是重要性权重。这样我们就可以利用 μ 策略产生的样本来求解最优策略 π 了。目前常用的方法是分别使用两个神经网络来近似 $\pi(a\,|\,\boldsymbol{b})$ 和 $Q_\pi(a\,|\,\boldsymbol{b})$，但两个神经网络之间可能会有共享参数。

在具体细节上，ACER 算法还用到了以下 3 个技巧。

（1）采用了 Retrace[36] 算法来近似式（10-23）中的 $Q_\pi(\boldsymbol{b},a)$ 项，这种方法的优点是可以保证估计值的理论收敛性，而且算法的方差比较小。

（2）对式（10-23）中的重要性权重 $\rho(a\,|\,\boldsymbol{b})$ 使用了常数截断 $\bar{\rho}(a\,|\,\boldsymbol{b}) = \min\{c, \rho(a\,|\,\boldsymbol{b})\}$，其中 c 是常数，并引入了偏置矫正（bias correction）项。这么做的优点是可以保证获取的梯度估计是无偏的，同时减少无界的重要性权重 $\rho(a\,|\,\boldsymbol{b})$ 对训练的扰动。

（3）采用信赖域策略优化（Trust Region Policy Optimisation）算法来限制学习算法中模型参数值更新的幅度，保证系统的稳定性。这种做法还可以缓解模型参数上的微小变化引起策略 $\pi(w)$ 的巨大变化的现象。

通过训练强化学习模型得到优化对话策略 π 之后，即可根据当前对话状态 $\boldsymbol{b}$，采用贪心策略选择 $\pi(a\,|\,\boldsymbol{b})$ 概率最大的行为，或者使用"探索"与"利用"的方式动态决定当前行为 a，生成与用户的对话。

对话系统目前仍然是一个快速发展的领域。在近期的研究中，强化学习算法在博弈策略上的一些应用取得了突出的成绩（如 AlphaGo[37]），相信二者的结合在未来也会有更多的研究成果。

参考文献

[1] OTTER D W, MEDINA J R, KALITA J K. A survey of the usages of deep learning in natural language processing[J]. arXiv preprint arXiv:1807.10854, 2018.

[2] DEERWESTER S, DUMAIS S T, FURNAS G W, et al. Indexing by latent semantic analysis[J]. Journal of the American Society for Information Science, Wiley Online Library, 1990, 41(6): 391–407.

[3] PENNINGTON J, SOCHER R, MANNING C. Glove: Global vectors for word representation[C]//Proceedings of the 2014 Conference on Empirical Methods in Natural Language Processing, 2014: 1532–1543.

[4] MIKOLOV T, SUTSKEVER I, CHEN K, et al. Distributed representations of words and phrases and their compositionality[C]//Advances in Neural Information Processing Systems, 2013: 3111–3119.

[5] JOULIN A, GRAVE E, BOJANOWSKI P, et al. Bag of tricks for efficient text classification[C]//Proceedings of the 15th Conference of the European Chapter of the Association for Computational Linguistics: Volume 2, Short Papers. Association for Computational Linguistics, 2017: 427–431.

[6] BENGIO Y, DUCHARME R, VINCENT P, et al. A neural probabilistic language model[J]. Journal of Machine Learning Research, 2003, 3(Feb): 1137–1155.

[7] PETERS M E, NEUMANN M, IYYER M, et al. Deep contextualized word representations[J]. arXiv preprint arXiv:1802.05365, 2018.

[8] RADFORD A, NARASIMHAN K, SALIMANS T, et al. Improving language understanding by generative pre-training[J]. 2018.

[9] DEVLIN J, CHANG M-W, LEE K, et al. BERT: Pre-training of deep bidirectional transformers for language understanding[J]. arXiv preprint arXiv:1810.04805, 2018.

[10] SUTSKEVER I, VINYALS O, LE Q V. Sequence to sequence learning with neural networks[C]//Advances in Neural Information Processing Systems, 2014: 3104–3112.

[11] DZMITRY B, CHO K, YOSHUA B. Neural machine translation by jointly learning to align and translate.[J]. arXiv preprint arXiv:1409.0473, 2014.

[12] LUONG M-T, PHAM H, MANNING C D. Effective approaches to attention-based neural machine translation[J]. arXiv preprint arXiv:1508.04025, 2015.

[13] MARTINS A, ASTUDILLO R. From Softmax to Sparsemax: A sparse model of attention and multi-label classification[C]//International Conference on Machine Learning, 2016: 1614–1623.

[14] GEHRING J, AULI M, GRANGIER D, et al. A convolutional encoder model for neural machine translation[J]. arXiv preprint arXiv:1611.02344, 2016.

[15] VASWANI A, SHAZEER N, PARMAR N, et al. Attention is all you need[C] //Advances in Neural Information Processing Systems, 2017: 5998–6008.

[16] AHMED K, KESKAR N S, SOCHER R. Weighted transformer network for machine translation[J]. arXiv preprint arXiv:1711.02132, 2017.

[17] DEHGHANI M, GOUWS S, VINYALS O, et al. Universal transformers[J]. arXiv preprint arXiv:1807.03819, 2018.

[18] SENNRICH R, HADDOW B, BIRCH A. Neural machine translation of rare words with subword units[J]. arXiv preprint arXiv:1508.07909, 2015.

[19] GULCEHRE C, AHN S, NALLAPATI R, et al. Pointing the unknown words[J]. arXiv preprint arXiv:1603.08148, 2016.

[20] SENNRICH R, HADDOW B, BIRCH A. Improving neural machine translation models with monolingual data[J]. arXiv preprint arXiv:1511.06709, 2015.

[21] FADAEE M, BISAZZA A, MONZ C. Data augmentation for low-resource neural machine translation[J]. arXiv preprint arXiv:1705.00440, 2017.

[22] JOHNSON M, SCHUSTER M, LE Q V, et al. Google's multilingual neural machine translation system: Enabling zero-shot translation[J]. Transactions of the Association for Computational Linguistics, MIT Press, 2017, 5: 339–351.

[23] SEE A, LIU P J, MANNING C D. Get to the point: Summarization with

pointer-generator networks[J]. arXiv preprint arXiv:1704.04368, 2017.

[24] WANG W, YANG N, WEI F, et al. Gated self-matching networks for reading comprehension and question answering[C]//Proceedings of the 55th Annual Meeting of the Association for Computational Linguistics (Volume 1: Long Papers), 2017, 1: 189–198.

[25] SEO M, KEMBHAVI A, FARHADI A, et al. Bidirectional attention flow for machine comprehension[J]. arXiv preprint arXiv:1611.01603, 2016.

[26] HUANG H-Y, ZHU C, SHEN Y, et al. Fusionnet: Fusing via fully-aware attention with application to machine comprehension[J]. arXiv preprint arXiv:1711.07341, 2017.

[27] YU A W, DOHAN D, LUONG M-T, et al. QANet: Combining local convolution with global self-attention for reading comprehension[J]. arXiv preprint arXiv:1804.09541, 2018.

[28] KIM Y. Convolutional neural networks for sentence classification[J]. arXiv preprint arXiv:1408.5882, 2014.

[29] XIONG C, ZHONG V, SOCHER R. Dynamic coattention networks for question answering[J]. arXiv preprint arXiv:1611.01604, 2016.

[30] WEIZENBAUM J, OTHERS. ELIZA—A computer program for the study of natural language communication between man and machine[J]. Communications of the ACM, New York, NY, USA, 1966, 9(1): 36–45.

[31] ZHOU L, GAO J, LI D, et al. The design and implementation of XiaoIce, an empathetic social chatbot[J]. arXiv preprint arXiv:1812.08989, 2018.

[32] YOUNG S, GAŠIĆ M, THOMSON B, et al. Pomdp-based statistical spoken dialog systems: A review[J]. Proceedings of the IEEE, IEEE, 2013, 101(5): 1160–1179.

[33] WEISZ G, BUDZIANOWSKI P, SU P-H, et al. Sample efficient deep reinforcement learning for dialogue systems with large action spaces[J]. IEEE/ACM Transactions on Audio, Speech and Language Processing, 2018, 26(11): 2083–2097.

[34] CUAYÁHUITL H, KEIZER S, LEMON O. Strategic dialogue management

via deep reinforcement learning[J]. arXiv preprint arXiv:1511.08099, 2015.

[35] WANG Z, BAPST V, HEESS N, et al. Sample efficient actor-critic with experience replay[J]. arXiv preprint arXiv:1611.01224, 2016.

[36] MUNOS R, STEPLETON T, HARUTYUNYAN A, et al. Safe and efficient off-policy reinforcement learning[C]//Advances in Neural Information Processing Systems, 2016: 1054–1062.

[37] SILVER D, SCHRITTWIESER J, SIMONYAN K, et al. Mastering the game of Go without human knowledge[J]. Nature, Nature Publishing Group, 2017, 550(7676): 354.

推荐系统

伴随着互联网的蓬勃发展，人们面临的选择也越来越多，例如早上该看哪些新闻资讯，中午该点哪家外卖，晚上该看哪些视频等。信息过载已经成为每个人都需要面对的问题。为了应对信息过载，帮助用户找到自己感兴趣的信息，推荐系统应运而生。以 Hulu 为例，当你观看《生活大爆炸》时，推荐系统会猜测你喜欢更多相似的情景喜剧；当你观看《变形金刚》时，推荐系统会给你呈现更多的科幻片。每个人的兴趣不同，观看历史不同，看到的 Hulu 也就互不相同。

推荐系统在商业互联网领域的应用已经有近二十年的历史。从框架上而言，推荐系统大体上被模块化为召回和排序两个阶段，并辅以多样性、冷启动等不同的功能组件；从算法上而言，推荐算法进一步分为基于内容和基于用户行为两大类别，涵盖了早期的基于用户 / 物品的协同过滤算法、矩阵分解、因子分解机（Factorization Machines）、逻辑回归、梯度提升决策树、深度神经网络等为代表的一系列模型。

本章主要通过推荐系统基础、推荐系统设计与算法、推荐系统评估这 3 个方面介绍推荐系统和深度学习的结合。

推荐系统基础

场景描述

在互联网领域中，推荐系统是一个既古老又新鲜的场景。随着互联网信息量的爆发式增长，能用于解决信息过载问题的推荐系统也在更多不同的场景下焕发新鲜活力。如何构建一个推荐系统，并将深度学习算法应用其中呢？

知识点

推荐系统、召回、排序、深度学习

问题 **1** 一个典型的推荐系统通常包括哪些部分？每个部分的作用是什么？有哪些常用算法？

难度：★★☆☆☆

分析与解答

我们可以将一个推荐系统简单地理解为给用户推荐实体或非实体物品的系统。其任务是根据用户和物品的特征，使用某种或某些推荐算法预测任意用户 u 对任意物品 i 的偏好或评分，并按照预测的偏好顺序，将排在前列的物品展示给用户。一个最简化和典型的推荐系统模型通常如图 11.1 所示，由提供底层数据的数据层、中间的算法层和上层的展示层构成。其中，算法层一般至少由召回部分（召回层）和排序部分（排序层）构成。

当一次推荐查询到来之时，推荐系统的召回算法负责从整个物品集中抽取当次推荐查询的候选集。根据推荐场景的不同、推荐物品的种类以及系统规模的大小，候选集的数量会有一定变化，从数十到数千都较为常见。大部分召回策略都基于内容过滤（Content Filtering）、协同过滤（Collaborative Filtering）或者它们的混合方法而设计。协同过滤是非常典型的召回方法之一，它是基于已知部分用户对部分物品的偏好或评分，预测缺失偏好或评分的方法[1]。从切入点上，协同过滤可以分为基于用户的协同过滤、基于物品的协同过滤算法等；从理念上则可以分为基于邻域的方法和隐语义模型（Latent Factor Model）等。基于邻域的方法，根据用户行为的不同定义、显式反馈和隐式反馈（implicit feedback）的不同处理等，又衍生出了许多不同的算法；而隐语义模型的经典代表是矩阵分解（Matrix Factorization）算法。矩阵分解算法衍生出了概率矩阵分解（Probabilistic Matrix Factorization）[2]和协同主题模型（Collaborative Topic Modeling）[3]等方法，这一系列算法曾在召回领域大放异彩。除了协同过滤之外，还有很多方法可以用于召回，例如深度学习算法。召回过程中的深度学习算法受召回机制的影响比较大，根据不同推荐系统中召回机制的不同，算法在结构设计和使用方式上会有较大的变化，并没有一定之规。

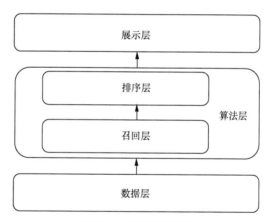

图 11.1 推荐系统模型

推荐系统的排序算法负责对召回算法提供的候选集中的物品按照用户偏好进行排序，排好序后通常会再进行一次前 K 个物品的截取。排序完成后的前 K 个物品会被提供给展示层，最终展示给用户。根据不同的推荐场景，人们会使用不同的推荐指标，这些推荐指标即是用户偏好的量化表示。例如，以点击率（Click-Through-Rate，CTR）作为推荐指标时，排序算法会以预测 CTR 为目标。在这一场景下常用的排序算法包括逻辑回归、梯度提升决策树、因子分解机（Factorization Machines，FM）以及各种神经网络算法等。现在工业界比较流行的神经网络排序算法包括 Google 提出的 Wide & Deep Network[4] 网络及其各种衍生算法（如乘积神经网络（Product-based Neural Network，PNN）[5]、DeepFM[6]、Deep & Cross Network[7]），以及阿里巴巴提出的 Deep Interest Network[8]、Deep Interest Evolution Network[9] 系列算法等。

在整个推荐算法进行的过程中，还可能需要其他一些模块，负责对物品按照特定条件进行过滤，或者使用不同算法对特定物品进行权重的升高或降低（如对冷启动的特殊处理）等。在这些问题上，不同的推荐系统有不同的处理方法。除了改造上述提到的一些算法，使之更适应特殊场景和特殊问题之外，一些强化学习相关模型也在处理这些问题时被引入。

问题 2　推荐系统中为什么要有召回？在召回和排序中使用的深度学习算法有什么异同？

难度：★★☆☆☆

分析与解答

首先，在实际应用中，推荐算法往往是在线上使用，可用的设备资源和响应时间都是有限的。而整个物品集的规模往往十分庞大，在线上对大量物品进行排序是对性能的较大挑战，很难实现。召回可以视为一个粗排序的过程，这个过程的主要目的是在有限的资源条件下提供尽可能准确的一个小候选集，从而减轻排序阶段的计算负担和耗时。

其次，即使资源和时间足够对整个物品集进行扫描，先使用较为简单的方法进行一次召回往往也是比较有利的。先进行召回意味着可以排除大部分无关物品，从而允许在排序阶段对更小的候选集使用更多的特征和更复杂的模型，以提高排序的准确率。

上述理由也是推荐系统在召回和排序阶段有不同侧重的原因。在召回阶段，推荐系统一般更侧重于大量物品的筛选效率，可以接受一些牺牲一定准确性的优化算法，而在排序阶段推荐系统通常对预测准确率更加重视。在使用传统算法时，召回和排序阶段使用的算法种类通常就有所区别，例如可以在召回阶段使用协同过滤，而在排序阶段使用逻辑回归或梯度提升决策树。

在使用深度学习算法时，可以把相似的深度神经网络同时用于召回和排序。但由于召回和排序阶段的目标有一定差别，在应用深度神经网络时也有相应的区别。在特征方面，排序阶段的算法会更多地使用当前上下文特征、用户行为相关特征、时序相关特征等，对特征的处理比召回阶段更加精细。在结构方面，召回阶段使用深度神经网络时，比较常用的方案是用 Softmax 作为网络的最后一层，而排序阶段最后一层是单个神经元的情况较多。由于可用的特征更多更详细，排序算法可以使用更多精巧的结构，例如时序特征相关的结构（LSTM、GRU 等）和注意力机制，而召回算法通常不使用这些结构。

· 总结与扩展 ·

推荐系统是应对信息过载的利器，是很多商业应用中不可或缺的一部分。深度学习方法在推荐系统中的应用日渐广泛，它可以用在推荐系统的各个部分，对推荐系统性能的提升有着重要作用。以下是关于本节内容的一些扩展问题。

（1）在参考文献 [10] 中，他们是如何在召回和排序中设计不同的深度神经网络的？为什么要这样设计？

（2）在训练召回模型和排序模型时，分别使用什么样的数据集比较合适？

推荐系统设计与算法

场景描述

设计一个有效帮助用户筛选所需信息的推荐系统，通常要考虑到应用场景和计算资源等多方面因素。当今推荐系统所使用的模型越来越复杂，在设计推荐算法时，正确认识一个算法的优点和局限性，有助于我们有针对性地解决实际需求并避开一些陷阱。本节从深度学习的视角来考察一些经典的推荐模型，以及推荐算法设计中可能遇到的实际问题。

知识点

协同过滤、矩阵分解、物品相似度、因子分解机、最近邻算法

问题 **1** 如何从神经网络的角度理解矩阵分解算法？　　难度：★★☆☆☆

分析与解答

矩阵分解算法是 Simon Funk 在 2006 年的 Netflix 推荐算法设计大赛中提出的一种经典的协同过滤算法，其基本思想是将用户和物品的评分矩阵分解为低维稠密的向量，而分解过程的优化目标是使用户和物品对应向量的内积逼近实际评分，数学形式化为

$$r_{u,i} \approx \hat{r}_{u,i} = \mu + b_u + b_i + v_u^{\mathrm{T}} w_i \tag{11-1}$$

其中，$r_{u,i}$ 和 $\hat{r}_{u,i}$ 分别表示用户 u 对物品 i 的实际评分和预测评分，μ 为系统的全局偏差，b_u 和 b_i 分别为用户 u 和物品 i 的特有偏差，v_u 和 w_i 则为表示用户 u 和物品 i 的低维稠密向量。作为一种经典的协同过滤算法，矩阵分解算法从上述的最初形式不断发展，产生诸如 SVD++[11]、概率矩阵分解等诸多变种，应用范围也扩展到点击、购买等隐式反馈数据上。这里仅以式（11-1）所示的基本形式为例，从以下几个方面以神经网

络的角度解释矩阵分解算法。

（1）**输入输出：**输入即为用户和物品的编号，输出为对应用户给物品的打分。

（2）**优化目标：**在评分这类显式反馈数据集上，矩阵分解通常采用均方根误差（Root Mean Square Error）作为损失函数。此外，考虑到用户和物品的数量，以及所选低维稠密向量的维数，矩阵分解的参数空间较大，因而通常会加入 L_2 正则项以防止过拟合，具体为

$$\min_{\mu, b_u, b_i, v, w} \sum_{(u,i) \in R} (r_{u,i} - \mu - b_u - b_i - \boldsymbol{v}_u^{\mathsf{T}} \boldsymbol{w}_i)^2 + \lambda_1 \| \boldsymbol{v}_u \|_2^2 + \lambda_2 \| \boldsymbol{w}_i \|_2^2 \qquad （11\text{-}2）$$

（3）**神经网络模型：**矩阵分解的神经网络模型相对简单，如图 11.2 所示。图中红色为模型的输入（用户和物品的编号），绿色为可训练的模型参考，黄色为模型输出（评分）。模型大致流程是，先通过用户或物品的编号查询得到用户或物品的嵌入表示（embedding），而后通过嵌入表示的内积运算得到一个标量值，再与各类偏置相加，最终得到评分。对于用户和物品的特有偏置，可以视为一维的嵌入表示。

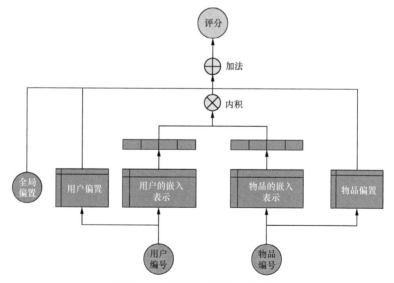

图 11.2　矩阵分解的神经网络模型

（4）**训练方法：**同一般的神经网络一样，常用训练算法是批量梯度下降形式的反向传播算法。

（5）**超参数：**除了控制正则项的超参数 λ_1 和 λ_2 外，低维稠密向量 v 和

w 的维数也直接决定了模型的表达能力。这些超参数的选取方法一般也与其他机器学习模型相同，即选择在验证集上结果最好的一组取值。

可以看到，从神经网络的角度来看，矩阵分解是一种内部没有非线性单元的相对简单的模型。所以，如果考虑增加模型的表达能力的话，可以通过增加多层感知单元等方法，将矩阵分解扩展为一个更一般的用于协同过滤任务的神经网络模型。

值得一提的是，除了显式反馈数据外，矩阵分解算法也可以处理隐式反馈数据，但在优化目标和训练方法等方面有所不同。例如，考虑到隐式反馈未必代表用户对物品的喜好（如在直播节目推送时，用户可能由于习惯原因而更倾向于停留在某个频道；又如在购物时，用户可能出于价格、送货范围等限制而不选择某物品），一般不能简单地拟合隐式反馈中的0/1，而是要对训练目标做出一些调整，如引入置信度的概念或采用排序损失函数等。另外，在某些场景下，隐式反馈数据的数据规模使得反向传播算法效率较低，需要一些更高效的训练算法（如参考文献 [12] 中的交替最小二乘法）。

问题 2　如何使用深度学习方法设计一个根据用户行为数据计算物品相似度的模型？

难度：★ ★ ★ ☆ ☆

分析与解答

基于物品相似度的协同过滤算法最早是 Amazon 在 2001 年发表于 WWW 会议的论文 [13] 中提出的。在其后很长的一段时间内，基于物品相似度的协同过滤算法一直是工业界应用最广泛的算法之一；即使在深度学习广泛应用于推荐系统的今天，基于物品相似度的算法仍然具有计算快速、原理简单、可解释性强等其他算法难以比拟的优势。

根据用户反馈数据计算两个物品间相似度的最简单方法是计算两个物品间的皮尔逊相关系数（Pearson Corelation）。从优化的角度来看，这一方法并没有显式地优化任何目标函数，一般不将其视为一种机器学

习算法。因而我们也有理由相信，使用基于深度学习的算法计算两个
物品间的相似度，可以取得比上述方法更准确的结果。那么如何设计
一个基于深度学习的模型，使我们可以根据用户反馈的信息计算两个
物品间的相似度呢？我们可以从无监督学习和监督学习两个不同的角
度来分析。

■ 无监督学习

使用无监督学习方法解决此问题，最常见的做法是先构造出物品的低
维稠密向量，然后通过余弦相似度来刻画任意两个物品间的相似度。这类
方法通常借鉴自然语言处理、网络嵌入（Network Embedding）等领域
的相关概念和算法，如 Prod2Vec [14]、Item2Vec [15]、图卷积神经网络（Graph
Convolutional Neural Network）[16-17] 等。我们以 Prod2Vec 为例，来看
一下自然语言处理中的算法可以如何应用到这一问题上。

记用户集为 U，一个用户 $u \in U$ 的购买物品序列为 $S(u) \triangleq \{i_0, i_1, \cdots, i_{N_u-1}\}$，
N_u 为购买物品总数。我们可以将物品看作一个单词，而将用户看作由
其购买的物品构成的句子。借用自然语言处理中 Word2Vec 的 Skip-
Gram 模型，优化目标是最大化对数条件概率之和，即

$$\sum_{u \in U} \sum_{i_j \in S(u)} \sum_{-c \leqslant k \leqslant c, k \neq 0} \log P(i_{j+k} \mid i_j) \qquad （11-3）$$

其中，$P(i_{j+k} \mid i_j)$ 通过 Softmax 函数计算，即 $P(i_{j+k} \mid i_j) = \dfrac{\exp(\boldsymbol{v}_{i_j}^\mathsf{T} \boldsymbol{v}'_{i_{j+k}})}{\sum_i \exp(\boldsymbol{v}_{i_j}^\mathsf{T} \boldsymbol{v}'_i)}$。

$\boldsymbol{v}_i$ 和 $\boldsymbol{v}'_i$ 分别表示物品 i 的输入、输出向量。图 11.3 给出了该过程的示
意图。

和 Word2Vec 中的情形类似，若该计算中分母的求和式遍历所
有物品，则计算复杂度过高，因而一般训练时采用负采样（Negative
Sampling）或层次 Softmax（Hierarchical Softmax）的方法计算。在
此基础上，Prod2Vec 的论文中还提出 Bagged-Prod2Vec 的概念，其基
本思想是进一步挖掘和利用每次用户可能购买多件物品的信息，将一次购
买的物品组合在一起（即所谓 Bagged）。在这一设定下，Skip-Gram 中
的滑动窗口只在这一组合的层次上移动，并且式（11-3）中的概率也仅限
于不同组合的物品之间。进一步的细节可以参考原始论文，此处不再赘述。

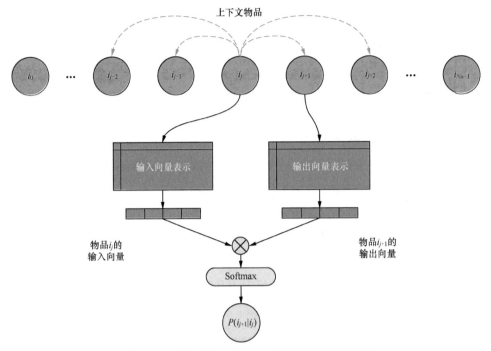

图 11.3 使用 Skip-Gram 模型计算物品相似度

■ **监督学习**

与无监督学习不同，监督学习方法将学习过程与线上使用物品相似度的方法结合起来。与上述监督方法相同之处是通常也需要将物品表示为低维稠密向量，但由于优化的目标与最终使用的过程紧密耦合，因而从拟合数据的准确性来讲一般要优于无监督学习方法。这类方法的基本思路是基于这样一个事实：基于物品相似度的协同过滤算法在线上为用户推荐物品，是通过用户历史行为中的物品查找与之相似的物品完成的。

一个最简单的例子是将一个待推荐物品与用户消费过的所有物品的相似度求和，作为该物品的最终得分，而后按照每个物品的得分进行排序并选取得分最高的 K 个物品。在此情形下，我们可以设计一个神经网络模型，其输入为任意两个物品的编号，输出为两者的相似度。在收集了用户历史行为数据的情形下，可以将用户消费过的每一个物品和待推荐物品作为上述网络的输入，并将输出的相似度在该用户所有历史行为的层面上累加，就可以得到用户对该目标物品的评分了，如图 11.4 所示。图中左侧红框内为物品相似度模型的主要部分，输入为两个物品的编号，输出为相似度（模型内部结构可以自由构造，这里仅为示意）。右侧为计算损失函数部分，过程为计算一个用户每个消费过的物品与待推荐物品的相似度后求和作为待推荐物品的得分；对负例按同样的方式计算其得分。物品的得分可以作为输入 Softmax（或 Sigmoid）函数的逻辑位（logit）值，进一步可求得交叉熵等常用损失函数值。

在有了基本的模型后，如何设计损失函数呢？一种方法是收集用户的正负反馈，按图 11.4 所示将得分作为逻辑位值用来计算损失函数。当使用 Sigmoid 函数而非 Softmax 函数时，这等价于点击率预测所使用的二分类交叉熵损失函数。然而，考虑到收集的数据往往是现有推荐系统生成的结果，其中的负样本分布与用户对全体物品产生负反馈的分布可能有所不同，因而更常见的做法是在所有未见的物品中进行负采样，然后使用二分类或多分类（此时每个类别对应一个物品）交叉熵或者学习排序（Learning to Rank）类的损失函数。有了损失函数后，我们就可以训练图 11.4 中的模型了。训练完成后，模型就可以接受任意两个物品作为输入并输出其相似度了。

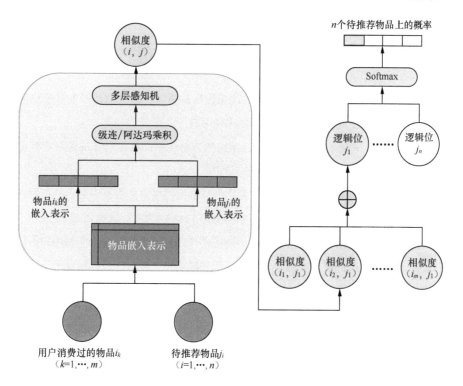

图 11.4 监督学习下的物品相似度模型

问题 **3** 如何用深度学习的方法设计一个 **难度：★★★☆☆**
基于会话的推荐系统？

分析与解答

首先，简要介绍什么是基于会话（session-based）的推荐系统。系统的输入是用户的动作序列，输出是用户的下个动作；模型要解决的任务是给定输入（用户的动作序列），预测输出（用户的下个动作）。以 Hulu 的业务为例，输入就是用户在同一会话内观看的视频以及对应的时间戳，输出是用户下一个观看的视频。基于会话的推荐系统更加注重用户的动作序列，适用于没有登录信息、只有短期行为的用户。对比之下，传统的推荐系统更加适用于已经登录、有历史行为的用户。基于会话的推荐算法主要包含以下几大类。

（1）基于频繁模式挖掘（Frequent Pattern Mining）的方法：找到动作 A 的后续动作。

（2）基于马尔可夫链的方法：通过构建状态转移矩阵来预测从动作 A 到动作 B 的跳转概率。

（3）基于马尔可夫决策过程的方法：通过对问题的状态空间和动作空间进行建模，利用强化学习进行求解。

（4）基于循环神经网络的方法：将动作序列看成是时序数据，预测下一时刻最可能发生的动作。

下面简单介绍如何利用循环神经网络来构建基于会话的推荐系统，其最经典的模型来自于参考文献 [18] 的论文，结构如图 11.5 所示。模型的输入是当前会话中用户的动作序列的独热编码（例如用户目前为止看过的所有视频）。由于采用独热编码，输入向量的维度等于物品的数量。模型的基本单元是 GRU 层，它是循环神经网络的一种经典实现，用于处理用户的行为序列，根据当前状态预测下一个状态。GRU 层的下游是前馈层，负责将 GRU 状态变换为对不同动作的预测分数。

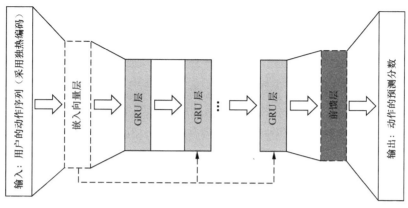

图 11.5　利用循环神经网络构建基于会话的推荐系统

问题 **4**

二阶因子分解机中稀疏特征的嵌入向量的内积是否可以表达任意的特征交叉系数？引入深度神经网络的因子分解机是否提高了因子分解机的表达能力？

难度：★★★★☆

分析与解答

我们从二阶因子分解的公式[19]出发：

$$\hat{y}(\boldsymbol{x}) = \mu + \sum_{i=1}^{n} w_i x_i + \sum_{i=1}^{n}\sum_{j=i+1}^{n} \langle \boldsymbol{v}_i, \boldsymbol{v}_j \rangle x_i x_j \qquad (11\text{-}4)$$

其中，$\boldsymbol{x}$ 是输入向量，它一般只有少数几个分量不为 0（稀疏特征），典型的例子是在给定用户集和物品集时，将用户编号和待推荐物品的编号用独热向量表示出来，并将这两个独热向量并联起来就构成了一个稀疏特征输入向量；μ 是因子分解机的整体偏置；w_i 是 $\boldsymbol{x}$ 中第 i 个特征分量的一阶系数；$\boldsymbol{v}_i$ 是第 i 个特征分量的嵌入向量，而第 i 个特征分量与第 j 个特征分量的特征交叉系数就是 $\boldsymbol{v}_i$ 与 $\boldsymbol{v}_j$ 的内积；μ、w_i、$\boldsymbol{v}_i$ 都是需要通过训练样本学习得到的参数；$\hat{y}(\boldsymbol{x})$ 是因子分解机的预测输出值。

显然式（11-4）右侧的第三项是用来表达特征分量之间的相互作用。

从更一般的意义上讲，我们可以将这个相互作用项写为 $\sum_{i=1}^{n}\sum_{j=i+1}^{n}c_{ij}x_ix_j$，$c_{ij}$ 为待学习的特征交叉系数，但这种最一般的形式通常没有实用价值。例如，要预测一个特定用户对一个特定物品的喜好度（该物品展示给该用户时发生点击的概率），如果直接去学习 c_{ij}，那么只能学到在训练样本出现过的〈用户 i'，物品 j'〉组合的系数 $c_{i'j'}$，这对于在测试集或者是实际生产环境中的推断是没有意义的。因而在二阶因子分解机中，通过训练样本学习的是特征分量的嵌入向量 $\boldsymbol{v}$，然后用两个特征分量的嵌入向量的内积〈$\boldsymbol{v}_{i'}, \boldsymbol{v}_{j'}$〉来表示它们的特征交叉系数。

现在回到一开始的问题，用嵌入向量的内积来表示特征交叉系数具有任意的表达能力吗？答案是肯定的，即对于任意二阶特征相互作用项 $\sum_{i=1}^{n}\sum_{j=i+1}^{n}c_{ij}x_ix_j, (1 \leqslant i \leqslant n, i < j \leqslant n)$，存在一组嵌入向量 $\boldsymbol{v}_i$，使得〈$\boldsymbol{v}_i, \boldsymbol{v}_j$〉$= c_{ij}$。下面给出具体的证明。

首先，对任意的 $n \times n$ 维半正定实对称矩阵 C'，存在特征分解 $C' = Q\Lambda Q^{\mathrm{T}}$，其中 Λ 是一个对角元素大于等于 0 的对角矩阵。因此可以构造一个 $n \times n$ 维矩阵 $V' = Q\sqrt{\Lambda}$，使 $C' = V'V'^{\mathrm{T}}$，于是 C' 中的每一个元素 c'_{ij} 可以表示为 $c'_{ij} = \langle \boldsymbol{v}'_i, \boldsymbol{v}'_j \rangle$，其中 $\boldsymbol{v}'_i$ 和 $\boldsymbol{v}'_j$ 分别是矩阵 V' 的第 i 和 j 行的 n 维向量。

现在回到原问题上来，对于任意一组系数 c_{ij} $(1 \leqslant i \leqslant n, i < j \leqslant n)$，可以构造一个 C' 矩阵，使 $c'_{ij} = c'_{ji} = c_{ij}$ $(1 \leqslant i \leqslant n, i < j \leqslant n)$，$c'_{ii} = \lambda$ $(1 \leqslant i \leqslant n, \lambda \geqslant 0)$，$\lambda$ 为一常数。当 λ 足够大时 C' 必为半正定实对称矩阵（这一点请读者自行思考如何证明），因而存在上述分解 $C' = V'V'^{\mathrm{T}}$。于是，我们只需让稀疏特征 i 的嵌入向量 $\boldsymbol{v}_i = \boldsymbol{v}'_i$（$\boldsymbol{v}'_i$ 为矩阵 V' 的第 i 行的 n 维向量），就有〈$\boldsymbol{v}_i, \boldsymbol{v}_j$〉$=$〈$\boldsymbol{v}'_i, \boldsymbol{v}'_j$〉$= c'_{ij} = c_{ij}$。此时，稀疏特征的嵌入向量的维度等于原始稀疏特征的维度。

然而在实际应用场景中，稀疏特征的维度往往非常高（比如是所有推荐物品的总个数），而嵌入向量的维度通常远远小于稀疏特征的维度（降低嵌入向量的维度不仅仅是为了减小模型的规模和计算量，更重要的是为了在输入特征十分稀疏的场景下，降低过拟合风险，提升模型的泛化能力）。通过上面的分析可知，较小的嵌入维度以及两两内积的表达方式确实限制了因子分解机的表达能力。针对此问题的一个解决方案是在嵌入向量之间引入非线性运算（比如深度神经网络），这样可以在嵌入向量维度不过高的前提下一定程度上提升模型的整体表达能力。一种比较流行的在因子分解机里引入深度神经网络的模型是深度因子分解机（DeepFM），它在式（11-4）右侧三项的基础上再加入了一个"深度"项，该深度项是由多个稀疏特征域的嵌入向量并联，再经过多层全连接神经网络后得到；这四项的和表示了最终的模型预测结果（如果是点击率预估的任务，则还需要四项求和之后再经过一个 Sigmoid 函数，使得输出介于 0 到 1 之间）。

问题 5 最近邻问题在推荐系统中的应用场景是什么？具体算法有哪些？

难度：★ ★ ☆ ☆ ☆

分析与解答

通过将用户和物品转化成向量表示，然后将用户向量作为查询输入来寻找新的待推荐物品，这已经成为推荐系统里的一种重要方法。矩阵分解是最早出现的此类方法的代表，而与自然语言处理中 Word2Vec 等类似的无监督向量化方法在推荐系统中也有了广泛的应用。无论哪一类方法，具体应用到推荐场景时都可以概括为使用代表用户的向量查询与之"最相近"的物品向量。这一过程往往通过最近邻算法来完成。

然而，通用的计算最近邻的算法有时候并不完全适用于实际的推荐场景。例如，当数据规模比较大时，精确最近邻算法往往无法在可接受的响应时间里完成，因而很多近似最近邻算法被陆续提出。另外，广义的最近邻问题并不要求实体有欧氏空间表示，只需要任何两个实体之间可计算距离；而在深度学习中，往往关注的是被嵌入到欧氏空间里的向量之间的最近邻问题。因此在推荐场景中，我们关注的通常是针对向量化表示的实体的快速近似最近邻算法。

下面按类别介绍几种最近邻算法。

■ **基于空间划分的算法**

基于空间划分的算法，如 KD- 树、区间树、度量树等。它们往往是通过预处理，把整个高维空间做某种划分；当进行查找时，只需要搜索一部分被划分之后的空间，即可找到最终结果。这类算法一般都是精确算法。该类方法的缺点是当维度比较大时会出现维度诅咒（curse of dimensionality）问题，导致计算量过大，无法在可接受的时间里得到结果。因此，这类方法适用于数据维度低、对精确度要求高的场景。

局部敏感哈希类算法

该类算法的核心思想是通过设计一个哈希函数，将原来高维空间里的向量哈希映射到各个不同的桶里，这个哈希函数试图做到原来高维空间里相邻的向量被哈希映射到同一个桶里。查询阶段只需要检查待查询向量所属桶里的所有向量即可。该类算法往往内存占用不高，查询时间和精确度与桶里元素多少有关系，缺点在于需要设计出一个好的哈希函数。另外，在很多场景下，原来高维空间中靠边界的向量的部分最近邻很可能被哈希映射到不同的桶里，从而造成精确损失。

积量化类算法

积量化（product quantization）类算法最早由 Facebook 提出，总体想法是对数据集做一定程度的划分，如做聚类；对每一个划分，找到一个向量代表这个划分（称为表示向量）。在搜索阶段，先找到离查询向量最近的表示向量，进而只在该表示向量所在划分内搜索，从而起到剪枝作用。积量化的想法和基于空间划分的 KD- 树有一定程度的相似，它们对空间的划分面都垂直于坐标轴；不同点在于前者更全面地考虑了数据的分布。相对于局部敏感哈希类算法，积量化类算法不需要去设计一个好的哈希函数。该算法预处理的时间视具体需要而定，比较灵活。

基于最近邻图的算法

这类算法的想法是在数据预处理阶段构造一个图，图的建立方式和查询阶段的方法有密切的关系，各个具体的算法，建图思路会有差别，但是一般思想是对每一个向量记录若干个离它比较近的向量，有时还需记录距离。查询阶段具体做法也各有不同，一般来讲是设计算法通过利用预处理阶段建的图来做有效的剪枝。相比上面的算法，基于最近邻图的算法对于所有数据的细节刻画更加细致，所以往往能够得到更加精确的结果。但是，该类方法的内存消耗往往是这几类算法中最高的，因为每个向量都需要记录若干个与之相关的向量和相关信息。该类方法的数据预处理时间也比较长。

· 总结与扩展 ·

如今深度学习模型已广泛应用于推荐系统，但推荐算法设计、实现和评估中的一些基本原则是通用和不变的。特别地，从基于深度学习模型的视角重新认识传统模型的优势和不足，这有助于理解深度学习模型在不同场景下的应用，加深我们对基于深度学习推荐算法的认识。

以下是关于本节内容的一些扩展问题。

（1）考虑到在实际应用中，获取任意两个物品间的相似度并无必要，针对一个物品一般只取少量（如 K 个）与其最相似的物品即可。在这种要求下，有了一个基于神经网络的物品相似度模型后，我们如何获取与每个物品最相似的 K 个物品？当总物品数量较大时可能有什么问题？有哪些解决方案？

（2）假设我们将图 11.4 所示的物品相似度模型应用于实际数据的处理中，如果用户的历史记录中平均消费过的物品序列长度为 100；模型中的嵌入向量的维度为 128；训练的批尺寸为 128；针对每个正样本在运行时随机采取 100 个负样本，则模型中最大的一组参数的大小为 $100 \times 128 \times 128 \times 100 = 1.6384 \times 10^8$。即使使用单精度浮点数表示，仍需超过 1GB 的存储空间。考虑到其他参数的存在，这样的空间需求对于显存较小的 GPU 可能无法处理。针对这一问题可能有什么解决方法？

03 推荐系统评估

场景描述

如何评估一个推荐算法的优劣，其重要性不亚于设计推荐算法本身。实际场景中的推荐系统往往是模块化的，因而对其评估通常也是针对各个模块进行的。本节我们主要针对点击率预估模型的评价，特别是对曲线线下面积（Area Under the Curve，AUC）这一核心离线评价指标进行介绍。

知识点

模型评估、曲线线下面积（AUC）

问题 **1** 评价点击率预估模型时为什么选择 AUC 作为评价指标？   难度：★ ★ ☆ ☆ ☆

分析与解答

AUC 是机器学习中常用的评价二分类模型的指标。如其名称，AUC 定义为接受者操作特征曲线（reciever operating characteristic curve，简称 ROC 曲线）的线下面积。与准确率（precision）、召回率（recall）等指标相比，AUC 关心的是样本间的相对顺序，与模型为每一个样本输出的绝对分值没有关系，并且不易受正负样本数量变化的影响，因而是点击率预估模型中最重要的离线评价指标之一。

除了上述的几何定义外，AUC 还有一层概率含义，即任取一正一负两个样本时，模型对正样本的评分高于负样本的概率。详细的证明过程可见参考文献 [20]，这里我们用一种更为直观的解释方法帮助大家理解这一概念，如图 11.6 所示，其中 y 轴上的红点表示正样本，x 轴上的棕点表示负样本。

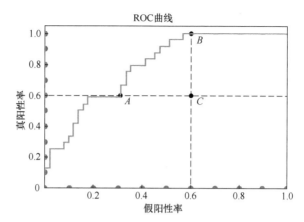

图 11.6　曲线线下面积的概率解释

　　将所有可能的正样本沿真阳性率（True Positive Rate）所在轴（即 y 轴）按模型评分排开，将所有可能的负样本沿假阳性率（False Positive Rate）所在轴（即 x 轴）按模型评分排开。对于一个正样本，经过它并与 x 轴平行的直线与 ROC 曲线相交于一点（点 A），该点对应于模型的一个分类阈值，记作 τ_A（当模型分类阈值小于 τ_A 时该正样本会被分为正类）；类似地，对于一个负样本，经过它并与 y 轴平行的直线与 ROC 曲线的交点 B 同样对应一个分类阈值，记作 τ_B（模型分类阈值小于 τ_B 时该负样本会被（错误地）分为正类）。

　　现在我们随机选择一正一负两个样本，分别画出经过该样本并与 x 轴、y 轴平行的直线，两条直线交于一点 C。若 C 落在 ROC 曲线下侧，则由 ROC 曲线的定义可知，过正样本直线与 ROC 曲线的交点所对应阈值 τ_A 必大于负样本对应的阈值 τ_B，这说明模型对于该正样本的评分高于该负样本；反之，交点落在 ROC 曲线上侧，则模型对于该负样本的评分高于该正样本。因此，模型对正样本评分高于负样本的概率，等于点 C 落在 ROC 曲线下侧的概率，亦即 ROC 曲线的线下面积。

问题 **2** 评价点击率预估模型时，线下 AUC 的提高一定可以保证线上 点击率的提高吗？　　　难度：★★★☆☆

分析与解答

虽然 AUC 表示了模型对正样本评分高于负样本的概率（也即将任意正样本排在任意负样本之前的概率），但线下 AUC 的提高并不总是意味着线上点击率的提高。造成这种不一致现象的一个根本原因是，线下的 AUC 评估往往是将所有样本混杂在一起进行的，这就破坏了原始数据中天然存在的一些模型无法改变的**维度**信息。所谓的维度信息，在不同的推荐场景下可能有所不同，但一般包括用户维度、时间维度、设备维度等。

举例来说，对于用户维度，线下 AUC 的提高可能是将一部分用户的正样本排到了另一部分用户的负样本之前导致的。例如数据中有两组用户 A 和 B，记用户组 A 的正负样本集分别为 A^+ 和 A^-，B 组用户的正负样本集分别为 B^+ 和 B^-。若当前模型对于样本的排序为 $A^+ > A^- > B^+ > B^-$，而改进后的模型将 B^+ 和 A^- 交换了位置，即变成 $A^+ > B^+ > A^- > B^-$。这样，从 AUC 的概率意义可知，改进后的模型在整体数据集上的 AUC 将获得提高（提高的幅度取决于这 4 组样本的相对大小），但线上实验的点击率不会发生变化，因为对于各组用户而言，他们看到的推荐排序结果仍然是相同的。换言之，B 组的用户并不能"穿越"去点击 A 组的负样本，因而将 B^+ 这一组样本提升到 A^- 前没有任何意义。

同理，对于时间维度，记上午的正负样本分别为 M^+ 和 M^-，下午的正负样本分别为 N^+ 和 N^-，将排序从 $M^+ > M^- > N^+ > N^-$ 变为 $M^+ > N^+ > M^- > N^-$ 带来的 AUC 提升同样是没有意义的，毕竟下午的用户是无法"穿越"去点击上午的样本的。

明白了线下 AUC 与线上点击率不一致的这一层原因后，我们自然就可以想到解决方法，即按各个维度对样本做聚合，在聚合的各组结果上分别计算 AUC，而后再按样本量做加权平均。这样就可以消除各个维度之间样本交叉的可能。

另外，线下验证集样本的分布、线上与线下特征不一致等也会导致 AUC 变化与点击率变化不一致的现象。

· 总结与扩展 ·

在实际推荐算法的设计过程中，如何选取合适的评价指标要综合考虑推荐场景、数据、算法等多方面因素。一般而言，尽管线上实验是判断一个新算法成功与否的最终标准，但考虑到线上实验时间、用户流量、开发成本等因素，往往需要合理的线下评价指标作为指导。本节提到的问题都是实际中选取线下指标时可能遇到的共性问题，在解决具体业务场景时还需要注意更多的特有问题。

参考文献

[1] KOREN Y, BELL R, VOLINSKY C. Matrix factorization techniques for recommender systems[J]. Computer, IEEE, 2009(8): 30–37.

[2] MNIH A, SALAKHUTDINOV R R. Probabilistic matrix factorization[C]// Advances in Neural Information Processing Systems, 2008: 1257–1264.

[3] WANG C, BLEI D M. Collaborative topic modeling for recommending scientific articles[C]//Proceedings of the 17th ACM SIGKDD International Conference on Knowledge Discovery and Data Mining. ACM, 2011: 448–456.

[4] CHENG H-T, KOC L, HARMSEN J, et al. Wide & deep learning for recommender systems[C]//Proceedings of the 1st Workshop on Deep Learning for Recommender Systems. ACM, 2016: 7–10.

[5] QU Y, CAI H, REN K, et al. Product-based neural networks for user response prediction[C]//2016 IEEE 16th International Conference on Data Mining, 2016: 1149–1154.

[6] GUO H, TANG R, YE Y, et al. DeepFM: A factorization-machine based neural network for CTR prediction[J].arXiv preprint arXiv:1703.04247, 2017.

[7] WANG R, FU B, FU G, et al. Deep & cross network for ad click predictions[C] // Proceedings of the ADKDD'17. ACM, 2017: 12.

[8] ZHOU G, ZHU X, SONG C, et al. Deep interest network for click-through rate prediction[C]//Proceedings of the 24th ACM SIGKDD International Conference on Knowledge Discovery & Data Mining. ACM, 2018: 1059–1068.

[9] ZHOU G, MOU N, FAN Y, et al. Deep interest evolution network for click-through rate prediction[J]. arXiv preprint arXiv:1809.03672, 2018.

[10] COVINGTON P, ADAMS J, SARGIN E. Deep neural networks for YouTube recommendations[C]//Proceedings of the 10th ACM Conference on Recommender Systems, 2016: 191–198.

[11] KOREN Y. Factorization meets the neighborhood: A multifaceted collaborative

filtering model[C]//Proceedings of the 14th ACM SIGKDD International Conference on Knowledge Discovery and Data Mining. ACM, 2008: 426–434.

[12] HU Y, KOREN Y, VOLINSKY C. Collaborative filtering for implicit feedback datasets[C]//2008 8th IEEE International Conference on Data Mining, 2008: 263–272.

[13] SARWAR B M, KARYPIS G, KONSTAN J A, et al. Item-based collaborative filtering recommendation algorithms.[J]. WWW, 2001, 1: 285–295.

[14] GRBOVIC M, RADOSAVLJEVIC V, DJURIC N, et al. E-commerce in your inbox: Product recommendations at scale[C]//Proceedings of the 21th ACM SIGKDD International Conference on Knowledge Discovery and Data Mining. ACM, 2015: 1809–1818.

[15] BARKAN O, KOENIGSTEIN N. Item2vec: Neural item embedding for collaborative filtering[C]//2016 IEEE 26th International Workshop on Machine Learning for Signal Processing, 2016: 1–6.

[16] MONTI F, BRONSTEIN M, BRESSON X. Geometric matrix completion with recurrent multi-graph neural networks[C]//Advances in Neural Information Processing Systems, 2017: 3697–3707.

[17] YING R, HE R, CHEN K, et al. Graph convolutional neural networks for web-scale recommender systems[C]//Proceedings of the 24th ACM SIGKDD International Conference on Knowledge Discovery & Data Mining. ACM, 2018: 974–983.

[18] HIDASI B, KARATZOGLOU A, BALTRUNAS L, et al. Session-based recommendations with recurrent neural networks[J]. arXiv preprint arXiv:1511. 06939, 2015.

[19] RENDLE S. Factorization Machines[C]//2010 IEEE International Conference on Data Mining, 2010: 995–1000.

[20] HAND D J. Measuring classifier performance: A coherent alternative to the area under the ROC curve[J]. Machine Learning, Springer, 2009, 77(1): 103–123.

计算广告

计算广告是互联网行业内发展比较成熟的领域，其中的业务比较复杂，需要解决的问题也很多。该领域中一些适合用智能算法来解决的问题，大部分在深度学习出现之前就已经有了解决方案；但深度学习出现后，其中有一部分问题在应用深度学习技术后能够提升效率。

不同公司面临的业务场景有各自的特色，这使得计算广告领域内的具体问题一般会带有各自公司业务的特点，各不相同。点击率预估、广告召回和广告投放策略等 3 个方面是该领域内的通用问题，也都有深度学习技术的应用。本章会结合一些具体的业务场景来介绍深度学习技术在这 3 个方面的应用。

点击率预估

计算广告领域有一大类广告的定价模式是按点击收费：用户如果点击了广告，广告主支付一定的费用；用户如果没有点击，则广告主不用支付费用。按点击收费是一种主流的广告模式。在这种广告模式中，用户点击广告的概率直接关系到广告的收入，因此点击率（Click-Through Rate，CTR）预估是其中的一个核心问题。

知识点

因子分解机（Factorization Machine, FM）、深度因子分解机（DeepFM）、深度兴趣网络（Deep Interest Network, DIN）、冷启动、多臂老虎机（Multi-Arm Bandit, MAB）

问题 **1** 简述 CTR 预估中的因子分解机模型（ 如 FM、FFM、DeepFM 等 ）。　　　难度：★★☆☆☆

分析与解答

CTR 是指在广告展示中用户点击广告的概率。预估 CTR 对搜索、广告和推荐系统都有着重要作用[1-2]。典型的用于 CTR 预估的特征如图 12.1 所示，这些特征可以归类为用户特征、当前预测广告特征以及一些表征行为发生环境信息的上下文特征（context feature）。由于这些特征多是类别型特征（而不是数值型特征），特征的取值是有限可数的，实际应用中常常需要进行独热编码（one-hot encoding）或者多热编码（multi-hot encoding）。

特征交叉（feature interaction）对 CTR 预估有着重要作用。比如对于口红类商品的广告，可能对年龄在 16 岁以上且性别为女的用户更加合适，这就意味着预估口红广告的 CTR 需要用户年龄和用户性别的二阶交叉特征。由于 CTR 特征的高维稀疏性特点，特征交叉将增加问题的难度。对于一个 n 维特征输入，二阶特征交叉就意味着 $\binom{n}{2} \approx O(n^2)$ 量级的交叉特征，这大大增加了模型的计算量，难以进行实际应用。应用逻辑回归等线性模型来预估 CTR 会遇到如下问题，一些起重要作用的交叉特征无法被线性模型表达，需要人工加入这些交叉特征来扩展输入，这会导致算法的可扩展性不强；另一些方法如二阶多项式（Degree-2 Polynomial）模型会枚举所有二阶交叉特征并在此基础上应用机器学习算法进行学习，这种枚举方式模拟了线性模型中针对二阶交叉特征的特征筛选工作，但它会大大增加输入特征的维度；此外，在实际的训练过程中，有些交叉特征在样本中出现的次数比较少，这会导致交叉项在模型中的权重参数无法得到充分训练。

类别	特征域名称	特征维度	编码类型	非零值个数
用户简介	性别	~ 2	独热编码	1
	年龄	~ 10	独热编码	1
	......	......	......	......
用户行为	历史访问商品ID	$\sim 10^9$	多热编码	$\sim 10^3$
	历史访问商品类别ID	$\sim 10^4$	多热编码	$\sim 10^2$
	......	......	......	......
广告特征	商品ID	$\sim 10^7$	独热编码	1
	商品类别ID	$\sim 10^4$	独热编码	1
	......	......	......	......
上下文特征	行为时间	~ 10	独热编码	1
	......	......	......	......

图 12.1 一些用于 CTR 预估的特征样例

■ **因子分解机模型**

因子分解机（FM）模型为 CTR 预估中特征交叉问题提供了一个解决方案。具体来说，FM 模型可以表示为特征的一阶特征交叉项与二阶特征交叉项之和：

$$\hat{y}_{\text{FM}}(\boldsymbol{x}) = \mu + \langle \boldsymbol{w}, \boldsymbol{x} \rangle + \sum_{i=1}^{n} \sum_{j=i+1}^{n} \langle \boldsymbol{v}_i, \boldsymbol{v}_j \rangle x_i x_j \qquad (12\text{-}1)$$

其中，$\boldsymbol{x}$ 是输入的特征向量，$\hat{y}_{\text{FM}}(\boldsymbol{x})$ 是预估的 CTR；μ 是模型的整体偏差；$\boldsymbol{w}$ 是一阶权重向量，它与输入向量的内积 $\langle \boldsymbol{w}, \boldsymbol{x} \rangle$ 表示一阶交叉特征对预测目标的影响；x_i 是第 i 维特征（即 $\boldsymbol{x}$ 的第 i 维度），$\boldsymbol{v}_i$ 是 x_i 对应的 k 维嵌入

向量，$\langle v_i, v_j \rangle$ 是二阶交叉特征 $x_i x_j$ 的系数，n 是 x 的维度。

FM 模型通过给每维特征学习一个低维嵌入向量，然后用嵌入向量的内积来表示特征交叉系数，这样可以降低模型的参数个数，使得模型学习交叉特征变得可行，最终增加模型的实用性。将每维特征对应到一个嵌入向量上还会带来一个优点：只要训练集中该特征的非零取值次数足够多，对应的嵌入向量就能得到充分训练，这样就能通过嵌入向量的内积计算出交叉特征的系数，而并不要求交叉项在训练集中出现很多次。

■ 域感知因子分解机模型

在实际 CTR 预估问题中，不同特征域之间的交叉特征的影响是不同的。比如，用户性别与年龄的交叉特征对 CTR 的影响可能比较大，而性别与在线时长的交叉特征却往往没有太大意义。在 FM 模型中，每个特征 i 在与其他特征进行交叉时，用的都是同一个嵌入向量 v_i，这样就无法表现出不同特征域之间交叉特征的重要性变化。针对这个问题，域感知因子分解机（FFM）[3] 模型提出了改进措施，为每维特征学习针对不同特征域（feature field）的不同嵌入向量，以刻画不同特征域之间的特征交叉的区别，具体公式为

$$\hat{y}_{\text{FFM}} = \mu + \langle w, x \rangle + \sum_{i=1}^{n} \sum_{j=i+1}^{n} \langle v_{(i,f_j)}, v_{(j,f_i)} \rangle x_i \, x_j \qquad (12\text{-}2)$$

其中，f_i 和 f_j 分别表示特征 i 和特征 j 所在的域，$v_{(i,f_j)}$ 表示特征 i 与特征域 f_j 对应的嵌入向量，$v_{(j,f_i)}$ 表示特征 j 与特征域 f_i 对应的嵌入向量。由于输入特征的稀疏性，特征域的个数 m 一般远小于输入向量的维度 n，所以 FFM 模型的计算量相比于 FM 模型并不会增加太多，在实际应用中仍然是可行的。FFM 模型针对不同特征域学习不同的嵌入向量，因而在 CTR 预估中的效果会更好。

假设输入向量的维度为 n，可以划分为 m 个特征域，嵌入向量的维度为 k，则 FFM 模型的参数量大约为 $n + n(m-1)k$，这个参数量仍然是比较大的。为了解决这个问题，域加权因子分解机（Field-weighted Factorization Machines, FwFM）[4] 应运而生。FwFM 模型的具体公式为

$$\hat{y}_{\text{FwFM}} = \mu + \langle w, x \rangle + \sum_{i=1}^{n} \sum_{j=i+1}^{n} \langle v_i, v_j \rangle \, x_i x_j \, r_{(f_i,f_j)} \qquad (12\text{-}3)$$

其中，$r_{(f_i,f_j)}$ 是表示特征域 f_i 和特征域 f_j 之间的交叉权重系数。FwFM 将模型的参数个数减少到了 $n + nk + \dfrac{m(m-1)}{2}$ 个，增加了模型的实用性。

无论是 FM、FFM 还是 FwFM 模型，都只建模了二阶特征交叉，然而实际应用场景中更高阶特征交叉对 CTR 预估也很重要。深度学习模型由于引入了隐藏层与非线性变换，可以用来建模高阶特征交叉，如乘积神经网络、深度因子分解机、深度兴趣网络等。

■ **深度因子分解机**

深度因子分解机（DeepFM）[5] 在 FM 的基础上，添加了深度神经网络作为"Deep"部分，让模型能够学习高阶特征交叉。图 12.2 展示了 DeepFM 的模型结构，整个模型可以分为 FM 部分和 Deep 部分，具体细节如下。

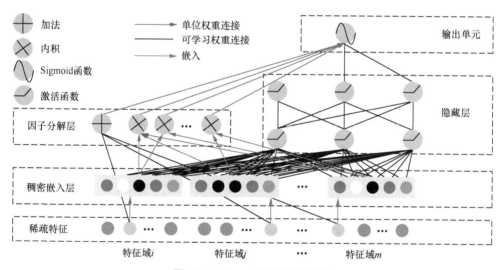

图 12.2　DeepFM 模型结构图

（1）类似于 FM，DeepFM 模型的输入是每个特征的稀疏编码。随后，DeepFM 为每个特征学习一个稠密的低维嵌入向量，并将这些嵌入向量作为后续的 FM 部分和 Deep 部分的输入。

（2）在 FM 部分，模型会产生一阶特征交叉项 $\langle \boldsymbol{w}, \boldsymbol{x} \rangle$ 和二阶特征交叉项 $\langle \boldsymbol{v}_i, \boldsymbol{v}_j \rangle x_i x_j$（参考式（12-1））。FM 部分的输出记作 $\hat{y}_{\mathrm{FM}}$。

（3）在 Deep 部分，模型采用多层全连接神经网络来学习高阶特征交叉信息。Deep 部分采用特征的嵌入向量作为输入（而不是特征的稀疏编码），是因为不同于图像、语音等领域，CTR 预估问题中的输入特征通常是高维稀疏向量（大部分是类别型特征），直接作为神经网络的输入不能取得很好的效果。Deep 部分的输出记作 $\hat{y}_{\text{DNN}}$。

（4）模型最终的输出是 FM 部分和 Deep 部分的输出之和（再经过一个 Sigmoid 变换）：

$$\hat{y}_{\text{out}} = \text{Sigmoid}(\hat{y}_{\text{FM}} + \hat{y}_{\text{DNN}}) \qquad (12\text{-}4)$$

整体来说，DeepFM 模型通过 FM 部分直接保留了低阶特征交叉项（一阶和二阶），通过 Deep 部分学习更高阶的特征交叉信息，从而提高 CTR 预估的效果。此外，FM 部分与 Deep 部分共享特征的嵌入向量，这可以减轻特征的计算量，并且在训练过程中能使嵌入向量同时学习到低阶和高阶的特征交叉信息，从而获得更有效的特征表示。

问题 2 如何对 CTR 预估问题中用户兴趣的多样性进行建模？

难度：★★★☆☆

分析与解答

在 CTR 预估问题中，无论用户点击的广告是线上商城的商品，还是电影、电视剧等视频资源，用户表现的兴趣往往都是多样化的。例如，同一个用户可能既喜欢看恐怖片，也喜欢看喜剧片。然而，大多数处理 CTR 预估问题的机器学习方法都只建模用户的单峰兴趣特性，即将用户数据中的特征通过一些变换组合成一个固定长度的向量，这无法很好地表现用户兴趣的多样性。

阿里巴巴在 2018 年发表的深度兴趣网络（DIN）[6]，在预估用户对于特定广告的 CTR 时，可以只关心与该广告相关的用户历史行为（也即能影响到用户决策的那部分特征），从而提升预估效果。具体来说，针对不同的广告，DIN 会对用户历史行为产生不同的注意力向量，并据此对用户历史行为做变换，最终生成与目标广告相关的用户特征编码。

这里之所以使用注意力机制，是因为用户在选择点击某个感兴趣的广告时，往往只有一部分历史行为信息与当前的决策相关。

图 12.3 是 DIN 的结构示意图。从图中可以看到，DIN 先对用户的每一个历史行为进行编码，然后通过局部注意力模块计算出这些历史行为的注意力权重向量，最后将注意力权重向量与历史行为编码向量相乘，做加权求和后即获得用户的特征编码；用户特征与其他特征以及目标广告特征拼接在一起，输入到多层神经网络中，最终得到 CTR 预估值。

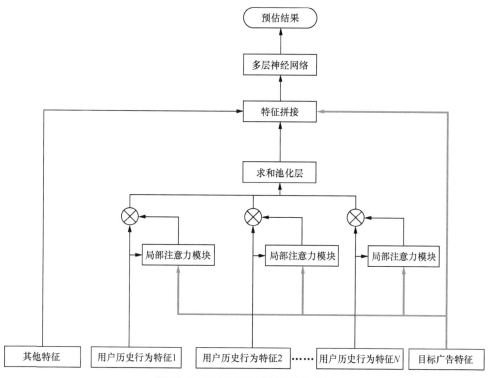

图 12.3　深度兴趣网络的结构示意图

这里通过注意力机制产生的用户特征编码的公式为

$$v_u(a) = \sum_{j=1}^{h} a(e_j, v_a)\, e_j = \sum_{j=1}^{h} w_j\, e_j \qquad (12\text{-}5)$$

其中，h 是用户历史行为的记录总数，e_j 是第 j 个历史行为的编码向量（例如被浏览商品的特征编码），v_a 是目标广告的特征编码向量，$a(\cdot, \cdot)$ 是计算用户历史行为与目标广告的局部注意力函数。这样，对于给定的广告

a，用户特征v_u就可以自适应地计算出来。

图 12.4 是 DIN 中的局部注意力模块的结构示意图。由图 12.4 可知，除了用户历史行为记录和目标广告的编码向量作为输入之外，局部注意力模块还计算了这两个向量的外积，作为计算用户历史行为和目标广告相关性的显式特征。另外值得注意的是，在局部注意力模块中，并没有对注意力权重向量进行 Softmax 归一化，这是为了保留用户兴趣的强度信息，方便使用强度信息比较用户的不同兴趣与目标广告的相关性。

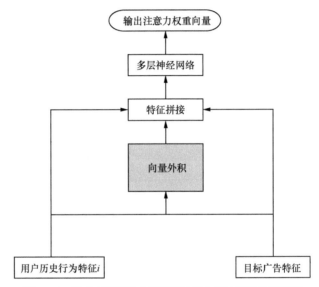

图 12.4　深度兴趣网络中的局部注意力模块的结构示意图

问题 **3**　**多臂老虎机算法是如何解决
CTR 预估中的冷启动问题的？**　　难度：★ ★ ★ ☆ ☆

分析与解答

在广告投放排序过程中，预估的 CTR 是非常重要一项指标。例如，一般效果广告会按 $CTR \times CPC$（cost per click）来进行排序。在 CTR 预估问题中，广告的展示和点击数据是十分重要的一个输入。对于新广告而言，在刚刚开始投放时，并没有积累太多的展示数据和足够的点击数据进行准确的 CTR 预估。同样，对于长尾广告，由于没有足够的展示机会，因而也缺乏足够的展示和点击数据。在这种情况下，如何把新广告投给感兴趣的用户，称为广告冷启动问题。冷启动在推荐系统中也是非常重要的一个课题。

多臂老虎机算法是解决冷启动问题的一种常见方法，它是强化学习的一个简化版本。多臂老虎机问题起源于一个古老的游戏：假设一个"老虎机"有多个臂，每摇一次臂需要花费一个金币，每个臂的收益概率是不一样且未知的（但这个概率是固定的）；一个游戏者有一定数目的金币，他如何操作可以得到最大的收益呢？如果将这个问题对应到强化学习框架下，则游戏者是代理（agent），摇臂是动作（action），摇臂后得到的收益是奖励（reward）。

根据游戏的思路，我们可以先花费一定的金币进行探索（exploration），探测哪个摇臂的收益概率最大；然后利用（exploitation）之前探索得到的信息，将金币用在收益概率最大的摇臂上。"探索"和"利用"是在广告以及推荐系统中十分常见的一类问题。

把广告冷启动问题对应到多臂老虎机算法上，则每个广告对应一个摇臂，每摇一次臂对应着一次广告展示，广告上的 $CTR \times CPC$（根据业务不同会略有不同）是收益。我们要解决的问题是每次如何展示广告，能够让最后的收益最大化。下面介绍业界中常用的两种多臂老虎机算法。注意这里我们讨论的老虎机每次摇臂后的收益是 1 或者 0，分别代表摇臂后有收益或没有收益，下文不再赘述。

■ 置信区间上界算法

第一个算法是置信区间上界（Upper Confidence Bound，UCB）算法，它为每个臂 a 维护一个收益均值 $\bar{r}_a$，即臂 a 之前所有次收益的平均值。UCB 算法的整体流程如下。

（1）初始化：首先将每个臂摇一次，得到每个臂 a 的初始收益均值 $\bar{r}_a$。

（2）在每次摇臂之前，先计算每个臂 a 的置信上界 $p_{t,a} = \bar{r}_a + \sqrt{(2 \log t) / n_a}$，其中 t 表示目前摇臂的总次数，n_a 表示臂 a 之前被摇的次数。

（3）选择置信上界最大的臂，即 $a_t = \mathrm{argmax}_a \, p_{t,a}$，摇臂并记录获

得的收益 r_t。

（4）更新臂 a_t 的摇臂次数和收益均值，即 $n_{a_t} \leftarrow n_{a_t} + 1, \overline{r}_{a_t} \leftarrow (\overline{r}_{a_t} \times (n_{a_t} - 1) + r_t)/n_{a_t}$。

（5）重复步骤（2）~步骤（4）直至算法结束。

我们来解读步骤（2）中的置信上界，其中 $\overline{r}_a$ 是臂 a 在前 n_a 次摇臂过程中收益的均值，如果 n_a 越大，那么这个均值越确定。然而，n_a 也不可能无穷大，所以估计出来的收益均值 $\overline{r}_a$ 跟真实收益 r_a 会存在一个差值 δ，即 $\overline{r}_a - \delta \leqslant r_a \leqslant \overline{r}_a + \delta$。根据 Chernoff-Hoeffding 不等式，对于两两独立的随机变量 $X_1, \cdots, X_n$，且 $0 \leqslant X_i \leqslant 1$，则有

$$P(|\overline{X} - \mathbb{E}[\overline{X}]| \geqslant \delta) \leqslant 2 e^{-2n\delta^2} \qquad （12\text{-}6）$$

当 δ 取值为步骤（2）中的 $\sqrt{(2\log t)/n_a}$ 时，有 $P(|\overline{r}_a - \mathbb{E}[r_a]| \geqslant \delta) \leqslant t^{-4}$，随着摇臂总次数的增加，这个概率值会逐渐趋于 0。直观上看，在 UCB 算法中，如果 n_a 比较小，说明臂 a 被选择的次数还不是很多，此时置信区间 $\sqrt{(2\log t)/n_a}$ 比较大，使得该臂会有更多被选择的机会；随着臂 a 被选择次数的增加，n_a 变大，置信区间变小，该臂的收益变得越来越确定。

■ Thompson 采样算法

第二个算法是 Thompson 采样（Thompson Sampling）算法，它将每个臂 a 的收益分布建模为一个 Beta 分布，即 $\text{Beta}(\alpha_a, \beta_a)$，其中参数 α_a 对应收益，β_a 对应损失。Thompson 采样算法的基本流程如下。

（1）初始化：为每个臂 a 所对应的 Beta 分布的参数 α_a 和 β_a 设置初始值（先验分布）。

（2）在每次摇臂之前，先从每个臂的 Beta 分布中随机采样出一个值 v_a。

（3）选择采样值最大的臂，即 $a_t = \text{argmax}_a v_a$，摇臂并记录获得的收益 r_t。

（4）更新臂 a_t 所对应的 Beta 分布的参数，即 $(\alpha_{a_t}, \beta_{a_t}) \leftarrow (\alpha_{a_t}, \beta_{a_t}) + (r_t, 1 - r_t)$。

（5）重复步骤（2）~步骤（4）直至算法结束。

可以看到，在 Thompson 采样算法中，每个臂刚开始时的 Beta 分布的方差比较大，采样值的随机性比较大，因而每个臂都有机会被选到；随着摇臂次数的增加，Beta 分布的方差变小，算法会根据已经累积的

数据做更加准确的选择。对比 UCB 算法和 Thompson 采样算法可以发现，这两个算法在选择臂时有个共同特点：要么选择已经比较确定的较好的臂，要么选择还不太确定的臂。

上面描述的两种多臂老虎机算法都还比较简单，在实际业务场景中情况会复杂很多。其中最重要的一点是，上面的 UCB 算法和 Thompson 采样算法并没有考虑到上下文信息。在广告投放系统中，上下文信息是十分重要的因素，例如口红广告在女性用户流量上的 CTR 要远好于在男性用户上的 CTR。因此，广告投放系统需要一个考虑上下文信息的 Bandit 算法（contextual Bandit）。

LinUCB 算法

雅虎在 2010 年提出的 LinUCB 算法[7]，考虑了上下文信息，是 UCB 算法的一个延伸。从名字可以看出，LinUCB 算法用线性组合关系来建模上下文信息与期望收益之间的关系。将广告系统中的每一支广告对应为一个臂，在每个时刻 t 为每个臂 a 维护一个 $d \times 1$ 维的特征向量 $\boldsymbol{x}_{t,a}$，这个特征向量既包括广告的一些特征，例如广告品牌、关键词等信息，也包括用户的特征，比如年龄、性别、历史行为等信息。同时，为每个臂维护一个 $d \times 1$ 维的线性相关系数 $\boldsymbol{\theta}_a$，用于计算臂的期望收益，即 $\mathbb{E}[r_{t,a} \,|\, \boldsymbol{x}_{t,a}] = \boldsymbol{x}_{t,a}^{\mathrm{T}} \boldsymbol{\theta}_a$。这里的相关系数 $\boldsymbol{\theta}_a$ 可以通过岭回归（Ridge Regression）来估计，记 $\boldsymbol{X}_a$ 是臂 a 在之前 m 次被摇时的特征（$d \times m$ 维矩阵），$\boldsymbol{r}_a$ 是臂 a 在之前 m 次被摇时的收益（$1 \times m$ 维向量），则相关系数 $\boldsymbol{\theta}_a$ 的最优解估计值为

$$\hat{\boldsymbol{\theta}}_a = \boldsymbol{A}_a^{-1} \boldsymbol{b}_a \qquad (12\text{-}7)$$

其中，$\boldsymbol{A}_a = (\boldsymbol{X}_a \boldsymbol{X}_a^{\mathrm{T}} + \boldsymbol{I}_{d \times d})$，$\boldsymbol{b}_a = \boldsymbol{X}_a \boldsymbol{r}_a^{\mathrm{T}}$。根据 UCB 算法的思路，除了收益的期望外，还需要一个置信上界。根据参考文献 [8]，对任意 $\delta > 0$，有

$$P\left(\left| \boldsymbol{x}_{t,a}^{\mathrm{T}} \hat{\boldsymbol{\theta}}_a - \mathbb{E}[r_{t,a} \,|\, \boldsymbol{x}_{t,a}] \right| \leqslant \alpha \sqrt{\boldsymbol{x}_{t,a}^{\mathrm{T}} \boldsymbol{A}_a^{-1} \boldsymbol{x}_{t,a}} \right) > 1 - \delta \qquad (12\text{-}8)$$

其中，$\alpha = 1 + \sqrt{\log(2/\delta)/2}$。上述不等式给出了期望收益的一个置信上界，即 $p_{t,a} = \boldsymbol{x}_{t,a}^{\mathrm{T}} \hat{\boldsymbol{\theta}}_a + \alpha \sqrt{\boldsymbol{x}_{t,a}^{\mathrm{T}} \boldsymbol{A}_a^{-1} \boldsymbol{x}_{t,a}}$。这样，我们可以选择置信上界最大的臂，即 $a_t = \arg\max_a p_{t,a}$。

总结下来，LinUCB 算法的基本流程如下。

（1）初始化：$A_a \leftarrow I_{d \times d}$，$b_a \leftarrow 0_{d \times 1}$。

（2）在每次摇臂之前，先估算每个臂的最优相关系数并计算置信上界：$\hat{\theta}_a \leftarrow A_a^{-1} b_a$，$p_{t,a} \leftarrow x_{t,a}^{\mathrm{T}} \hat{\theta}_a + \alpha \sqrt{x_{t,a}^{\mathrm{T}} A_a^{-1} x_{t,a}}$。

（3）选择置信上界最大的臂，即 $a_t = \arg\max_a p_{t,a}$，摇臂并记录获得的收益 r_t。

（4）更新臂 a_t 的特征矩阵和收益向量，即 $A_{a_t} \leftarrow A_{a_t} + x_{t,a_t} x_{t,a_t}^{\mathrm{T}}$，$b_{a_t} \leftarrow b_{a_t} + r_t x_{t,a_t}$。

（5）重复步骤（2）~步骤（4）直至算法结束。

上述 LinUCB 算法是在 UCB 算法的基础上，结合了上下文信息。微软在 2013 年提出了一个在 Thompson 采样算法中结合上下文信息的算法[9]，其在工业界中应用也很广泛，有兴趣的读者可以进行拓展阅读。

02 广告召回

场景描述

搜索广告的召回一般是通过将用户输入的查询（query）与广告商给出的广告关键词进行匹配来完成的。然而很多时候，用户查询与广告关键词在字面上并不能完全匹配，这时候就需要进行语义上的匹配。

知识点

广告召回、深度语义模型（Deep Structured Semantic Models，DSSM）

问题 **简述一个可以提高搜索广告召回效果的深度学习模型。** 难度：★★★★☆

分析与解答

早些年涌现的 LSA（Latent Semantic Analysis）、PLSA（Probability LSA）、LDA（Latent Dirichlet Allocation）等模型，都可以对词语进行语义上的匹配。但是，这些模型都是通过词语在文档中的共现关系来学习词语之间的语义相似性。这是一个无监督学习过程，不能充分利用搜索广告中的点击数据。

微软在 2013 年提出了基于用户点击数据的深度语义模型（DSSM）[10]，它在搜索召回和排序中被广泛应用，同时在搜索广告的应用场景中也可以发挥类似的作用。

DSSM 的基本思想是，用一个深度神经网络将用户的查询（query）以及文档（documents）都映射到同一个低维空间中，然后用查询和文档在低维空间中的距离来刻画它们之间的相似性。在搜索广告的应用场景中，文档即代表广告。DSSM 中的深度神经网络，可以利用用户的点击数据来训练，优化的目标是用户点击文档的最大似然。图 12.5 展示了 DSSM 的结构示意图，整个模型大致可以分为 3 大部分，下面分别介绍。

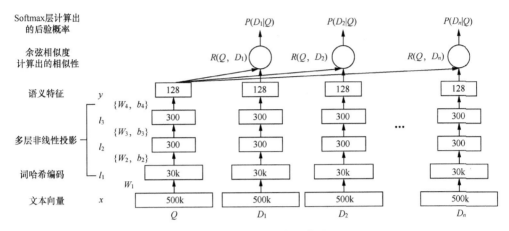

图 12.5　DSSM 结构示意图

第一部分是查询 Q 和文档 D 的输入部分（模型的最下层）。原始输入是高维稀疏向量，例如词语在查询或文档中的计数统计。参考文献 [10] 提出了一种词哈希（Word Hashing）技术，它可以将英文单词映射为相对低维的向量，以作为深度神经网络的输入。词哈希的核心思想是，先将单词的字母通过滑动窗口切成固定长度的字符串（比如将单词"apple"切成若干个 3-gram 字符串：#ap, app, ppl, ple, le#），然后将这些字符串表示为维度较低的向量。用于切分单词的滑动窗口越小，最终词向量的维度越低，但是冲突（指两个不同的单词拥有同样的字符串组合）也会越多。参考文献 [10] 采用的滑动窗口尺寸为 3，此时对于一个大约有 50 万个单词的常用词表，词哈希技术可以用大约 3 万维的向量来表示其中的单词，同时只有 22 个冲突。

第二部分是深度全连接网络（模型的中间层），用于输出查询和文档在低维空间的语义向量表示。具体来说，记 x 表示模型的原始输入（高维稀疏向量），l_1 是经过词哈希后的低维向量（作为全连接网络的输入层），$l_2, l_3, \cdots, l_N$ 表示全连接网络的中间隐藏层，y 是全连接网络的输出向量（即查询或文档的语义表示），则有

$$l_1 = W_1 x$$
$$l_i = f(W_i l_{i-1} + b_i), \quad i = 2, \cdots, N \qquad (12\text{-}9)$$
$$y = f(W_N l_N + b_N)$$

其中，W_i 和 b_i 分别表示网络第 i 层的权重矩阵和偏置向量，激活函数 $f(\cdot)$ 采用 Tanh 函数。

第三部分是查询和文档的语义匹配部分（模型的最上层）。这里用余弦相似度来表示查询和文档之间的相似性，即

$$R(Q,D) = \text{cosine}(y_Q, y_D) = \frac{y_Q^{\mathrm{T}} y_D}{\| y_Q \| \| y_D \|} \qquad (12\text{-}10)$$

接下来介绍如何使用用户的点击数据来学习网络的参数。在给用户展示过的广告中，我们用用户点击过的广告作为正样本，没有点击的广告作为负样本（负样本比较多，可以随机选出若干个即可），来构造模型的训练集。根据相似性函数，即式（12-10），可以计算出给定查询 Q 后用户点击广告 D 的后验概率，即如下 Softmax 函数：

$$P(D \mid Q) = \frac{\exp(\gamma R(Q,D))}{\sum_{D' \in \mathcal{D}} \exp(\gamma R(Q,D'))} \qquad (12\text{-}11)$$

其中，γ 是平滑系数（通过验证集来调整），$\mathcal{D}$ 是训练集中针对查询 Q 的文档集合，包括前面提到的用户点击过的正样本以及随机抽取的负样本。训练的目标是最大化数据似然，即最小化如下损失函数：

$$L(\Lambda) = -\log \prod_{(Q,D^+)} P(D^+ \mid Q) \qquad (12\text{-}12)$$

其中，$\Lambda = \{W_i, b_i\}$ 是网络的参数集合，(Q, D^+) 是训练集中的〈用户查询，用户点击的广告〉组合。模型的训练可以通过梯度下降法来完成。

综上所述，在广告召回过程中，我们可以采用 DSSM 将查询与广告映射到一个共同的低维空间中，然后在低维空间中计算它们的语义相似性，最后选择语义上比较接近的广告进入到召回集中。通过语义相似性来召回部分广告，可以召回更多的广告，并且能增加广告的召回率和准确率。

03 广告投放策略

场景描述

一个计算广告系统要同时投放多个广告订单,每个订单有各自的投放限制,如定向条件、投放总数、预算等限制。同时,对广告系统投放效果的衡量也是多方面的,如流量利用率、总收入、订单完成率等。整体来说,广告投放策略需要在满足订单约束条件的前提下,尽可能提高整个广告投放系统的表现。这类问题一般可以形式化为一个带约束的优化问题,通过求解该优化问题得到广告投放策略。深度学习技术已经应用于一部分投放策略问题,本节以竞价策略为例介绍这方面的进展。

知识点

竞价策略、强化学习

问题 1 在实时竞价场景中,制定广告主的出价策略是一个什么问题?

难度:★ ☆ ☆ ☆ ☆

分析与解答

在实时竞价场景中,流量交易平台会把广告流量实时发给广告主;广告主根据流量信息,给出一个竞价,这个竞价实时产生,每次出价时广告主可以决定合适的竞价;流量交易平台接收到所有广告主的竞价之后,把广告位分配给出价最高的广告主,广告主为广告付出的价格是第二高的竞价,或者平台事先给出的底价。广告主的付费方式有很多种,业内主流的方法是按广告点击收费,即只有用户点击了广告才对广告主收费,没点击则不收费。广告主的出价策略,即为每一个符合广告主条件的广告位设计一个合适的竞价。

广告主在设计竞价时,面临的主要约束是预算。广告主一般会把广告花费按照一次次的营销活动进行分配，一次具体的营销活动会限制在一个时间段内，并且也会有一个预算。广告主希望在这个时间段内花掉这些预算，并取得最好的广告效果。衡量一次营销活动的效果的方法有很多，针对在线广告实时竞价场景，我们可以简单地把总的用户点击次数作为衡量指标。这样，制定广告主的出价策略问题就是一个在预算约束下，最大化广告效果的优化问题。

问题 **2** **设计一个基于强化学习的算法来解决广告主的竞价策略问题。**　　难度：★★★★☆

分析与解答

强化学习的本质是马氏决策过程，核心概念包括主体、环境、状态、行动、收益。在竞价策略这个场景下，可以比较容易辨认出主体是竞价策略本身，环境是流量交易平台，状态是营销活动的剩余时间和剩余预算。每个时刻，环境产生一个随机类型的流量，行动是给这个流量一个合适的竞价，收益是用户点击行为（如图 12.6 所示）。

图 12.6　竞价策略问题的强化学习表示

在进一步分析这个问题之前，我们需要先形式化地描述一下这个问题。假定流量交易平台发过来的某次竞价请求的特征为 x，它来自某个特征空间 X，即 $x \in X$，概率分布为 $p_x(x)$；这个流量的市场价格分布为 $m(\delta; x)$，δ 表示流量市场的第二高竞价，所有流量的平均市场价格分布为 $m(\delta) = \int_x m(\delta; x) p_x(x) \mathrm{d}x$；我们预测的用户点击率为 $\theta(x)$；剩余时间用剩余的竞价机会 t 来表示，剩余预算用 b 表示，初始的剩余时间和剩余预算分别为 T 和 B；在当前状态下的竞价用 $a(t, b, x)$ 表示；某策略下的价值函数为 $V(t, b, x)$ 和 $V(t, b)$。

上述马氏决策过程的状态空间是 $S = \{0,1,\cdots,T\} \times \{0,1,\cdots,B\} \times X$。下面推导一下这个决策过程的状态转移函数 μ 和收益 r。在竞价为 a 时，本次竞价获胜的概率是 $\sum_{\delta=0}^{a} m(\delta;x)$，失败的概率是 $\sum_{\delta=a+1}^{\infty} m(\delta;x)$。竞价成功时，剩余时间和剩余预算分别变为 $t-1$ 和 $b-\delta$，预期收益为 $\theta(x)$；竞价失败时，剩余时间和预算分别为 $t-1$ 和 b，预期收益为 0。假定当前流量特征为 x_t，下一次流量特征为 x_{t-1}，那么状态转移函数为

$$\mu(a,(t,b,x_t),(t-1,b-\delta,x_{t-1})) = p_x(x_{t-1})\, m(\delta;x_t), \quad \delta \in \{0,1,\cdots,a\}$$

$$\mu(a,(t,b,x_t),(t-1,b,x_{t-1})) = p_x(x_{t-1}) \sum_{\delta=a+1}^{\infty} m(\delta;x_t) \tag{12-13}$$

收益函数为

$$r(a,(t,b,x_t),(t-1,b-\delta,x_{t-1})) = \theta(x_t), \quad \delta \in \{0,1,\cdots,a\}$$

$$r(a,(t,b,x_t),(t-1,b,x_{t-1})) = 0 \tag{12-14}$$

由此可以推导出价值函数满足：

$$V(t,b,x_t) = \sum_{\delta=0}^{a} m(\delta;x_t) \times (\theta(x_t) + V(t-1,b-\delta)) +$$

$$\sum_{\delta=a+1}^{\infty} m(\delta;x_t) V(t-1,b) \tag{12-15}$$

注意到 $\sum_{\delta=a+1}^{\infty} m(\delta;x) = 1 - \sum_{\delta=0}^{a} m(\delta;x)$，因而有

$$V(t,b,x_t) = V(t-1,b) + \sum_{\delta=0}^{a} m(\delta;x_t) \times$$

$$(\theta(x_t) + V(t-1,b-\delta) - V(t-1,b)) \tag{12-16}$$

两边都对 x_t 取期望，有

$$V(t,b) = V(t-1,b) + \sum_{\delta=0}^{a} \left(\int_{x_t} m(\delta;x_t)\theta(x_t)p_x(x_t)\mathrm{d}x + \right.$$

$$\left. m(\delta)(V(t-1,b-\delta) - V(t-1,b)) \right) \tag{12-17}$$

从式（12-16）可得，最佳竞价 $a(t,b,x) = \max_a V(t,b,x)$ 满足如下不等式：

$$\theta(x) + V(t-1,b-a) - V(t-1,b) \geqslant 0$$

$$\theta(x) + V(t-1,b-a-1) - V(t-1,b) < 0 \tag{12-18}$$

式（12-17）得到了 $V(t,b)$ 的递推关系式，理论上可以用动态规划的方法求解。对于该问题的理论推导，可以见参考文献 [11] 获得更详细的内容。

问题 3 设计一个深度强化学习模型来完成竞价策略。

难度：★★★☆☆

分析与解答

根据前面的理论推导，我们很自然地想到可以把价值网络 V 表示为一个深度模型，然后根据 V 可以得到每次竞价的出价方案。V 的训练可以根据"探索和利用"原则进行。然而实践上，直接简单地使用深度模型来表示 V 会存在严重的问题，原因主要有两点：一是行动的可选范围太大，价值网络难以精确分辨相似行动之间的价值差异；二是用每次行动之后的点击事件作为收益函数，这会鼓励策略给出更高的出价，导致容易忽略预算限制条件。

为了减少行动的可选范围，可以把出价策略设计为

$$a = \lambda \theta (x) \tag{12-19}$$

这样就把行动的种类减小到只有两种，即减小 λ 和增加 λ。这个出价方式在环境平稳条件下是理论上的最优解，也是式（12-18）在 $b \gg 0$ 条件下的一阶近似解。

为了让收益函数能反映策略长期运行的总收益，我们需要重新设计收益函数。一般竞价策略的训练过程会分成很多个回合（episode）；在每个回合内，有固定的竞价次数和预算限制，回合内超出预算限制的竞价只能放弃。收益函数的设计可以把历史上最好的回合的总收益作为目标，收益函数的预测变量需要回合开始时的状态以及做出预测时刻的当前状态。假设一个回合的竞价机会设置为 T，每次竞价之前的状态为 $s_0, s_1, \cdots, s_T$，每次竞价的行动为 $a_1, a_2, \cdots, a_T$，直接收益为 $r_1, r_2, \cdots, r_T$，则收益函数可以设计为

$$r^e(s_0^e, s_j^e, a_j^e) = \sum_{j^\dagger = 1}^{T} r_{j^\dagger}^e, \quad j \in \{1, 2, \cdots, T\}$$

$$R(s_0, s_j, a_j) = \max_{e, s_0^e = s_0, s_j^e = s_j, a_j^e = a_j} r^e(s_0^e, s_j^e, a_j^e) \tag{12-20}$$

其中，e 是回合的指标，R 用一个深度网络来表示。

这样，根据两个深度网络 $R(s_0, s_j, a_j)$ 和 $V(s_0, s_j, a)$，采用探索和利用的方式进行初始化和训练，即可在强化学习的框架下完成竞价策略的设计。

上面的设计只是一个实践上可行的竞价策略的例子，详细信息见参考文献 [12]，其他合理的设计同样可以完成竞价策略这个任务。

参考文献

[1] COVINGTON P, ADAMS J, SARGIN E. Deep neural networks for YouTube recommendations[C]//Proceedings of the 10th ACM Conference on Recommender Systems. ACM, 2016: 191–198.

[2] CHENG H-T, KOC L, HARMSEN J, et al. Wide & deep learning for recommender systems[C]//Proceedings of the 1st Workshop on Deep Learning for Recommender Systems. ACM, 2016: 7–10.

[3] JUAN Y, ZHUANG Y, CHIN W-S, et al. Field-aware factorization machines for CTR prediction[C]//Proceedings of the 10th ACM Conference on Recommender Systems. ACM, 2016: 43–50.

[4] PAN J, XU J, RUIZ A L, et al. Field-weighted factorization machines for click-through rate prediction in display advertising[C]//Proceedings of the 2018 World Wide Web Conference. International World Wide Web Conferences Steering Committee, 2018: 1349–1357.

[5] GUO H, TANG R, YE Y, et al. DeepFM: A factorization-machine based neural network for CTR prediction[J]. arXiv preprint arXiv:1703.04247, 2017.

[6] ZHOU G, ZHU X, SONG C, et al. Deep interest network for click-through rate prediction[C]//Proceedings of the 24th ACM SIGKDD International Conference on Knowledge Discovery & Data Mining. ACM, 2018: 1059–1068.

[7] LI L, CHU W, LANGFORD J, et al. A contextual-bandit approach to personalized news article recommendation[C]//Proceedings of the 19th International Conference on World Wide Web. ACM, 2010: 661–670.

[8] WALSH T J, SZITA I, DIUK C, et al. Exploring compact reinforcement-learning representations with linear regression[C]//Proceedings of the 25th Conference on Uncertainty in Artificial Intelligence. AUAI Press, 2009: 591–598.

[9] AGRAWAL S, GOYAL N. Thompson sampling for contextual bandits with linear payoffs[C]//International Conference on Machine Learning. 2013: 127–135.

[10] HUANG P-S, HE X, GAO J, et al. Learning deep structured semantic models for web search using clickthrough data[C]//Proceedings of the 22nd ACM International Conference on Information & Knowledge Management. ACM, 2013: 2333–2338.

[11] CAI H, REN K, ZHANG W, et al. Real-time bidding by reinforcement learning in display advertising[C]//Proceedings of the 10th ACM International Conference on Web Search and Data Mining. ACM, 2017: 661–670.

[12] WU D, CHEN X, YANG X, et al. Budget constrained bidding by model-free reinforcement learning in display advertising[C]//Proceedings of the 27th ACM International Conference on Information and Knowledge Management. ACM, 2018: 1443–1451.

第 13 章

视频处理

视频是人类接收外界信息的最重要载体，具有直观性、准确性、高效性、广泛性以及高带宽性等特点。视频本身是由一系列图像按时间序列组成的，这使得视频既包含了图像的空域信息，又包含了其独有的时域信息。如今，这一能量密度如此之大的载体已经渗透到人类社会的各个领域，可以说，视频是现代人类社会运转以及推动人类文明发展的重要组成部分。

视频处理（Video Processing）是信号处理（Signal Processing）的一个重要分支。视频处理的范围很广，涵盖了视频从诞生到展示的整个端到端的流程，包括视频采集、视频转码、视频存储、视频传输、视频分发、视频播放等。视频处理涉及的研究领域方向也众多，包括视频编解码、视频降噪锐化、超分辨率重建、高动态范围（High-Dynamic Range, HDR）、360 度全景、视频分析理解、码率传输分发自适应等。

随着深度学习在过去几年间的快速发展，其触角也探向了传统的视频处理领域，视频处理和深度学习这一交叉领域逐渐成为了新兴的热门研究方向，视频处理的研究人员纷纷使用深度学习这一工具去尝试解决以往用传统算法难以攻克的难题。在本章的5 个小节中，我们会依次介绍深度学习在视频编解码、视频监控、图像质量评价、超分辨率重建、网络通信这 5 个方向的应用情况，让读者对深度学习在视频处理领域的应用有一个较为详细的了解。

01 视频编解码

场景描述

视频是人类获取外界信息的重要来源，但由于原始采集或制作的视频中信息量巨大，若要使视频得到实际有效的应用，就必须解决视频存储和传输这两大关键问题，这就是视频编解码技术诞生的本源。

视频编解码作为视频处理的关键技术之一，其主要任务既要实现较大的压缩比，又要保证一定的视频质量。为了实现这两大相互矛盾的目标，相关研究者付出了艰辛的努力。从 1984 年国际电报电话咨询委员会（CCITT，现为国际电信联盟的一个部门）公布第一个国际标准以来，视频编解码的国际标准化进程已经历了近四十年。编解码算法的持续优化，压缩的效果不断提升，都标志着人们在不断探索更大压缩比和更清晰视频质量这两大目标的极限所在。这里所说的视频编解码标准本质上是一系列视频处理技术的集合，目前主流的编解码标准包括 H.264（AVC）、H.265（HEVC）、VP9、AV1 等，当然我国具有自主知识产权的 AVS 系列标准也得到了越来越多的应用。虽然视频编解码标准种类繁多，且各个标准在具体的算法实现上有很大不同，但是它们的整体架构却保持了基本相似的状态，均采用了基于块的混合视频编码框架。图 13.1 是目前主流的国际编码标准之一，HEVC 的编码框架 [1]。

随着深度学习技术的不断演进和成熟，其在视频编解码领域的应用范围也日益扩大。目前，对于上述编码框架中各个主要编码算法模块，深度学习均有所尝试并取得了一些可观的效果，本节就针对其中一些应用进行初步介绍。

知识点

帧内预测、环路滤波

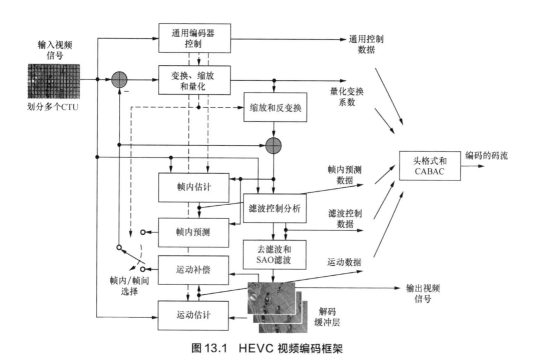

图 13.1 HEVC 视频编码框架

问题 **1** 设计一个深度学习网络来实现帧 内预测。 难度：★★☆☆☆

分析与解答

帧内预测编码是指利用视频空域的相关性，使用待编码图像块的周 边像素值来预测当前待编码图像块的像素值，以达到去除视频空域冗余信 息的目的。传统算法的基本思想是遍历各种预测模式，然后用率失真优化 （Rate-Distortion Optimization，RDO）进行模式决策，从而得到当前待 编码图像块的预测像素值。这里我们以 HEVC 为例来对帧内预测进行说明。

图 13.2 所示的变换单元（Transform Unit，TU）为当前待编码图像块， A、B、C、D、E 为当前待编码图像块的周边像素区域（左下、左、左上、上、 右上）。我们需要通过 A、B、C、D、E 中的像素值来预测 TU 中的像素值， 预测越准确，最终的编码效果越好。HEVC 中提供了 35 种帧内预测模式，

包括 Planar 模式、DC 模式以及 33 种角度预测模式，如图 13.3 所示。

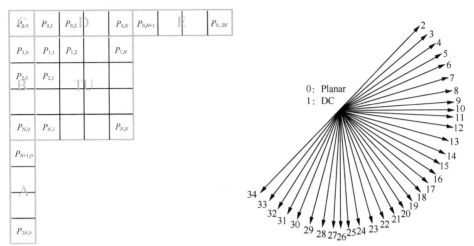

图 13.2　待编码图像块及周边像素　　　图 13.3　帧内预测模式

深度学习在帧内预测上的应用主要有两种思路：第一种思路是基于 HEVC 的编码标准，只介入模式决策部分的处理；第二种思路是完全代替现有的帧内预测流程，打破 HEVC 的编码标准。

第一种思路是通过当前待编码图像块的像素值来选择帧内编码模式，然后用选择的模式来预测待编码图像块的所有像素值。其中，后半部分属于 HEVC 标准定义部分，而前半部分可以使用典型的卷积神经网络来进行处理。该思路的一种实现方式如图 13.4 所示 [2]，它将当前待编码图像块的像素值作为网络的输入，经过多个卷积层和池化层的处理（其中的激活函数选择了复杂度较低的 ReLU），最后用全连接层与 HEVC 的 35 种帧内预测模式相连，输出结果就是帧内预测的模式。训练该网络时，预测模式采取独热编码，并选取交叉熵作为误差函数。

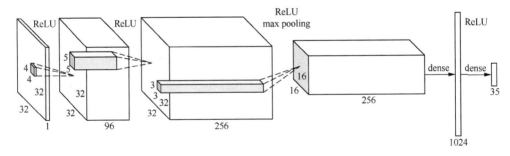

图 13.4　基于卷积神经网络的帧内编码模式选择

第二种思路是通过当前待编码图像块的周边像素值，直接预测当前待编码图像块的所有像素值。这里可以使用多层全连接网络进行处理，把当前待编码图像块的周边像素值作为网络的输入，经过多层全连接网络（激活函数同样选择复杂度较低的 ReLU），输出当前待编码图像块的预测值。图 13.5 是帧内预测全连接网络（Intra Prediction Fully Connected Network，IPFCN）[3] 的结构示意图。训练该网络时，可以用视频编码算法中常用的均方误差（Mean Square Error，MSE）作为损失函数。

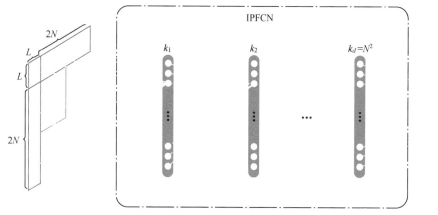

图 13.5　帧内预测全连接网络结构示意图

问题 2　设计一个深度学习网络来实现环路滤波模块。

难度：★ ★ ★ ☆ ☆

请设计一个深度学习网络，来代替现有的环路滤波模块。该深度学习网络可能会有什么潜在的问题？如何改进？

分析与解答

环路滤波是为了解决视频重建中的块效应、振铃效应、颜色偏差等失真效应而提出的视频编解码技术，它给编解码性能带来了明显提升。

随着深度学习的发展，由于其在特征提取以及回归优化等问题上的良好表现，已经有研究者将其应用于环路滤波中[4]。

具体来说，我们可以有重叠地选取比较大的重建块（例如 64×64），利用深层卷积神经网络对重建块进行增强和还原。网络的损失函数可以用均方误差。在设计网络时，可以参考残差网络（ResNet）[5]的思想，添加残差连接，保证梯度的有效传导，从而使网络可以更深。受 VDSR（Very Deep Super Resolution）网络[6]的启发，我们可以采用 20 层卷积神经网络，并利用残差连接将原始输入与卷积结果相加得到网络的最终输出，具体公式为

$$x_{\text{aug}} = x_{\text{rec}} + \text{DNN}(x_{\text{rec}}) \qquad (13\text{-}1)$$

其中，x_{rec} 是网络的输入，即重建块；x_{aug} 是网络的输出，即增强后的块；$\text{DNN}(\cdot)$ 表示深层卷积神经网络；加法运算对应着残差连接。具体的网络结构如图 13.6 所示，图中的卷积操作 ConvOp 包括卷积层和 ReLU 激活层（最后一个 ConvOp 后面不需要激活函数）。需要注意的是，由于不同码率下重建块的质量差异很大，所以对于同一个模型，可能需要针对不同的码率训练出不同参数以便适应各种情况。

上述深度学习网络也存在以下一些问题。

（1）20 层的卷积神经网络的计算量还是比较大的，而视频编码器一般要求实时，如果能够尽量减少网络层数以及每层通道数，会有助于编解码效率的提升。已经有研究者针对上述网络进行优化，将网络层数减少到 10 层，每层的通道数也有不同程度的减少。

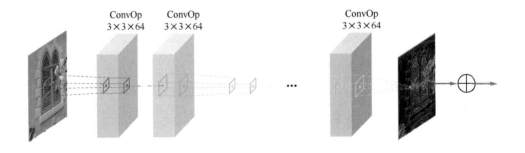

图 13.6　基于深度学习的环路滤波模型

（2）如果为了让一个模型适应不同的码率而训练多套参数的话，模型在应用时需要的存储空间会成倍增加，这会增加模型应用的难度。如何解决这个问题呢？在视频编解码器中，有一个控制码率的重要参数，即量化参数（Quantization Parameter，QP）。如果在训练模型时，将该参数扩展为同重建块一样大小的块，并与重建块直接连接作为网络的输入，则可以使模型学习到 QP 值与相应重建块质量的关系，从而达到一套参数适应不同码率的效果。图 13.7 是码率自适应环路滤波模型的结构示意图。

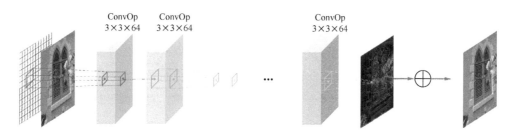

图 13.7　基于深度学习的码率自适应环路滤波模型

基于上述两点改进的模型，已经比 H.266 标准参考软件有 6% 的性能提升，并且可以替代原编码的部分环路滤波模块，简化编码结构。

02 视频监控

视频监控是近二十年来快速发展的一个视频应用领域，其本质就是通过前端的监控摄像头采集实时视频图像，经过编码压缩传至后端的数字硬盘录像机（Digital Video Recorder，DVR）或网络硬盘录像机（Network Video Recorder，NVR）中进行存储，可以通过监视器进行解码观看，从而起到对摄像头拍摄区域进行监控的目的。

近年来，随着计算机、网络以及视频处理技术的飞速发展，视频监控领域也有了长足的进步。视频监控因其直观、准确、及时和信息内容丰富等特点而深入当今社会的各个角落，小到一个独立的监控摄像头，大到云端的智慧交通、智慧城市，处处都可以见到视频监控的身影。

随着智慧交通、智慧城市等概念的提出和逐步实现，视频监控智能分析的需求也越来越迫切和巨大[7]，这给深度学习与视频监控领域的结合找到了一个非常好的切入点。随着视频监控的发展，视频数据量成指数级的增加，这些正是深度学习算法迫切需要的训练数据；而深度学习以其强大的学习理解能力，帮助视频监控领域解决了许多传统算法非常吃力的问题。所以，视频监控领域和深度学习算法相得益彰、共同成长的前景是可以预见的。

视频监控、人脸验证、人脸重建

问题 **如何在较高的监控视频压缩比的**
情况下，提升人脸验证的准确率？　　难度：★★★☆☆

目前针对监控视频的处理和分析主要是基于传统的 CTA（Compress-

Then-Analysis）模式 [8]，即先压缩再传输到服务器端进行集中分析。为了满足现实生活中有限的传输带宽，传统的视频压缩技术都会尽量提高压缩比，以获得实时传输或者降低存储空间，但代价是视频质量的严重下降，甚至会影响后期分析的准确性。有实验显示，在经典的人脸验证数据集 LFW（Labeled Faces in the Wild）上，针对目前比较好的人脸验证模型 FaceNet[9]，如果采用 CTA 模式，以常用的 HEVC 编码器进行压缩后在服务器端进行解码并分析，在比较低的码率条件下（0.05 ~ 0.15bpp），人脸验证的准确率会从原始的 99% 下降到 86% ~ 96%，严重影响系统的性能 [10]。

为了解决传统 CTA 模式的不足，人们提出了 ATC（Analysis-Then-Compress）模式。该模式在采集端（如监控摄像头端）先对原始视频进行特征提取，然后再对提取的特征信息进行压缩和传输，这样既保证了服务器端得到的特征的准确性，又能显著地降低传输带宽。针对监控视频，我们除了会针对其特征进行分析外，有时人眼的主观验看也是必要的，因此单纯的 ATC 模式还不能满足要求 [11]。

与传统的分隔方法不同，有些研究者提出了将视频的特征与视频内容联合压缩传输的模型，也就是在某一个码率限制下，使视频的内容和特征的整体损失（线性加权）达到最低，具体公式为

$$D_{\mathrm{all}} = -\log\left(w_t D_t + w_f D_f\right) \tag{13-2}$$

其中，D_t 是视频在纹理（texture）上的重建损失，可以用均方误差来度量；D_f 是特征（feature）的重建损失，可以用人脸验证的错误率来度量；w_t 和 w_f 是加权因子，满足 $w_t + w_f = 1$；D_{all} 是加权后的整体损失。实验结果显示，该算法能够在比较低的码率条件下（0.04 ~ 0.12bpp），使人脸验证的准确率平稳在 99% 左右，而此时传统模式（以目前最优的视频编码器 HEVC 作为压缩算法）的准确率只有 86% ~ 97%。与此同时，尽管该算法同时传输了纹理信息和特征信息，但是在同样比较低的码率下，其主观重建质量同传统算法相当。

现在我们已经将人脸的特征信息和人脸的内容信息进行联合压缩和传输，达到了人脸识别准确率和人脸重建性能的平衡。是否还有进一步压缩的空间呢？答案是肯定的。人脸特征信息之所以能够用来进行识别

和验证，是因为其包含人脸的主要结构等信息，所以在对人脸进行压缩时，可以进一步利用人脸的特征信息，这也是之前的联合压缩算法所忽略的。由此，我们可以利用深度学习技术，从提取的人脸特征中重建人脸的基本结构图像；然后使用图像视频压缩算法来压缩原始图像和基本结构图像的残差，以进一步提高整体的压缩率。这样，我们可以将人脸图像视频压缩算法划分为以下几个步骤：人脸特征提取，人脸基本结构图重建（基本层），以及人脸残差信息压缩（增强层）。下面我们具体介绍这几个步骤。

（1）**人脸特征提取**。目前比较好的人脸识别和验证模型是 Google 提出的 FaceNet，该模型利用深层卷积神经网络和三元损失函数实现了从图像像素空间到人脸特征空间的映射，在 LFW 人脸验证数据集上获得了 99.63% 的准确率。FaceNet 可以将人脸图像映射到一个 128 维的单位球面上，然后通过距离来对人脸进行识别和验证。这里我们也采用 FaceNet 来提取人脸特征。

（2）**人脸基本结构图重建（基本层）**。我们把利用人脸特征来进行人脸基本结构重建的模型称为基本层。基本层以转置卷积神经网络为主干，以平均绝对误差（MAE）和 VGG-19[12] 网络中 $\text{ReLU}_{(3\_2)}$ 层感知误差的线性组合为损失函数，来重建人脸基本结构图并保持人脸结构信息[13]。特征提取和基本层可以形式化为

$$
\begin{aligned}
I_{\text{feature}} &= F(x_{\text{raw}}) \\
x_{\text{structure}} &= R(I_{\text{feature}}) \\
x_{\text{resi}} &= x_{\text{raw}} - x_{\text{structure}} \\
L_{\text{structure}} &= L_{\text{MAE}}(x_{\text{raw}}, x_{\text{structure}}) + \lambda L_{\text{percept}}(x_{\text{raw}}, x_{\text{structure}})
\end{aligned}
\tag{13-3}
$$

其中，x_{raw}、$x_{\text{structure}}$、x_{resi} 分别是原始图像、基本层重建图像和残差图像，I_{feature} 是从原始图像中提取的特征信息；$F(\cdot)$ 和 $R(\cdot)$ 分别是特征提取模型和基本层重建模型；$L_{\text{structure}}$ 是基本层结构重建网络的损失函数，而 $L_{\text{MAE}}(\cdot)$ 和 $L_{\text{percept}}(\cdot)$ 则分别是平均绝对误差和结构信息感知误差，λ 是平衡因子。

（3）**人脸残差信息压缩（增强层）**。增强层是将原始图像与基本层结构图的残差信息进行压缩。具体来说，增强层先通过 Min-Max 标准化将残差信息映射为 [0,1] 区间上的纹理图像，然后利用深度学

习算法来压缩这个纹理图像。这里可以采用 2017 年提出的基于 GDN（Generalized Divisive Normalization）变换的模型[14]，也可以采用传统的图像视频压缩算法，如 JPEG、JPEG 2000、HEVC 等。但由于纹理图像的像素分布明显不同于一般的自然图像，因而利用神经网络的学习能力来建立新的模型，能够有助于获得更优的性能。这里神经网络模型一般采用均方误差（MSE）作为损失函数。增强层可以形式化为

$$
\begin{aligned}
x_{\text{texture}} &= (x_{\text{resi}} - x_{\min})/(x_{\max} - x_{\min}) \\
c_{\text{texture}} &= E(x_{\text{texture}}) \\
x_{\text{rec-texture}} &= D(c_{\text{texture}}) \\
L_{\text{texture}} &= L_{\text{MSE}}(x_{\text{texture}}, x_{\text{rec-texture}})
\end{aligned}
\tag{13-4}
$$

其中，x_{texture} 是纹理图像，c_{texture} 是纹理图像的编码向量，$x_{\text{rec-texture}}$ 是重建的纹理图像，$E(\cdot)$ 和 $D(\cdot)$ 分别是编码器和解码器，L_{texture} 是纹理图像的重建误差，而 $L_{\text{MSE}}(\cdot)$ 则表示 MSE 损失函数。

在 LFW 人脸验证数据集上，上述人脸图像视频压缩算法与传统的 JPEG、JPEG 2000 和 HEVC 编码器对比，在低码率下的人脸验证准确率要高很多，上述算法的准确率能够保持在 99% 左右，而传统算法则在 60%～90%。与此同时，上述算法在低码率下的图像重建质量，在主、客观指标上都有明显的提升。

03 图像质量评价

场景描述

图像和视频是人类感知外部世界的重要来源之一，也是机器学习中重要的数据资源，其质量的优劣对人类或机器获取外部信息的准确性起着极为关键的作用。然而，与其他信号一样，图像与视频在采集、压缩、传输、展示等各个环节也都会造成信号本身一定程度的失真。如何有效并且准确地衡量图像与视频的质量，就成为图像 / 视频处理领域的关键环节之一。图像质量评价是视频质量评价的基础，本节将会展开讨论图像质量评价（Image Quality Assessment，IQA）技术。

图像质量评价可以从是否需要人主观参与的角度分为两个分支：一是主观质量评价，二是客观质量评价。主观质量评价是指人眼主观对图像质量进行评价，力求能够真实地反映人的视觉感知；客观质量评价是指借助于某些数学模型来反映人眼的主观感知，给出基于数字计算的结果。

近年来，随着深度学习技术的不断完善，其在图像质量客观评价技术中的研究与应用也越来越受关注，研究人员提出并完善了许多基于深度学习的图像质量客观评价算法。与以往的传统算法相比，基于深度学习的图像质量评价算法更能反映人眼的主观感知。

知识点

主 / 客观质量评价、全参考 / 半参考 / 无参考质量评价

问题 **1** 图像质量评价方法有哪些分类方式？列举一个常见的图像质量评价指标。

难度：★☆☆☆☆

分析与解答

图像质量评价（IQA）从方法上可分为主观质量评价和客观质量评

价[15]。主观质量评价是从人眼的主观感知来评价图像的质量，即给出原始的参考图像和待评价的失真图像，让标注者给失真图像评分，一般采用平均主观得分（Mean Opinion Score，MOS）或平均主观得分差异（Differential Mean Opinion Score，DMOS）来表示。客观质量评价使用数学模型给出量化值，其目标是让评价结果与人的主观评价相一致。因为主观质量评价费时费力，在实际应用中很多时候是不可行的，同时主观质量评价结果容易受观看距离、显示设备、观测者的视觉能力和情绪等诸多因素影响，所以有必要设计出能够精确预测人眼主观质量评价的数学模型。

按照原始的参考图像中提供的信息的多少，图像质量评价可以分为3 类：全参考图像质量评价（Full Reference IQA，FR-IQA），半参考图像质量评价（Reduced Reference IQA，RR-IQA），以及无参考（或盲参考）图像质量评价（No Reference IQA，NR-IQA）。

（1）在 FR-IQA 中，同时有参考图像和失真图像，其核心是对比两幅图像的信息量和特征相似度，难度较低。

（2）在 RR-IQA 中，有参考图像的部分信息或从参考图像中提取的部分特征，以及失真图像。

（3）在 NR-IQA 中，没有参考图像，只有失真图像。因此，NR-IQA 是图像质量评价中比较有挑战的问题，难度较高。该问题可以依据失真的种类细分成两类：一类是研究特定失真类型的图像质量评价算法，比如评价模糊、块效应的严重程度等；另一类是研究非特定失真类型的图像质量评价算法，是一个通用的失真评价。在现实场景中，一般很难提供原始的无失真参考图像，所以 NR-IQA 最有实用价值；同时，由于图像内容的多样性，NR-IQA 也是比较难的研究问题。

峰值信噪比（Peak Signal-to-Noise Ratio，PSNR）是一个常见的图像质量评价指标，一般用来评价一幅图像压缩前后质量损失的多少。PSNR 越高，压缩的重建图像失真越小[16]。PSNR 的具体定义为

$$PSNR = 10\log_{10}(MAX^2 / MSE)$$
$$MSE = \frac{1}{mn}\sum_{i=0}^{m-1}\sum_{j=0}^{n-1} \| raw(i,j) - dis(i,j) \|^2 \qquad （13-5）$$

其中，raw 和 dis 是两个 $m \times n$ 的单通道图像，raw 指原始图像，即压缩前

图像，dis 指压缩后图像，MAX 表示图像像素取值范围的最大值。特别地，对于彩色图像，式（13-5）的 MSE 即是所有通道上的 MSE 的平均值。

问题 2 如何利用深度学习良好的图像特征提取能力来更好地解决 NR-IQA 问题？

难度：★★☆☆☆

分析与解答

为了更好地对图像质量评价进行研究，人们采用人眼主观打分的方式建立了很多图像质量评价数据集，LIVE（Laboratory for Image & Video Engineering）就是其中最为常用的数据集之一。有研究者在 2014 年提出了基于神经网络的图像质量评价算法，它能学习图像块到质量评分的映射关系，在 LIVE 数据集上取得了当时的最佳性能，并且在交叉数据集上也显示了出色的泛化能力。

尽管目前已经有不少图像质量评价数据集，但这些数据集主要靠人眼主观评测获得，较高的成本使得这些数据集规模一般比较小，不容易拿来训练普适有效的质量评价模型。此外，受个体差异性和环境的影响，人们一般比较难对图像质量直接给出绝对评价，但对两张图像进行相对质量比较则容易很多。基于这个发现，我们可以先对已知质量的图像进行处理和变换，生成不同级别和类型的失真图像，并根据处理和变换的参数获得失真图像的质量排序（rankings），以此获得大规模的带"质量排序"信息的数据集，从而可以用来训练更加复杂的神经网络模型。参考文献 [17] 就采用了这种方案来构建图像质量评价模型。具体来说，研究者先在上述大规模"质量排序"数据集上，用孪生网络（Siamese Network）加折页损失的结构来学习图像质量的排序信息，以此作为对网络的预训练过程；然后，使用图像质量评价数据集来对预训练的网络进行微调，以拟合图像的真实质量评分。这里的孪生网络[18] 是指结构相同并且权值共享的两个网络，具体的网络结构可以是卷积神经网络、循环神经网络等。该模型在 TID2013 图像质量评价数据集上获得了明显优于同时期其他算法的性能。

近年来，生成模型在很多图像视频处理任务上取得了明显的进展，其中生成式对抗网络（GAN）已经能够生成十分逼真的高清图像[19]。有研究者将 GAN 应用于图像质量评价任务中，利用 GAN 来弥补缺失的真实参考信息[20]，其效果如图 13.8 所示。该模型利用 GAN 由失真图像（distorted image）来生成幻觉参考图像（hallucinated reference），以此弥补缺失的真实参考信息，进而能够更好地引导模型学习图像的感知差异。这个模型在 TID2013 图像质量评价数据集上也获得了明显的性能提升。

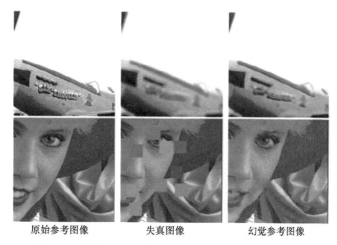

原始参考图像　　　　失真图像　　　　幻觉参考图像

图 13.8　通过 GAN 来弥补图像所缺失的真实参考信息

04 超分辨率重建

场景描述

超分辨率重建是图像/视频处理的重要技术之一。随着人们对图像、视频的质量要求的提升，这项技术在近几年发展迅速。超分辨率重建技术可以在放大图像、视频的同时，恢复其中的细节部分。超分辨率重建也可以视为一种对图像和视频进行压缩的方法，在编码端对原始内容进行下采样，以低分辨率版本进行编码，然后在接收端对低分辨率图像或视频进行超分辨率重建，以此来降低图像或视频在存储和传输时的数据量。

知识点

超分辨率重建、卷积神经网络、生成式对抗网络、空间变换网络

问题 *1* 超分辨率重建方法可以分为哪几类？其评价指标是什么？ 难度：★ ★ ☆ ☆ ☆

分析与解答

超分辨率重建主要有基于插值（interpolation-based）、基于重建（reconstruction-based）和基于学习（learning-based）的超分辨率重建方法。

■ 基于插值的超分辨率重建方法

在对图像进行放大时，基于插值的超分辨率重建方法是通过使用插值函数来估计待插入的像素点的取值。具体来说，该方法先根据已知点的位置、待插值点的位置以及插值函数来计算各个已知点的权重，然后根据这些已知点的取值和对应的权重来估计待插值点的像素值。常见的一维插值函数有一维最近邻（1D-nearest）、线性（linear）、三次（cubic）插值等，二维插值函数有二维最近邻（2D-nearest）、双线性（bilinear）、双三次（bicubic）

插值等。图 13.9 展示了这几种插值函数的插值过程，其中，彩色点为已知点，黑色点为待插值点。以三次插值为例，在计算待插值点的像素值时，需要参考与其相邻的 4 个像素点，根据三次插值函数计算这 4 个点分别对应的权重，然后再对这 4 个点的像素值进行加权求和，得到待插值点的像素值。

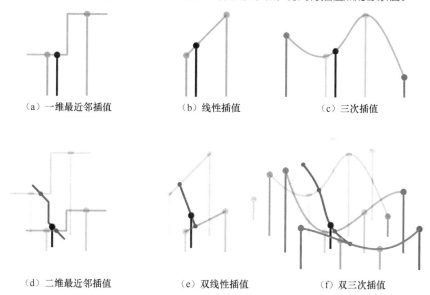

（a）一维最近邻插值　　　　（b）线性插值　　　　（c）三次插值

（d）二维最近邻插值　　　　（e）双线性插值　　　　（f）双三次插值

图 13.9　几种常见的插值函数示意图（包括一维数据和二维数据）

基于插值的超分辨率重建方法的优点是简单快速，可以实现图像或视频的实时超分辨率重建（在普通 CPU 上的运行速度即可达到毫秒级别）。具体的运行速度和插值效果与所使用的插值方法以及插值函数选取的半径大小有关，对于大部分图像而言，在插值效果上有，双三次插值 > 双线性插值 > 二维最近邻插值。以 Lenna 图像为例，我们先对其进行 $\frac{1}{2}$ 倍下采样，然后再用不同的插值算法进行 2 倍上采样，图 13.10 展示了不同插值方

二维最近邻插值效果图　　　　双线性插值效果图　　　　双三次插值效果图

图 13.10　不同插值方法的效果图

法的效果。基于插值的超分辨率重建方法虽然速度快，但不足之处是无法很好地重建出图像的细节，在一些图像上会产生振铃或锯齿现象。

■ **基于重建的超分辨率重建方法**

基于重建的超分辨率重建方法的基础是均衡及非均衡采样定理，通常是基于多帧图像的，需要结合先验知识。它假设低分辨率的输入采样信号（图像）能很好地预估出原始的高分辨率信号（图像）。绝大多数超分辨率重建算法都属于这一类，其中主要包括频域法和空域法。

（1）在频域法中，最主要的是消混叠（anti-aliasing）重建方法。消混叠重建方法是通过解混叠来改善图像的空间分辨率，从而实现超分辨率重建。最早的研究工作可以追溯到 Tsai 在 1984 年发表的论文[21]。在原始场景信号带宽有限的假设下，利用离散傅里叶变换和连续傅里叶变换之间的平移、混叠性质，该论文给出了一个由一系列欠采样观察图像数据重建高分辨率图像的公式。将多幅观察图像经混频而得到的离散傅里叶变换系数与未知场景的连续傅里叶变换系数以方程组的形式联系起来，方程组的解就是原始图像的频域系数；再对方程组的解进行傅里叶逆变换就可以得到原始图像的空域值，实现对于图像的重建。

（2）在空域法中，其线性空域观测模型涉及全局和局部运动、光学模糊、帧内运动模糊、空间可变点扩散函数、非理想采样等内容。空域法具有很强的包含空域先验约束的能力，主要包括非均匀空间样本内插、迭代反投影方法、凸集投影法（Projections Onto Convex Sets，POCS）、最大后验概率（Maximum a Posteriori，MAP）以及混合MAP/POCS 方法、自适应滤波方法、确定性重建方法等。

■ **基于学习的超分辨率重建方法**

基于学习的超分辨率重建是近几年图像领域的研究热点之一。这种方法使用大量图像来训练超分辨率重建模型，使模型学习到先验知识，从而在重建时可以恢复图像的高频细节，重建效果更好。具体的学习方法有稀疏表示法、支持向量回归法、邻域嵌入法等。

图 13.11 是基于学习的超分辨率重建框架图，具体细节如下。

（1）将一组高分辨率图像 I^{HR} 进行下采样，产生一组对应的低分辨

率图像 I^{LR}。低分辨率信号（图像）作为训练的输入，高分辨率信号（图像）作为输出。在表示图像 I 时，通常使用 YCbCr 空间的 Y 通道，也就是说，在训练和重建图像时仅使用 Y 通道的信息（在重建时，仅对 Y 通道使用训练好的模型进行重建，Cb 和 Cr 通道可以直接使用插值的结果）。这里，Y 通道表示亮度，存储了图像的绝大部分信息。相对于分别对 R、G、B 这 3 个通道进行重建，仅对 Y 通道进行重建还可以节省时间。在产生低分辨率图像的过程中，还可以引入其他的降质模型，例如，如果在低分辨率图像上加入模糊效果，则训练出的模型可以自带锐化效果。传统的机器学习方法与深度学习方法的区别在于，在获取低分辨率空间的特征表示时，深度学习方法可以省略做特征工程，而传统的机器学习方法往往需要这一步骤。

（2）在训练时，一般是学习低分辨率图像的**图像块**（patch）到高分辨率图像的目标**像素点**的映射关系。如图 13.12 所示，在训练模型时，先用插值法（如线性插值）将低分辨率图像放大到目标分辨率大小；然后以图像块作为基本的训练样本，学习从图像块到目标像素点的映射关系。图像块的大小通常会影响重建的效果，一般使用的大小有 3×3、5×5、7×7、9×9、11×11 等。

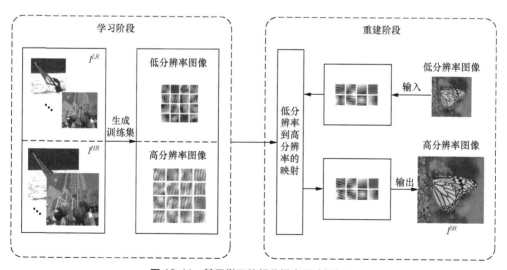

图 13.11　基于学习的超分辨率重建框架图

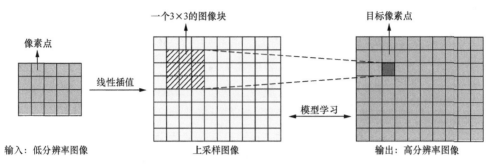

一个3×3的图像块

目标像素点

像素点

线性插值

模型学习

输入：低分辨率图像

上采样图像

输出：高分辨率图像

图 13.12　基于学习的超分辨率重建模型的学习模块

从上述过程可以看出，超分辨率重建任务旨在学习一系列**卷积核**，使得在重建时可以准确地恢复图像的高频信息。SRCNN[22] 是最早将卷积神经网络应用在超分辨率重建中的。近几年，学者们对模型的速度和准确率进行了不断优化，产生了诸如 VDSR、SRDenseNet[23] 等模型。除此之外，工业界也不乏优秀之作。在 2017 年，Google 提出了 RAISR[24]，该模型虽然是线性模型，但是研究者添加了图像的局部信息，通过扩大卷积核的种类，在保证重建实时性的同时也保证了重建的质量。

■ **超分辨率重建任务的评价指标**

对于超分辨率重建任务，常用的两个客观评价指标是峰值信噪比（PSNR）和结构相似性指标（Structure Similarity Index，SSIM）。这两个指标的值越高，重建结果与原图越接近。目前，还没有较好的（伪）主观评价指标，一般还是以展示或平均主观得分（MOS）的方式来对比不同算法的主观效果。

问题 **2** **如何使用深度学习训练一个基本的图像超分辨率重建模型？**　　难度：★★☆☆☆

分析与解答

在计算机视觉领域，使用最多的深度学习模型就是卷积神经网络。本题以 SRCNN 为例，介绍基于卷积神经网络的超分辨率重建方法。SRCNN 的网络结构如图 13.13 所示。在训练时，网络的输入是将原始低分辨率图像经过双三次（bicubic）插值（上采样）后的图像，记为 Y。该网络的目标，是将上采样后的低分辨率图像 Y，通过学习到的映射 F，恢复为高分辨率图像 X。整个过程主要分为以下 3 个步骤。

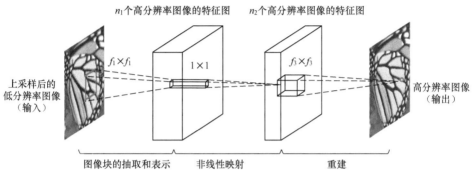

n_1个高分辨率图像的特征图　　n_2个高分辨率图像的特征图

$f_1 \times f_1$　　1×1　　$f_3 \times f_3$

上采样后的
低分辨率图像
（输入）

高分辨率图像
（输出）

图像块的抽取和表示　　非线性映射　　重建

图 13.13　SRCNN 网络结构示意图

（1）**图像块的抽取和表示**，即网络中的第一个卷积层变换，具体公式为

$$F_1(Y) = \mathrm{ReLU}(W_1 * Y + B_1) \qquad （13-6）$$

其中，ReLU 是激活函数，符号 $*$ 表示卷积运算；W_1 是卷积核矩阵，尺寸为 $n_1 \times c \times f_1 \times f_1$；$B_1$ 是 n_1 维偏置向量，表示在每个卷积核产生的结果上加一个偏移量。这里的 n_1 是卷积核个数，c 是输入图像（即 Y）的通道数，$f_1 \times f_1$ 是卷积核的宽和高。经过这个卷积层之后，每个图像块会得到一个 n_1 维向量；对于整个输入图像来说，即生成了 n_1 个特征图。

（2）**非线性映射**，即网络中的第二个卷积层变换，公式为

$$F_2(Y) = \mathrm{ReLU}(W_2 * F_1(Y) + B_2) \qquad （13-7）$$

其中，W_2 是尺寸为 $n_2 \times n_1 \times f_2 \times f_2$ 的卷积核矩阵，B_2 是 n_2 维偏置向量。这样，每个图像块在经过第二个卷积层后，会得到一个 n_2 维向量；对于整幅图像而言，会生成 n_2 个特征图。

（3）**重建**，即网络中最后一个卷积层变换，公式为

$$F(Y) = W_3 * F_2(Y) + B_3 \qquad （13-8）$$

其中，W_3 是尺寸为 $c \times n_2 \times f_3 \times f_3$ 的卷积核矩阵，B_3 是 c 维偏置向量。经过这个卷积层，上一层的 n_2 特征图会被映射为高分辨率图像（有 c 个通道）。

在训练过程中，模型要学习的参数是 $\Theta = \{W_1, W_2, W_3, B_1, B_2, B_3\}$。记高分辨率图像集合为 $\{X_i\}$，上采样后的低分辨率图像集合为 $\{Y_i\}$，在训练过程中使用如下均方误差（MSE）作为损失函数：

$$L(\Theta) = \frac{1}{N} \sum_{i=1}^{N} \| F(Y_i; \Theta) - X_i \|^2 \qquad (13\text{-}9)$$

问题 3 在基于深度学习的超分辨率重建方法中，怎样提高模型的重建速度和重建效果？

难度：★ ★ ★ ☆ ☆

分析与解答

■ **提高重建速度**

关于如何提高重建速度，一方面我们可以增加计算资源，如使用计算机集群来计算；另一方面，我们可以从优化模型的角度来考虑，如 FSRCNN 模型 [25] 在 SRCNN 的基础上所做的改进。

下面我们简单介绍 FSRCNN 所做的改进，主要包括以下两点。

（1）在训练和重建时，输入不再是上采样后的低分辨率图像，而是原始的低分辨率图像。这种方式目前已被绝大多数基于深度学习的超分辨率重建方法所采用。

（2）使用小卷积核。这些改进能够减少网络参数，降低模型计算量。具体来说，FSRCNN 将 SRCNN 中第一层的 9×9 卷积核换成了 5×5 卷积核；另外，由于输入是低分辨率图像，FSRCNN 在网络末端加了一个反卷积层（deconvolution layer）来对图像进行放大（反卷积层放在网络末端也是为了降低计算量）。

在对图像进行放大时，除了使用反卷积层外，还可以有其他选择，如 ESPCN[26] 使用的亚像素卷积层（sub-pixel convolutional layer）。亚像素卷积层就是把若干个特征图的像素重新排列成一个新的特征图，如图 13.14 所示。具体来说，在放大倍数为 r 的网络中，假设最后输出的特征图尺寸为 $r^2 \times H \times W$，其中 r^2 是特征图的通道数目，则亚像素卷积层会将上述特征图重新排列成 $1 \times rH \times rW$ 的高分辨特征图。与反卷积层相比，亚像素卷积层的计算速度更快，但重建效果会略差一些。

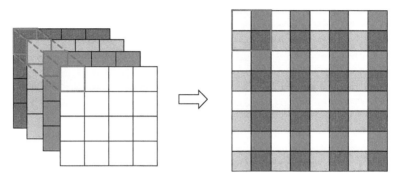

图 13.14　亚像素卷积层示意图

■ **提升重建效果**

提升重建效果一般都是通过加深网络结构来实现的。例如，VDSR 对 SRCNN 进行了改进，通过采用 20 层的网络来提升重建效果。参考文献 [6] 认为深层网络对提高超分辨率重建的准确性非常有帮助，原因有两个：一是深层网络能获得更大的感受野，理论上，感受野越大，学习的信息越多，准确率越高；二是深层网络能实现复杂的非线性映射。然而，网络层数的增加，也使学习的难度上升，模型更难收敛。为了解决这个问题，VDSR 引入了残差网络（ResNet）的思想，仅训练高分辨率与低分辨率之间的高频残差部分。另外，为了缓解深层网络在训练过程中的梯度消失或爆炸问题，论文中还使用了自适应梯度剪切技术，可以根据学习率来调整梯度的幅值，确保收敛的稳定性。很多模型都采用了类似的思想来提升重建效果。此外，参考文献 [27] 中指出，删除 ResNet 中的批归一化可以提升重建效果。

提升重建效果的另一种方法是优化损失函数。传统的基于卷积神经网络的超分辨率重建算法大都以均方误差（MSE）为最小化的目标函数。用 MSE 作为目标函数，虽然可以在重建后取得较高的峰值信噪比，但是当放大倍数较高时，重建的图片会过于平滑，丢失细节，导致主观质量较差。SRGAN[28] 则以提升重建的主观质量为目标，它使用生成式对抗网络（GAN）来对图像进行重建，在放大倍数超过两倍的重建中拥有较高的主观评价效果。SRGAN 的网络结构如图 13.15 所示。在生成器部分，研究者提出了 SRResNet，该网络也使用了 ResNet 结构，输入为低分辨率图像，输出为重建后的高分辨率图像。具体来说，SRResNet 的每个残差块包含两个 3×3 卷积层，后面接 BN 层和 PReLU 激活层；此外，SRResNet 还使用了两个亚像素卷积层来对输入的低分辨率图像进行放大。生成网络输出的高分辨率图像会被输入到判别器中，交由判别网络判断输入的高分辨率图像是生成的还是真实的。判别网络使用 VGG-19 网络。

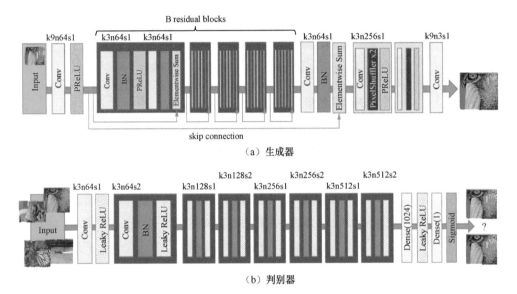

（a）生成器

（b）判别器

图 13.15 SRGAN 网络结构

SRGAN 的最终目标是训练一个生成网络 SRResNet，使得生成的超分辨率图像尽量"骗"过人眼，让人看不出这是一张由低分辨率图像生成的图像。SRGAN 的主要创新点在于对生成网络 SRResNet 的损失函数的设计，论文提出了所谓的**感知损失函数**，其主要由两部分构成。

（1）**内容损失**，主要刻画的是生成图与参考图在内容上的差异。大部分基于深度学习的超分辨率重建算法都采用 MSE 作为损失函数：

$$l_{MSE}^{SR} = \frac{1}{r^2 WH} \sum_{x=1}^{rW} \sum_{y=1}^{rH} (I_{x,y}^{HR} - G_{\theta_G}(I^{LR})_{x,y})^2 \qquad （13-10）$$

其中，G_{θ_G} 表示参数为 θ_G 的生成器，$\theta_G = \{W_{1:L}; b_{1:L}\}$ 是 L 层神经网络的权重和偏置。由于用 MSE 作为损失函数会导致结果过于平均，重建后的图像较为模糊，因此 SRGAN 使用 VGG-19 网络里提取的生成图与参考图的特征之间的差异性作为内容损失函数，即

$$l_{VGG/i,j}^{SR} = \frac{1}{W_{i,j} H_{i,j}} \sum_{x=1}^{W_{i,j}} \sum_{y=1}^{H_{i,j}} (\phi_{i,j}(I^{HR})_{x,y} - \phi_{i,j}(G_{\theta_G}(I^{LR}))_{x,y})^2 \qquad （13-11）$$

其中，$\phi_{i,j}$ 表示 VGG-19 网络的第 i 个最大池化层之前的第 j 个卷积层（激活后）的特征图。

（2）**对抗损失**，用于衡量判别器对生成器的输出图像的判别效果，这里采用 GAN 中的经典损失函数，即

$$l_{Gen}^{SR} = -\log D_{\theta_D}(G_{\theta_G}(I^{LR})) \qquad （13-12）$$

其中，D_{θ_D} 表示参数为 θ_D 的判别器（输出值是图像为真实高分辨率图像的概率）。

生成网络 SRResNet 最终的感知损失函数为

$$l^{SR} = l_X^{SR} + 10^{-3} l_{Gen}^{SR} \qquad （13-13）$$

其中，第一部分 l_X^{SR} 为内容损失，可以取 l_{MSE}^{SR} 或 $l_{VGG/i,j}^{SR}$；第二部分为对抗损失。在训练阶段，SRResNet 要解的优化问题为

$$\hat{\theta}_G = \arg\min_{\theta_G} \frac{1}{N} \sum_{n=1}^{N} l^{SR}(G_{\theta_G}(I_n^{LR}), I_n^{HR}) \qquad （13-14）$$

图 13.16 展示了在不同的损失函数和网络结构组合下的 4 倍重建效果，其中，SRResNet 表示只使用生成器部分的 SRResNet 网络做训练；SRGAN-MSE 表示在上述 SRGAN 网络结构上使用 MSE 作为内容损失函数；SRGAN-VGG22 表示在 SRGAN 结构上使用 VGG-19 的特征图来计算内容损失函数，后面的两个数字（2 和 2）对应式（13-11）中的 i 和 j；SRGAN-VGG54 类似。从结果可以看出，使用 $l_{VGG/5,4}^{SR}$ 来计算内容损失可以获得更好的主观结果；与 $l_{VGG/2,2}^{SR}$ 对比可以发现，使用更深的层可以获得更抽象的特征图，从而更能表示图像本身的含义。

图 13.17 显示了不同的算法在放大 4 倍下的重建效果图。可以看出，

虽然 SRGAN 在客观指标 PSNR 和 SSIM 上并没有取胜，但在主观效果上更接近原图，这也进一步说明了使用传统的客观评价指标 PSNR 和 SSIM 并不能真实反映图像的质量。

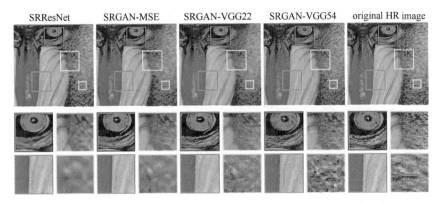

图 13.16　SRGAN 中不同的损失函数和网络结构对重建效果的影响

图 13.17　不同的算法在放大 4 倍下的重建效果对比

问题 **4**　**怎样将图像的超分辨率重建方法移植到视频的超分辨率重建任务中？**　　难度：★★★★☆

分析与解答

视频的超分辨率重建任务可以沿用上面所讲的单张图像超分辨率重建

方法,对视频每帧逐一进行重建。为了获得更好的重建效果,可以利用视频的帧间相关性来进行重建,代表性工作有 VESPCN[29],其网络结构如图 13.18 所示。具体来说,VESPCN 在对 t 帧进行重建时,会参考其相邻的两帧 $t-1$ 和 $t+1$。首先,通过运动补偿(motion compensation)来估计相邻两帧之间的位移;然后,利用位移参数对相邻帧 $t-1$ 和 $t+1$ 进行仿射变换(平移、旋转、缩放、翻转),将这两帧与 t 帧进行对齐;最后,将这三帧进行融合(early fusion),即叠在一起成为三维矩阵,送入后续的 Spatio-Temporal ESPCN 网络中,得到超分辨率重建的结果。其中,Spatio-Temporal ESPCN 网络部分,功能与单张图像的超分辨率重建类似,故不再赘述,这里我们主要关注如何将多帧图像进行对齐。

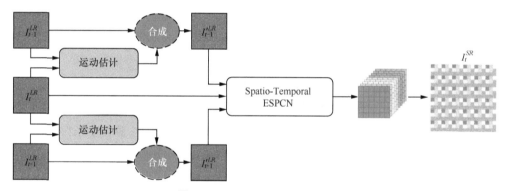

图 13.18　VESPCN 网络结构

将多帧图像进行对齐的关键点在于运动补偿。VESPCN 使用了空间变换网络(Spatial Transformer Network,STN)[30] 来进行运动补偿。这里先介绍一下 STN 的基本工作原理。STN 的主要框架如图 13.19 所示,输入 U 可以是一帧或多帧图像,输出为 V,整个网络主要分为三部分。

(1)定位网络(localisation net),其目标是学习从 U 中像素到 V 中像素的仿射变化参数 θ,这也是整个 STN 网络需要学习的参数。

(2)坐标生成器(grid generator)。在有了仿射变化参数 θ 后,还需要知道 U 和 V 之间像素点的位置对应关系。在坐标生成器的作用下,对于 V 中的点,可以计算出其在 U 中对应点的坐标。

(3)采样器(sampler),这一步相当于插值的步骤。在计算出 V 中的点在 U 中的坐标后,由于坐标可能是小数,所以需要采用插值的方法来计算出像素点的像素值,通常采用双线性插值。

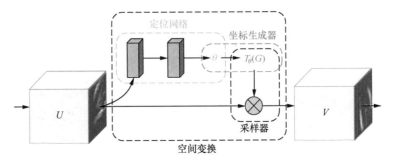

图 13.19　空间变换网络

回到 VESPCN，研究人员设计了基于 STN 的运动补偿方法，流程如图 13.20 所示，目标是对于当前参考帧 I_t，学习找到它与下一帧 I_{t+1} 的最佳光流表示。在这个结构中，研究人员在 STN 的基础上采用了多尺度的思想。首先，对前后两帧进行堆叠，然后通过一个 6 层的卷积神经网络计算得到与原图长宽相等、通道数为 2 的特征图，即为图中的 Δ^c，称为粗糙光流。合成（Warp）是 STN 中的步骤，即利用得到的光流图对 I_{t+1} 进行仿射变换得到 $I_{t+1}^{\prime c}$。然后，将原图的前后两帧、粗糙光流 Δ^c 和 I_{t+1} 进行堆叠，再使用一个 6 层的卷积神经网络计算得到一个通道数为 2 的精细光流 Δ^f。最后，将粗糙光流 Δ^c 和精细光流 Δ^f 相加，再用联合光流对 I_{t+1} 进行仿射变换，得到最终经过运动补偿后的 $I_{t+1}^{\prime}$。VESPCN 的其他部分与 ESPCN 类似，这里就不过多介绍了。

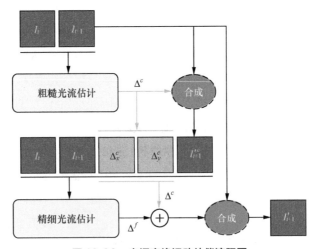

图 13.20　空间变换运动补偿流程图

网络通信

场景描述

网络通信技术是互联网发展的核心技术之一。在计算机网络中，每一个计算机设备都可以看作一个节点，节点之间通过网络链路交换数据与信息。这样一个由节点、链路组成的网络叫作计算机网络，而在这个网络中用来通信的技术，被称为网络通信技术。网络通信技术支撑着网络中大部分的服务与应用，如模拟 / 数字语音视频，传统的包网络传输（文件传输、邮件、万维网、流媒体），数据中心与存储，点对点（peer-to-peer）文件分享网络，在线社交网络，分布式传感网络等。网络底层所涉及的技术更是包罗万象，如网络架构和设计（网络资源分配算法、流量建模、性能分析），传输协议的设计（IP 协议、TCP/IP 协议），移动通信技术（车载网、5G），网络硬件，网络运行管理与监控，网络安全（可疑软件监测与防范）等。

随着深度学习在各行各业（如计算机视觉、语音识别、内容推荐等）做出的令人欣喜的突破后，网络通信领域的研究人员发现，深度学习在一些长久以来未解决的传统网络问题上也展现了超乎寻常的解决问题的能力。

- 首先，深度学习在预测方面准确性更高。相比于传统的拟合算法，深度学习可以捕捉到更多的相关信息，并能更好地利用这些信息做出预测。比如，深度学习可以帮助网络完成一些与数据相关的分类和预测任务，从而更好地激发网络上层的商业能力。

- 其次，深度学习的控制能力更强。相比于传统的控制论、博弈论，深度学习可以在更复杂的环境下完成探索、学习、优化的过程。在网络资源规划或者参数调节上，深度学习都可以自适应地进行调节。

- 最后，深度学习有更强的整合优化能力。相比于解决独立的优化问题，深度学习可以实现端到端的优化，从而提升整体的优化效率，比如内容分发网络（Content Delivery Network）和码率自适应流（Adavtive Bitrate Streraming，ABS）的联合调优等 [31]。

因此，深度学习在网络传输中的应用非常广泛，其影响也必将是深远的。

网络通信、带宽预测、卷积神经网络、循环神经网络、码率自适应、强化学习

问题 **1** ## 如何用深度学习模型预测网络中某一节点在未来一段时间内的带宽情况？

难度：★★★☆☆

如何准确地预测一个网络中数据流量（data traffic）的变化一直是网络优化中不可缺少的一部分。在实际应用中，很多后续网络性能的优化都基于此研究展开。以日常生活中上下班为例，在离目标路段还有 10 分钟路程时，如何预测目标路段是否会发生拥堵并提前切换路线呢？当然在不同的网络背景下，数据流量可能拥有不一样的含义。在计算机网络下，它可能是预测某数据链路的带宽；在无线网络中，它可能表示为基站的发送量等。那么，在知道网络中某一个节点过去一段时间的带宽变化后，如何用深度学习模型来预测该节点未来一段时间的带宽情况呢？

分析与解答

日常生活中有很多问题都可以归化为上述问题，而该问题又可以简化为时间序列预测问题，比如产品的销售额、天气的变化、股票曲线的变化等。时间序列是一组按照事件发生顺序排列的数据点集合，一般被作为有序离散点进行处理。时间序列预测包括短期、中期和长期预测。传统的平均值计算、有权重的平均值加权以及在过去很长一段时间都占据时序分析主流地位的差分整合移动平均自回归模型（AutoRegressive Integrated Moving Average，ARIMA），都可以解决这个问题。不过随着现代机器学习方法的发展，这个问题有了更好的解决方法。

首先来理解一下这个问题，从本质上讲它是一个回归问题。在深度学习出现之前，许多传统的机器学习算法也可以很好地解决这个问题，比如线性回归（Linear Regression）、支持向量回归（Support Vector Regression）等。如果把历史数据点作为独立的训练数据的话，用最简单的单层感知机就可以实现预测功能。对于一些简单的、比较好预测的任务，以上方法都可以得到不错的结果。

进一步思考这个问题会发现，如果只把历史数据点作为独立的训练数据的话，数据之间在时间上的相关性就被忽略了，这对于有着较长时间的、复杂的、周期性变化的数据的处理效果不好。在深度学习中，循环神经网络（如 LSTM）有着较好的学习长期依赖关系的能力，在语言翻译和语音识别上展现出了不错的效果，我们可以借助它来处理时间序列预测问题。图 13.21 是一个用循环神经网络来进行带宽预测的模型，其采用多对一（many-to-one）结构；图中的 $X_t, X_{t-1}, \cdots, X_{t-5}$ 是模型的输入，表示过去一段时间内的历史数据点；$Y_1, Y_2, \cdots, Y_n$ 是模型的输出，即要预测的变量。需要注意的是，模型的输出值可能有多个（$n > 1$），即同时预测多个变量（如网络带宽的最大值、平均值、最小值等），这样可以引入多任务学习机制，联合训练多个任务，有效地提高整体性能。

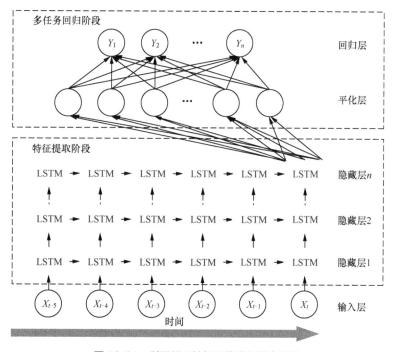

图 13.21　利用循环神经网络进行带宽预测

继续思考网络中数据带宽预测问题，会发现其实我们忽略了大量的地理位置信息。一般来说，网络中 A 节点的数据流量情况，除了可以通过 A 节点的历史数据进行分析预测外，它附近的 B 节点、C 节点的数据流量情况势必也会影响 A 节点的数据流量变化。如果将这些信息也用上，就可以对一个城市或者整个网络的流量有着比较强的预测能力。考虑到深度学习中的卷积神经网络可以用来提取二维图像的特征信息，如果我们把一个城市的网络看作是由网格状节点组成的网络的话，其特征信息就可以用卷积神经网络来提取了。由此，我们可以用一个三维卷积神经网络来学习通信网络中的"地理－时间"联合特征，进而进行带宽预测，如图 13.22 所示。由于三维卷积神经网络会丢失时间序列中的时序信息，所以可以再添加一个循环神经网络，构成 CNN-RNN 模型，如图 13.23 所示，其中卷积神经网络（CNN）用来抽取地理位置信息，而循环神经网络（RNN）用来抽取时序信息。

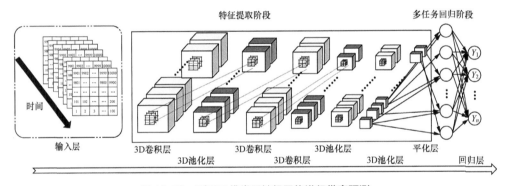

图 13.22　利用三维卷积神经网络进行带宽预测

需要指出的是，将数据节点表示为网格状然后利用卷积神经网络进行处理，这并不是最优的解决办法。图神经网络（GNN）可以更好地表示网络中点与点之间的关系，因此利用图神经网络进行带宽预测可以对网络中的信息有更好的补充，具体方法见参考文献 [32]。

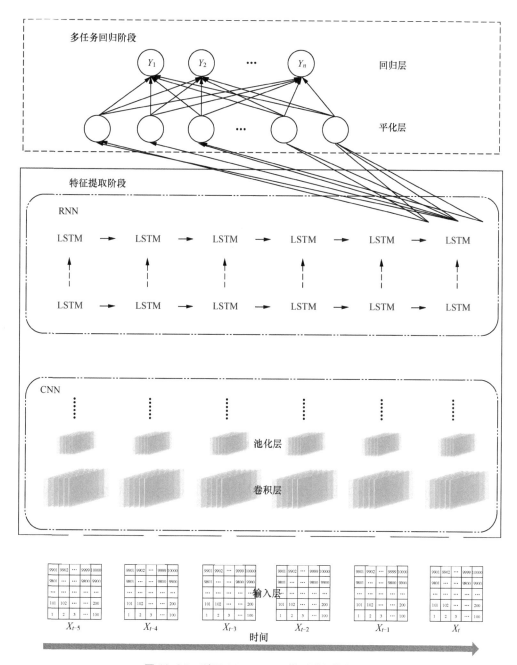

图 13.23 利用 CNN-RNN 模型进行带宽预测

问题 *2* **如何利用深度学习完成自适应码** 　难度：★★★★★
率控制？

目前工业界的流媒体传输优化中主要利用 DASH（Dynamic Adaptive Streaming over HTTP）或者 HLS（Apple's HTTP Live Streaming）来进行流媒体的传输。DASH 和 HLS 系统会把原始内容编成多个具有不同清晰度、不同码率的一组视频，并把每一个视频组织成一系列小的视频块，其中每一个视频块都包含一小段可以独立播放的视频内容。当视频内容在客户端播放时，客户可以根据当前的网络状态自由地选择下一个视频块的码率。这种流媒体传输系统的好处是，在不断变化的网络状态中，可以自适应地调节播放码率，从而在提供高质量视频的同时能减少播放的卡顿。那么在上述背景下，有什么方法可以帮助 DASH 或 HLS 系统做出码率切换的决策，从而解决码率自适应问题？

分析与解答

解决码率自适应问题有两大难点。

（1）**多个优化目标的对立性**。在码率自适应算法中，很多优化目标是互相矛盾的，比如在播放过程中要最小化卡顿时间、最大化清晰度、最小化启动延时、保持流畅度、避免大幅度码率切换等。将这些相互矛盾的优化目标统一到单一的体验质量（Quality of Experience，QoE）指标中，是工业界与学术界一直努力的方向。

（2）**网络情况的复杂多变性**。网络层的服务质量（Quality of Service，QoS）指标包括网络带宽、网络延时、网络抖动、网络丢包率等，而这些问题的核心原因是，网络层是一个有物理上限的连通网络，当传输数据超过其最大负载时，网络会自行进行延时发送或者丢包处理。在实际应用中，网络中哪些链路什么时候会超出负载，以及哪些数据包会因此受到什么程度的影响，都是难以预测的。

基于以上这两大难点，码率自适应算法的优化一直是学术界与工业界不断优化的课题之一。传统的码率自适应方法分为两种类型：一种是基于带宽的码率自适应算法，另一种是基于客户端视频缓存长度的码率自适应算法。我们举例进行说明，MPC（Model Predictive Control）算法是一个基于带宽的码率自适应算法[33]，它将码率自适应问题看作一个 QoE 优化问题，其优化目标是 K 个视频块的优化目标的加权之和，具体公式为

$$\mathrm{QoE}_1^K = \sum_{k=1}^{K} q(R_k) - \lambda \sum_{k=1}^{K-1} |q(R_{k+1}) - q(R_k)| - \mu \sum_{k=1}^{K} \left(\frac{d_k(R_k)}{C_k} - B_k \right)_+ - \mu_s T_s$$

（13-15）

其中，$q(R_k)$ 表示视频块 k 的质量；$|q(R_{k+1}) - q(R_k)|$ 表示视频块之间的质量变换补偿；$d_k(R_k)$ 是视频块的比特数；C_k 是视频块的平均下载速度；$\frac{d_k(R_k)}{C_k}$ 表示下载视频块所需时间；B_k 表示在下载视频块时用户端视频的缓存长度；$\frac{d_k(R_k)}{C_k} - B_k$ 即是视频的卡顿时间；T_s 表示启动延迟；λ、μ、μ_s 是联合优化参数。在 MPC 算法中，最终要求解的是如下带若干约束项的优化问题：

$$\max_{R_1, \cdots, R_k, T_s} \quad QoE_1^k$$

$$s.t. \quad t_{k+1} = t_k + \frac{d_k(R_k)}{C_k} + \Delta t_k$$

$$C_k = \frac{1}{t_{k+1} - t_k - \Delta t_k} \int_{t_k}^{t_{k+1} - \Delta t_k} C_t dt$$

（13-16）

$$B_{k+1} = \left(\left(B_k - \frac{d_k(R_k)}{C_k} \right)_+ + L - \Delta t_k \right)_+$$

$$B_1 = T_s, \quad B_k \in [0, B_{\max}],$$

$$R_k \in \mathcal{R}, \quad \forall k = 1, \cdots, K.$$

其中，Δt_k 为启动下载所需时间（为一极小量），C_t 为网络的瞬时带宽，L 为视频块的可播放时长。虽然理论上我们可以求得上述优化问题的最优值，但注意到约束项中涉及瞬时带宽 C_t 在时间上的积分，这在真实网络中是无法准确知道的，因此实际应用中该值是用历史带宽值的滑动平均值来估计的。这个步骤会引入误差，从而导致实际应用中得到的不是理论最优解。

在 2017 年的通信领域顶级会议 SIGCOMM（ACM Special Interest Group on Data Communication）上，麻省理工学院的研究团队提出

利用深度强化学习进行码率自适应的优化系统 Pensieve[34]，它同样以式（13-15）为优化目标，并提出了基于 A3C（Asynchronous Actor-Critic Agents）模型的解决方法。整个系统的结构如图 13.24 所示，下面具体介绍各个部分。

（1）**输入（input）**：在下载完每一个视频块后，Pensieve 系统会把当前状态输入到神经网络中，状态为 $s_t = (\vec{x_t}, \vec{\tau_t}, \vec{n_t}, b_t, c_t, l_t)$，其中 $\vec{x_t}$ 是过去 k 个视频块的下载带宽，$\vec{\tau_t}$ 是过去 k 个视频块的下载时间，$\vec{n_t}$ 是下一个视频块在 m 个可选择码率下的视频块大小，b_t 是当前的缓存长度，c_t 表示该视频源还有多少个视频块需要下载，l_t 表示上一个视频块所选择的码率。

（2）**策略（policy）**：在接收到状态 s_t 后，Pensieve 系统需要基于某种策略来做出一个动作，即选择下一个视频块的播放码率。这里的策略是指给定状态 s_t 下动作 a_t 的概率分布，即 $\pi(a_t | s_t) \to [0,1]$。由于带宽和视频缓存长度都是连续实数，研究人员引入参数 θ 来将策略参数化为 $\pi_\theta(a_t | s_t)$。

（3）**策略梯度训练（policy gradient training）**：演员～评论家（Actor-Critic）算法采用策略梯度算法进行训练。在每执行一个动作之后，代理（agent）通过仿真环境得到该行为的奖励（reward），即下载这个视频块的 QoE 指标。这个策略梯度算法的核心是通过观测策略的执行结果来预测期望奖励的梯度，具体可以表示为

$$\nabla_\theta \mathbb{E}_{\pi_\theta} \left[\sum_{t=0}^{\infty} \gamma^t r_t \right] = \mathbb{E}_{\pi_\theta} [\nabla_\theta \log \pi_\theta(a|s) A^{\pi_\theta}(s,a)] \qquad （13-17）$$

其中，$A^{\pi_\theta}(s,a) = Q^{\pi_\theta}(s,a) - V^{\pi_\theta}(s)$ 是优势函数（advantage function），表示在状态 s 下行为 a 带来的奖励期望与在状态 s 下平均奖励期望的差值，可以理解为某个特定的行为获得的奖励相比于平均行为的好处。演员网络（Actor Network）会基于策略梯度下降公式，并加入一个鼓励探索的正则项，来更新演员网络的参数 θ：

$$\theta \leftarrow \theta + \alpha \sum_t \nabla_\theta \log \pi_\theta(a_t | s_t) A(s_t, a_t) + \beta \nabla_\theta H(\pi_\theta(\cdot | s_t)) \qquad （13-18）$$

评论家网络（Critic Network）会更新价值函数 $V^{\pi_\theta}(s)$，并用时间差分法（temporal difference method）来学习网络的参数 θ_v：

$$\theta_v \leftarrow \theta_v - \alpha' \sum_t \nabla_{\theta_v} (r_t + \gamma V^{\pi_\theta}(s_{t+1}; \theta_v) - V^{\pi_\theta}(s_t; \theta_v))^2 \qquad (13\text{-}19)$$

（4）**模型训练细节（model traning details）**：在演员网络中，前 3 个输入向量（即 $\vec{x}_t$、$\vec{\tau}_t$、$\vec{n}_t$）会利用滑动窗取 8 个历史值组成向量作为输入，并采用尺寸为 1×4 的一维卷积；后 3 个输入变量（即 b_t、c_t、l_t）则采用 1×1 卷积核；所有的输出经过一个全连接层得到一个 1×128 的向量，最后经过 Softmax 层转化为概率分布，表示每个码率被选中的概率。评论家网络与演员网络基本一致，只是最后输出的是一个值，而不是一个概率分布向量。考虑到实际应用需求，研究人员采用了 A3C 模型，所以 Pensieve 使用了 16 个平行的代理（agent）进行训练，每一个子代理会去尝试不一样的参数，并将它的状态发给中央代理；中央代理根据 Actor-Critic 算法更新整个模型，并在模型更新后将新的模型推给每个子代理。

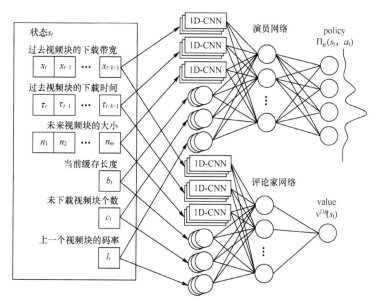

图 13.24　Pensieve 模型结构图

关于码率自适应问题，前人也提出过基于 Tabular Q-learning 的算法[35]。相比于 A3C 方法，基于 Q-learning 的方法会将连续的状态空间离散化，然后利用状态转移概率来学习选择动作（action）的策略，具体细节可以参阅相关的文献。

参考文献

[1] SULLIVAN G J, OHM J-R, HAN W-J, et al. Overview of the high efficiency video coding (HEVC) standard[J]. IEEE Transactions on Circuits and Systems for Video Technology, 2012, 22(12): 1649–1668.

[2] LAUDE T, OSTERMANN J. Deep learning-based intra prediction mode decision for HEVC[C]//2016 Picture Coding Symposium. IEEE, 2016: 1–5.

[3] LI J, LI B, XU J, et al. Intra prediction using fully connected network for video coding[C]// 2017 IEEE International Conference on Image Processing, 2017: 1–5.

[4] DAI Y, LIU D, WU F. A convolutional neural network approach for post-processing in HEVC intra coding[C]//International Conference on Multimedia Modeling. Springer, 2017: 28–39.

[5] HE K, ZHANG X, REN S, et al. Deep residual learning for image recognition[C]// Proceedings of the IEEE Conference on Computer Vision and Pattern Recognition, 2016: 770–778.

[6] KIM J, KWON LEE J, MU LEE K. Accurate image super-resolution using very deep convolutional networks[C]//Proceedings of the IEEE Conference on Computer Vision and Pattern Recognition, 2016: 1646–1654.

[7] GAO W, TIAN Y, HUANG T, et al. The IEEE 1857 standard: Empowering smart video surveillance systems[J]. IEEE Intelligent Systems, IEEE, 2014, 29(5): 30–39.

[8] REDONDI A, BAROFFIO L, CESANA M, et al. Compress-then-analyze vs. analyze-then-compress: Two paradigms for image analysis in visual sensor networks[C]//2013 IEEE 15th International Workshop on Multimedia Signal Processing, 2013: 278–282.

[9] SCHROFF F, KALENICHENKO D, PHILBIN J. FaceNet: A unified embedding for face recognition and clustering[C]//Proceedings of the IEEE Conference on Computer Vision and Pattern Recognition, 2015: 815–823.

[10] LI Y, JIA C, WANG S, et al. Joint rate-distortion optimization for simultaneous texture and deep feature compression of facial images[C]//2018 IEEE 4th International Conference on Multimedia Big Data, 2018: 1–5.

[11] MA S, ZHANG X, WANG S, et al. Joint feature and texture coding: Towards smart video representation via front-end intelligence[J]. IEEE Transactions on Circuits and Systems for Video Technology, IEEE, 2018.

[12] SIMONYAN K, ZISSERMAN A. Very deep convolutional networks for large-scale image recognition[J]. arXiv preprint arXiv:1409.1556, 2014.

[13] MAI G, CAO K, PONG C Y, et al. On the reconstruction of face images from deep face templates[J]. IEEE transactions on pattern analysis and machine intelligence, IEEE, 2018.

[14] BALLÉ J, LAPARRA V, SIMONCELLI E P. End-to-end optimized image compression[J]. arXiv preprint arXiv:1611.01704, 2016.

[15] 周景超, 戴汝为, 肖柏华. 图像质量评价研究综述 [D]. 2008.

[16] HASKELL B G, NETRAVALI A N. Digital pictures: Representation, compression, and standards[M]. Perseus Publishing, 1997.

[17] LIU X, WEIJER J van de, BAGDANOV A D. RankIQA: Learning from rankings for no-reference image quality assessment[C]//Proceedings of the IEEE International Conference on Computer Vision, 2017: 1040–1049.

[18] CHOPRA S, HADSELL R, LECUN Y, et al. Learning a similarity metric discriminatively, with application to face verification[C]//CVPR (1), 2005: 539–546.

[19] KARRAS T, AILA T, LAINE S, et al. Progressive growing of GANs for improved quality, stability, and variation[J]. 2017.

[20] LIN K-Y, WANG G. Hallucinated-IQA: No-reference image quality assessment via adversarial learning[C]//Proceedings of the IEEE Conference on Computer Vision and Pattern Recognition, 2018: 732–741.

[21] TSAI R. Multiframe image restoration and registration[J]. Advance Computer Visual and Image Processing, 1984, 1: 317–339.

[22] DONG C, LOY C C, HE K, et al. Learning a deep convolutional network for image super-resolution[C]//European Conference on Computer Vision. Springer, 2014: 184–199.

[23] TONG T, LI G, LIU X, et al. Image super-resolution using dense skip connections[C]// Proceedings of the IEEE International Conference on Computer

Vision, 2017: 4799–4807.

[24] ROMANO Y, ISIDORO J, MILANFAR P. RAISR: Rapid and accurate image super resolution[J]. IEEE Transactions on Computational Imaging, IEEE, 2017, 3(1): 110–125.

[25] DONG C, LOY C C, TANG X. Accelerating the super-resolution convolutional neural network[C]//European Conference on Computer Vision. Springer, 2016: 391–407.

[26] SHI W, CABALLERO J, HUSZÁR F, et al. Real-time single image and video super-resolution using an efficient sub-pixel convolutional neural network[C]//Proceedings of the IEEE Conference on Computer Vision and Pattern Recognition, 2016: 1874–1883.

[27] LIM B, SON S, KIM H, et al. Enhanced deep residual networks for single image super-resolution[C]//Proceedings of the IEEE Conference on Computer Vision and Pattern Recognition Workshops, 2017: 136–144.

[28] LEDIG C, THEIS L, HUSZÁR F, et al. Photo-realistic single image super-resolution using a generative adversarial network[C]//Proceedings of the IEEE Conference on Computer Vision and Pattern Recognition, 2017: 4681–4690.

[29] CABALLERO J, LEDIG C, AITKEN A, et al. Real-time video super-resolution with spatio-temporal networks and motion compensation[C]//Proceedings of the IEEE Conference on Computer Vision and Pattern Recognition, 2017: 4778–4787.

[30] JADERBERG M, SIMONYAN K, ZISSERMAN A, et al. Spatial transformer networks[C]// Advances in Neural Information Processing Systems, 2015: 2017–2025.

[31] JIANG J, SEKAR V, MILNER H, et al. CFA: A practical prediction system for video QoE optimization[C]//13th USENIX Symposium on Networked Systems Design and Implementation, 2016: 137–150.

[32] WANG X, ZHOU Z, XIAO F, et al. Spatio-temporal analysis and prediction of cellular traffic in metropolis[J]. IEEE Transactions on Mobile Computing, IEEE, 2018.

[33] YIN X, JINDAL A, SEKAR V, et al. A control-theoretic approach for dynamic adaptive video streaming over HTTP[C]//ACM SIGCOMM Computer Communication Review. ACM, 2015, 45: 325–338.

[34] MAO H, NETRAVALI R, ALIZADEH M. Neural adaptive video streaming

with Pensieve[C]//Proceedings of the Conference of the ACM Special Interest Group on Data Communication. ACM, 2017: 197–210.

[35] CHIARIOTTI F, D' ARONCO S, TONI L, et al. Online learning adaptation strategy for DASH clients[C]//Proceedings of the 7th International Conference on Multimedia Systems. ACM, 2016: 8.

第 14 章

计算机听觉

日常生活中，除了之前章节介绍的图像、视频、语言、文本等信号外，音频也是一类非常重要的信息载体。计算机听觉（Computer Audition）就是研究如何让机器理解音频信号的一个方向，它包含多个子领域，总的来说可以分成两大类：自动语音识别（Automatic Speech Recognition, ASR）和音频事件识别（Audio Event Recognition, AER）。

自动语音识别（简称语音识别）是音频处理领域的经典问题，它的目标是识别出人类讲话的声音信号中的内容（一般表示成文本形式）。伴随着深度学习的浪潮，语音识别领域几乎焕然一新，在过去几年里识别性能有了变革性的提升。如今，语音识别技术已经可以实现高精度的人机语音交互、语音控制、声纹识别等功能，被广泛应用在智能音箱、语音助手等产品中。

音频事件识别希望计算机可以像人一样识别声音并关联到音频事件上。注意，这里的声音不局限于人声，还包含其他种类，比如乐器声、动物叫声以及日常环境中的各种声音等。近几年，随着 Google 发布大规模音频事件数据集 AudioSet，众多研究者在这个领域内深耕钻研，如今它的应用场景覆盖了音频数据审核、音频安全监控、声学场景分析、无人驾驶等领域。

音频信号的特征提取

场景描述

在音频信号处理系统中，通常要先对音频信号进行有效的特征提取，以便于后续声学模块的处理。音频信号特征提取的一般流程是，以原始音频信号为输入，先通过消噪和去失真来增强音频信号，然后进行时域到频域的转换，最后在频谱中提取合适的、有代表性的特征。在传统方法中，常用的音频特征有梅尔频率倒谱系数（Mel-Frequency Cepstral Coefficient，MFCC）、线性预测倒谱系数（Linear Prediction Cepstrum Coefficient，LPCC）等；如今随着深度学习的流行，很多研究者开始利用建模能力强大的深度神经网络来进行特征提取。

知识点

音频信号、特征提取、梅尔频率倒谱系数

问题 **简述音频信号特征提取中经常用到的梅尔频率倒谱系数的计算过程。**　　难度：★★☆☆☆

分析与解答

我们在处理音频信号时，一般要先进行特征提取，消除信号中的背景音、噪声等，保留有辨识性的内容信息。梅尔频率倒谱系数（MFCC）是一种非常重要的音频特征，它的主要特征提取流程如图 14.1 所示。

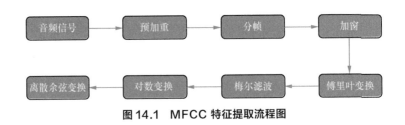

图 14.1　MFCC 特征提取流程图

MFCC 特征提取的主要步骤如下。

（1）**预加重**，指对音频信号的高频部分进行加重，即增加信号中高频部分的分辨率。一般来说，音频信号的低频段能量高、信噪比大，高频段能量低、信噪比小。也就是说，音频信号的能量主要分布在低频段，它的功率谱密度会随着频率增高而降低，这会导致高频信号传输困难，影响信号质量。因此，在传输前对信号进行预加重，可以提升信号的传输质量。预加重最简单的处理方法就是将音频信号通过高通滤波器。

（2）**分帧**，顾名思义，是将音频信号按一定的时间间隔分成若干帧。音频信号具有时变特性，但在比较短的时间范围内（通常是 20 ～ 50 毫秒），其特性基本稳定，这被称为短时平稳性。分帧处理是为了保证后续傅里叶变换的输入信号是平稳的，以便弄清音频中各个频率成分的分布。

（3）**加窗**，即将分帧后得到的每帧信号与特定的窗函数相乘，如图 14.2 所示。这里窗函数的宽度就是帧长，常用的函数有矩形窗、汉明窗、高斯窗等。加窗操作是为了让帧和帧之间平滑地衰减到零，取得更高质量的频谱。

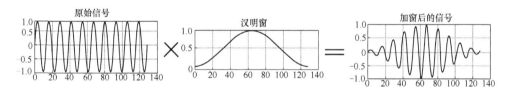

图 14.2 MFCC 特征提取过程中的加窗操作

（4）**傅里叶变换**，用来将音频信号从时域转换到频域。声音信号在时域上一般很难观察出特性，转换到频域上能够更容易获得声音的一些本质特性。图 14.3 是经过傅里叶变换得到的频谱图，横轴是频率，纵轴是幅值。这幅图呈现了声音信号的"细节"与"包络"两种信息。"细节"指的是图中绿色曲线上的小峰，这些小峰在横轴上的间距就是基频，它反映了声音的音高，即小峰越稀疏，基频越高，音高也越高；"包络"指的是图中红色的平滑曲线，它连接了绿色小峰的峰顶，反映了声音的音色；而"包络"上的峰叫共振峰，即图中用红色箭头标识的位置，它表示声音的主要频率成分，可用于识别不同的声音。

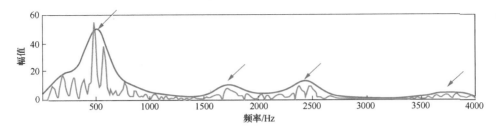

图 14.3　频谱图中的"细节"与"包络"

（5）**梅尔滤波**，模仿人类的听觉感知系统来对频谱进行滤波变换。根据针对人耳的听觉实验的观察结果可以知道，人类的听觉感知系统就像一个滤波器组，在不同的频率下有不同的灵敏度。梅尔滤波器组就是为了模拟人耳的特点而设计的，如图 14.4 所示。具体来说，图 14.4 中第一幅图中的每个黄色三角形就对应着一个梅尔滤波器（通常有 40 个），这些滤波器在低频区域分布比较密集，在高频区域比较稀疏，这是在模拟人耳对低频信号具有较高分辨率的特性。将上一步的频谱与每个梅尔滤波器相乘并做积分，能得到每个梅尔滤波器对应的能量；将所有梅尔滤波器的结果合并在一起，可以得到近似的包络曲线，如图 14.4 中第二幅图所示。这样，我们就分离了音频信号的细节和包络，也即提取出了音频信号中重要的音色信息。

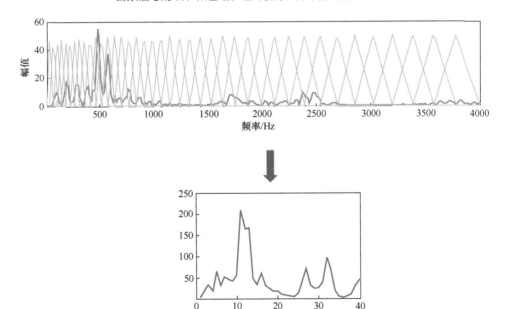

图 14.4　梅尔滤波器组的设计与输出

（6）**对数变换**，施加在梅尔滤波的输出结果上（纵轴），用于放大低能量区域的能量差异。

（7）**离散余弦变换**，用于将对数变换后的特征做进一步处理和压缩。离散余弦变换的结果为实数，并且对于一般的音频信号，离散余弦变换的前几个系数比较大，后面的系数比较小可以忽略。前文提到，梅尔滤波器的个数通常为 40，因此离散余弦变换的结果也是 40 维的，但在实际应用中一般只保留前 12 ～ 20 维，这样可以进一步压缩数据。

综合上面所有步骤，可以知道，每帧音频信号能用一个 12 ～ 20 维向量来表示，整段音频信号能被表示为这种向量组成的一个序列，这个序列就是 MFCC 特征序列，上述整个操作流程就是 MFCC 特征提取的过程。计算机听觉中的很多任务都是基于这些 MFCC 特征进行建模的。

MFCC 特征提取的优点有，分离了包络与细节，提取出了反映音色的包络，排除了细节（基频）的干扰；模仿人耳特性设计的梅尔滤波器组更符合人类的听觉特性；最终得到的 MFCC 特征序列维度较低，易于后续的建模处理。

· 总结与扩展 ·

音频信号的特征提取一直是音频信号处理中非常重要的步骤，针对 MFCC、LPCC 等特征的研究也一直是音频特征提取领域的热点。近几年，随着深度学习的火热，研究人员开始尝试用深度神经网络直接从原始音频信号中提取特征，以替代传统的特征提取方法。但是，由于深度学习模型的训练需要大规模数据集的支持，在一些训练数据量不大的场景中，其性能不一定能比传统方法有优势。因此，现在大家通常会将传统特征提取方法与深度神经网络结合起来使用。

02 语音识别

语音识别的目标是通过计算机程序将一段包含人类语言的声音信号转换为对应的词序列。该技术的应用方向有声纹识别（Voiceprint Recognition）、语音拨号（Voice Dial）等。如果将语音识别技术与自然语言处理技术相结合，则会衍生出更丰富的应用场景，如语音合成（Speech Synthesis）、对话系统（Dialogue System）、语音增强（Speech Enhancement）等。

知识点

语音识别

问题 **分别介绍一下传统的语音识别算法和当前主流的语音识别算法。** 难度：★★★☆☆

分析与解答

我们先了解一下语音识别算法的组成模块，然后再具体介绍有代表性的传统语音识别算法和当前主流的语音识别算法。

■ 语音识别算法的组成模块

语音识别算法一般由编码器和解码器两部分组成，其中编码器包括信号处理与特征提取模块，解码器包括声学模型、语言模型、搜索算法等 3 个模块，整体框架如图 14.5 所示，下面简单介绍各个模块。

- **信号处理与特征提取**：以音频信号为输入，通过信号去噪与增强等方式预处理音频信号，再通过时频转换以及相关的特征提取算子来提取音频特征，从而完成音频信号的编码。
- **声学模型**：以提取的特征序列为输入，结合声音学相关知识，为输入的特征序列生成声学模型得分，并得到语音特征到音素（phoneme）的映射。音素是根据语音的自然属性划分出来的最小语音单位。

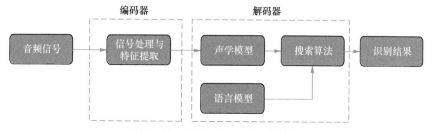

图 14.5 语音识别算法的整体流程

- **语言模型**：一般采用链式法则（Chain Rule）把一个语句的概率拆解成每个词的概率乘积形式，然后通过语料库来训练和学习词之间的条件概率，从而估计出词序列的可能性，最终给出该语句的语言模型得分。

- **搜索算法**：对给定的特征向量和假设词序列，计算声学模型得分和语言模型得分，将综合分数最高的词序列作为识别结果。

■ 传统的语音识别算法

从二十世纪八十年代到 2012 年左右，传统方法在语音识别领域中处于主导地位。传统方法中最常用的框架是先提取音频信号的 MFCC 特征，然后使用基于高斯混合模型的隐马尔可夫模型（Gaussian Mixture Model - Hidden Markov Model，GMM-HMM）进行语音识别，其算法流程如图 14.6 所示。下面分别介绍其中的编码器部分和解码器部分。

编码器先对音频信号进行预加重、分帧、加窗等预处理操作，主要目的是增强高频信号、削弱信号的不连续性与减少噪声干扰；随后，编码器进行 MFCC 特征提取，得到的 MFCC 特征模拟了人类听觉感知系统的特性，有助于提高语音的识别率。

解码器主要是将编码器输出的特征序列识别成状态，并将其组合成音素，最终组合成单词。GMM-HMM 声学模型是解码器的重点，其中 HMM 用于建模词的隐状态与观察状态之间的关系，而 GMM 则用于建模观察状态的语音特征的分布情况。在声学模型识别后，还要借助语言模型来估计词序列的概率。最后，搜索算法将结合声学模型与语言模型给出的得分，找到综合分数最高的词序列作为识别结果。

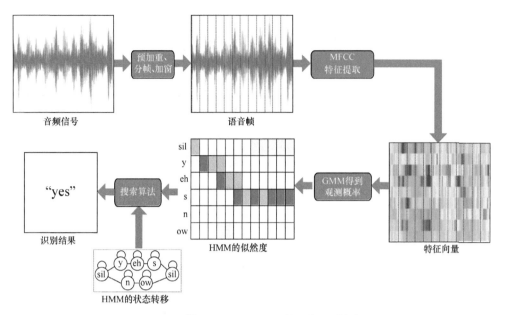

图 14.6　基于 GMM-HMM 的语音识别算法

■　**当前主流的语音识别算法**

随着语音识别应用场景的不断更迭以及深度学习的飞速发展，研究人员开始尝试用深度神经网络（DNN）来代替传统方法中的各个模块，模型的整体结构也逐渐从复杂的多模块级联转为端到端的形式。在过去两三年里，工业界的很多语音识别相关产品已开始采用深度神经网络技术。

深度神经网络已经在很多领域展现出强大的学习与分类能力。在语音识别领域，一个标志性的算法是 2012 年 Hinton 等人提出的 DNN-HMM 算法[1]，该算法用深度神经网络替换了传统方法中的信号预处理、特征提取、GMM 这些级联模块，最后再用 HMM 估计结果，模型的整体结构如图 14.7 所示。在很多场景下，该算法的性能优于传统的 GMM-HMM 框架。DNN-HMM 引领了混合系统的风潮，成为现代语音识别算法革新的起点。

随后，研究人员开始采用对时间序列处理效果比较好的循环神经网络来代替 HMM 模块。长短期记忆网络（LSTM）是最常用的循环神经网络模型之一，它能缓解梯度消失或爆炸、记忆力有限等问题。CTC（Connectionist Temporal Classification）算法[2] 就是结合 LSTM

实现的现代语音识别方法,其整体流程如图 14.8 所示。该算法可以用来解决时序的分类问题,与一些其他方法相比能够大幅度降低词错误率。最初设计的 CTC 网络输出音素串后,仍需要结合词典和语言模型来进行转换。之后,研究者进一步用神经网络来替代词典、语言模型等模块,真正实现了端到端的模型结构,比如基于 CTC 的 EESEN 模型[3]。另外,也有研究者尝试在结构中引入注意力机制,如 LAS(Listen, Attend and Spell)模型[4],它在解决语音输入与要识别的输出之间语序不一致、长度悬殊等问题上有很好的效果。

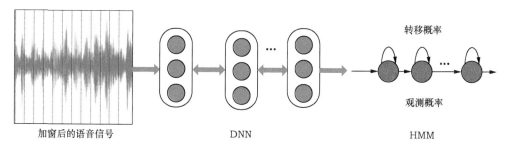

图 14.7 基于 DNN-HMM 的语音识别算法

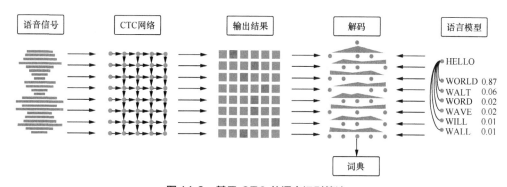

图 14.8 基于 CTC 的语音识别算法

· 总结与扩展 ·

在采用深度学习模型之后,语音识别算法的性能有了显著的提升,同时它还具有结构清晰、模型简洁、易训练和集成等优点。但是,目前语音识别算法仍然面临着一些难以解决的问题,比如在恶劣环境下(如高噪、口音、远场等)的识别效果仍然容易受到影响。未来语音识别领域会在语音去噪、增强以及大数据收集与训练等方面继续发展。

03 音频事件识别

音频事件识别（Audio Event Recognition，AER）是指用计算机自动地识别音频信号并关联声音对应的事件。音频事件识别是计算机听觉领域内重要的研究方向，它的应用场景覆盖了音频数据审核、智能家居、声学场景分析、无人驾驶等领域。例如，在 Hulu 的海量视频资源中，包含着丰富的音频事件（如音乐、掌声等），识别与检测这些音频事件对于视频内容的分析与理解有着很大的帮助。

知识点

音频事件识别

问题 **1** 音频事件识别领域常用的数据集有哪些？　难度：★☆☆☆☆

分析与解答

AudioSet[5] 是音频事件识别领域最常用的数据集之一，它是 Google 在 2017 年发布的音频数据集，制作该数据集的初衷是期望它成为音频领域的"ImageNet"。AudioSet 数据集包含 200 多万条从 YouTube 视频中提取的音频，每条音频长度约为 10 秒，整个数据集的音频总时长大约是 5800 小时，包含 527 种音频事件（如人声、动物叫声、乐器声以及日常的环境声等）。图 14.9 是 AudioSet 中各种音频事件的样本个数统计。

在 AudioSet 发布之前，DCASE（Detection and Classification of Acoustic Scenes and Events）竞赛 [6] 中使用的数据集是这个领域的主要数据源。DCASE 竞赛是世界范围内的音频事件分类与检测比赛，它每年都会有不同主题的任务，这些主题通常可以分为 3 类：声学场景分类、合成音频的事件检测和现实音频的事件检测。

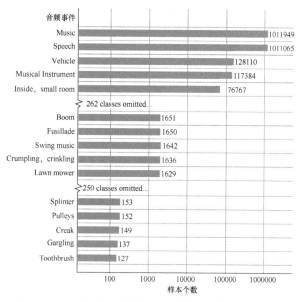

图 14.9 AudioSet 数据集中音频事件的样本个数统计

问题 **2** 简单介绍一些常见的音频事件识别算法。 难度：★★☆☆☆

分析与解答

参考文献 [7] 提出了一种比较常见的音频事件识别算法，其大致框架如图 14.10 所示。具体来说，该算法首先将音频信号转换为频谱信号并提取 MFCC 特征；随后经过深度卷积神经网络进行进一步的特征提取，将特征压缩为更紧凑的、具有高级语义信息的 128 维表征向量；最后将该向量输入相应任务的分类器，得到最终的音频事件预测结果（检测或识别）。在灌入大量训练数据后，这个音频事件识别算法初具成效，它在众多音频事件识别任务中被作为预训练模型使用。

由于音频信号是上下文相关的时序信号，因此大家自然会想到循环神经网络在时序数据上强大的建模能力。研究人员尝试用循环神经网络代替图 14.10 中的深度卷积神经网络，来进行高层特征的提取和压缩。参考文献 [8] 就采用了这种思路，对应的算法的结构如图 14.11 所示。

采用循环神经网络后，音频信号在每个时间点均可得到状态变量，这可以方便后续在时序上识别和定位音频事件。

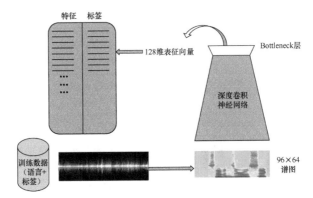

图 14.10　基于深度卷积神经网络的音频事件识别算法

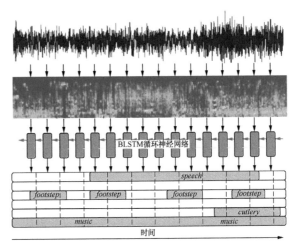

图 14.11　基于循环神经网络的音频事件识别算法

· 总结与扩展 ·

早先时候，音频事件识别领域由于缺少大规模的数据集，研究人员一直无法应用较深的深度学习模型。尽管 DCASE 竞赛有开源的数据集，但总共仅有几小时的训练数据，这不足以支持深度神经网络的训练。Google 的 AudioSet 数据集的发布，极大地推动了该领域的研究，很多人基于在 AudioSet 上训练出的相对成熟的识别模型，提出了针对不同应用场景的音频事件识别算法。然而，现有的数据集对于音频事件的标注还不够精细，如何在弱标签的情况下提升音频事件识别算法的性能仍将是未来研究的重点之一。

参考文献

[1]   HINTON G, DENG L, YU D, et al. Deep neural networks for acoustic modeling in speech recognition[J]. IEEE Signal Processing Magazine, 2012, 29.

[2]   GRAVES A, FERNÁNDEZ S, GOMEZ F, et al. Connectionist temporal classification: Labelling unsegmented sequence data with recurrent neural networks[C]//Proceedings of the 23rd International Conference on Machine learning. ACM, 2006: 369–376.

[3]   MIAO Y, GOWAYYED M, METZE F. EESEN: End-to-end speech recognition using deep RNN models and WFST-based decoding[C]//2015 IEEE Workshop on Automatic Speech Recognition and Understanding, 2015: 167–174.

[4]   CHAN W, JAITLY N, LE Q, et al. Listen, attend and spell: A neural network for large vocabulary conversational speech recognition[C]//2016 IEEE International Conference on Acoustics, Speech and Signal Processing, 2016: 4960–4964.

[5]   GEMMEKE J F, ELLIS D P, FREEDMAN D, et al. Audio Set: An ontology and human-labeled dataset for audio events[C]//2017 IEEE International Conference on Acoustics, Speech and Signal Processing, 2017: 776–780.

[6]   MESAROS A, HEITTOLA T, DIMENT A, et al. DCASE 2017 challenge setup: Tasks, datasets and baseline system[C]//DCASE 2017-Workshop on Detection and Classification of Acoustic Scenes and Events, 2017.

[7]   HERSHEY S, CHAUDHURI S, ELLIS D P, et al. CNN architectures for large-scale audio classification[C]//2017 IEEE International Conference on Acoustics, Speech and Signal Processing, 2017: 131–135.

[8]   PARASCANDOLO G, HUTTUNEN H, VIRTANEN T. Recurrent neural networks for polyphonic sound event detection in real life recordings[C]//2016 IEEE International Conference on Acoustics, Speech and Signal Processing, 2016: 6440–6444.

第 15 章

自动驾驶

自动驾驶（Autonomous Driving）技术与相关产业在许多年前就已获得了学术界与工业界的广泛关注。早在 2001 年，美国国会就已设定目标，计划在 2015 年使美国三分之一的地面作战车辆具备无人驾驶能力。基于该初衷，美国国防高级研究计划局（Defense Advanced Research Projects Agency, DARPA）举办了无人驾驶挑战赛以激励这项技术的发展。第一届无人驾驶挑战赛于 2004 年举办，比赛地点是美国西部的戈壁莫哈韦沙漠，赛事要求车辆在非人为控制下完成 240 千米的路程，奖金高达 100 万美元。遗憾的是在这场比赛中，所有参赛车队都没有完成这项任务，第一名仅完成了 11.78 千米的自动驾驶路程。而在第二年的比赛中，各个车队都取得了飞跃性的进展，共有 5 支队伍完成了比赛。第一名来自 Google 无人驾驶的开山鼻祖 —— Sebastian Thrun 所带领的斯坦福车队。这两次比赛的场景都是崎岖空旷的山区道路。直到 2007 年，比赛首次引进了城市道路大赛，要求车辆可以自动识别、理解城市路况，这可以说是无人驾驶领域的分水岭事件，Google 的无人驾驶项目也诞生于这场比赛。如今，已经有大批企业投身于自动驾驶的研究，无论是传统车企还是高科技互联网公司，都在以各自的方式积极探索业务发展。

自动驾驶的基本概念

场景描述

自动驾驶系统是一个极其复杂的综合系统，在硬件层面和软件层面都涉及很多不同领域的技术。在自动驾驶系统的软件层面，即算法层的设计与开发上，首先需要考虑的问题之一就是如何合理地对系统进行模块拆分与解耦，并对不同模块有针对性地设计或应用合适的算法。本节通过介绍自动驾驶在算法层面上的一些基本概念，为上述问题提供参考思路。

知识点

环境感知、行为决策、行为控制

问题 **一个自动驾驶系统在算法层面上可以分为哪几个模块？**　　难度：★☆☆☆☆

分析与解答

在算法层面上，根据执行的功能不同，我们可以粗略地将自动驾驶系统拆分为如下 3 个子模块。

■ **感知模块**

构建一个自动驾驶系统，首先要解决的一个问题就是如何进行准确的环境感知，这可以说是自动驾驶算法部分的基础。环境感知是指车辆对行驶环境以及周边物体的识别和理解，需要软件有效地处理从摄像头以及其他传感器收集到的环境及自身信息。感知模块需要用到不少计算机视觉领域相关的机器学习技术与算法，如物体检测、场景分割等。

■ **决策模块**

在完成了感知工作后，算法层需要根据感知模块的输出来帮助车辆进行决策判断，这就是决策模块的任务。决策模块相当于自动驾驶系统的大脑，让无人车能够在时刻动态变化且具有多种不确定因素的环境下安全地行驶。与此相关的较为先进的决策算法主要有模糊理论、强化学习等。

■ 控制模块

自动驾驶系统最后较为关键的一步是控制车辆执行相关的决策，也就是控制模块，它主要负责根据决策模块给出的指令控制车辆执行相应的操作，让车辆能够安全正确地行驶。

总的来说，自动驾驶系统根据其功能可以分为各个子模块：感知模块帮助车辆正确地识别周边的物体；决策模块根据感知模块的信息，帮助车辆做出正确决策；控制模块则控制车辆安全地执行决策。各个子模块连接在一起，从算法层面定义了自动驾驶系统的核心框架。

02 端到端的自动驾驶模型

如上一节中提到的，自动驾驶系统在算法层面上根据所执行功能的不同，可以划分成感知、决策和控制 3 个模块。各个模块在学习阶段可以独立进行优化，然后在使用时协同完成自动驾驶任务。然而，这种系统设计在实际应用中存在一些弊端。首先，对任务和模块进行人工预划分实际上降低了系统对真实的复杂环境的拟合能力，使其难以有效处理意料之外的情况；其次，这些子模块在设计中相互独立，在实际应用中却又高度耦合，想要对它们建立统一而高效的联合优化方法是十分困难的。目前，端到端的模型与系统设计在许多机器学习的落地场景中取得成功，自动驾驶领域的研究人员也在尝试针对完整的自动驾驶场景，建立端到端的模型来解决上述问题，提升系统的整体效率与鲁棒性。

知识点

自动驾驶、端到端模型、深度神经网络

问题 **如何设计一个基于深度神经网络的端到端自动驾驶模型？** 难度：★ ★ ☆ ☆ ☆

分析与解答

本题属于开放性设计题，读者需要了解自动驾驶模型的基本功能和研发中涉及的关键问题，并结合深度学习领域的相关知识给出设计方案。

自动驾驶模型在功能上试图模仿人类驾驶者，根据当前的车辆状态和周围环境信息，输出车辆的控制信号。在传统的自动驾驶模型设计方法中，人为地将自动驾驶任务分解成环境感知、车辆定位、路径规划、控制决策等多个子任务，然后再根据各个子任务的输出，结合人工定义的规则来控制汽车的前进。与传统模型相比，从输入信号到输出信号的端到端自动驾驶模型具有如下一些优点：一是无须引入大量的人工规则来控制汽车的行驶；二是整个自动驾驶模型结构更加简单、高效；三是能使模型自主地学习人工没有指定的规则或子任务。

对于端到端自动驾驶模型的具体设计，这里介绍一个业界较有影响力的工作，即 NVIDIA 公司于 2016 年提出的 PilotNet 模型[1]，以供参考。PilotNet 是一个端到端的深度神经网络模型，可以在自动驾驶系统中控制车辆的前进方向。该模型根据安装在汽车挡风玻璃前的 3 个摄像头采集的原始图片，通过深度神经网络学习出汽车前进所需要转动的角度。图 15.1 展示的是 PilotNet 的离线训练过程。

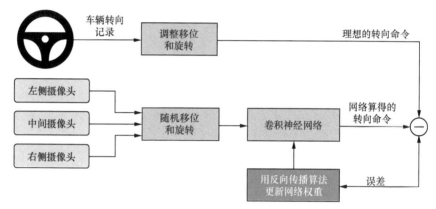

图 15.1 PilotNet 的离线训练过程

PilotNet 是一个 9 层神经网络，由 1 个归一化层、5 个卷积层和 3 个全连接层组成，其中前 3 个卷积层采用 5×5 卷积核，后 2 个卷积层采用 3×3 卷积核，整体结构如图 15.2 所示[2]。网络的输入为映射到 YUV 空间的图像，输出为车辆方向盘需要偏转的角度。模型的训练数据是从收集到的汽车在不同类型道路（高速公路、住宅区街道、乡间小路等）、不同光线强度、不同天气条件下的真实行驶过程中的视频中采样出的图像，标签为图像对应的真实转向指令。

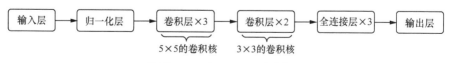

图 15.2 PilotNet 网络结构图

在实验中，NVIDIA 团队以车辆的自动化程度为评测指标，其具

体定义为

$$自动化程度 = 1 - \frac{人工干预的次数 \times 6(秒)}{行驶时长（秒）} \qquad （15\text{-}1）$$

在模拟系统中，车辆偏离道路中心线超过 1 米时会发生一次人工干预，并假设每次人工干预平均需要消耗的时间约为 6 秒。PilotNet 在模拟仿真和实际路测中均取得较好的实验结果，在仿真系统上的评测指标为90%，路测中的评测指标可以达到 98%。

以上只介绍了基于深度神经网络的端到端自动驾驶模型的一个样例，即 PilotNet。利用端到端模型实现自动驾驶系统的研究仍处于探索阶段，对此感兴趣的读者可以进一步阅读相关文献，了解该方向的最新进展。

自动驾驶的决策系统

场景描述

如本章 01 节所述，自动驾驶决策系统根据感知系统输出的信息，学习如何给出正确的指令，以控制车辆安全正确地行驶。现有的自动驾驶决策系统大多采用基于规则的方法，然而，基于规则的方法通常存在建模时间过长、不能够灵活地应对不同场景和未知突发状况、多规则下容易出现矛盾等弊端。因此，自动驾驶领域的研究人员也在尝试引入新的决策机制，比如建立自适应的决策系统。作为一类有代表性的、能够自主学习的机器学习方法，强化学习通过与环境的交互以及收到的奖惩反馈，学习如何在所处状态下采取最优的行为来最大化累积奖励。强化学习对连续决策的端到端的无监督学习能力，正好适合用来构建自动驾驶系统中的决策模块。

知识点

自动驾驶决策系统、强化学习、多智能体

问题 **如何将强化学习用于自动驾驶的决策系统？** 难度：★ ★ ★ ☆ ☆

分析与解答

传统的自动驾驶决策系统多数采用人工定义的规则，但是人工定义的规则不够全面，容易漏掉一些边界情况，因而可以考虑采用强化学习方法来设计一个自动驾驶的决策系统，使其能从数据中自动学习并优化自身的决策过程。

对于这一问题的解答可以参考 Mobileye 提出的基于强化学习的多智能体决策系统[3]。自动驾驶的决策系统不同于传统的单智能体决策系统。首先，相比于只针对环境做决策的单智能体，自动驾驶的决策是在存在交互的多智能体环境中进行的。自动驾驶场景下其他智能体的行为往往难以预测，并会对主智能体的行为造成影响。其次，自动驾驶对决策模块的安全性要求非常严格，在意料之外的场景处理能力上，自动驾驶决策系统需要比传统的单智能体决策系统有更加严格的要求。

下面我们重点从多智能体之间的交互能力以及对未知突发状况的处理能力这两个角度入手，分析强化学习如何在自动驾驶决策系统中发挥优势。

对于第一点，自动驾驶的决策系统需要对多智能体场景进行建模，道路上的多个智能体逐一做出决策，每个智能体的行为都会对其他智能体的行为产生影响。传统的强化学习可以看作一个一阶马尔可夫决策过程：第 t 轮，系统观察到当前环境状态 $s_t \in S$，做出动作 $a_t \in A$，得到奖励反馈 r_t，并进入新的状态 s_{t+1}，系统的目标是最大化累积收益 R。在多智能体的环境下，如果仅考虑当前环境的状态，其他智能体的状态将难以预测。因此，Mobileye 团队采用策略梯度算法来优化决策函数，并在理论上证明应用该方法时马尔可夫条件的不必要性，这使得强化学习可以用于多智能体自动驾驶决策系统的建模。多智能体的整个决策过程可以使用有向无环图来直观地表示，如图 15.3 所示。

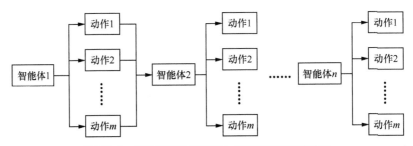

图 15.3　自动驾驶决策系统中多智能体的决策过程

对于第二点，由于在自动驾驶系统中，危险事故出现的概率一般极低，危险事故对应的样本在训练数据集中通常不存在或数量较少，因而容易在训练中被模型忽略，使系统无法针对真实场景中的边界情况做出正确的判断。借助强化学习解决低概率事件的能力，研究人员提出了一种思路，即根据危险事件出现的概率来调整该事件的奖励值，即要求危险事件的奖励值 $r \ll -\dfrac{1}{p}$，其中 p 表示危险事件出现的概率；对于其他正常事件，它们的奖励值的取值范围为 $[-1,1]$。这样，累积收益的

期望的取值范围为

$$\mathbb{E}[R] \in [pr - (1-p), pr + (1-p)] \qquad (15\text{-}2)$$

进一步地，很容易推导出$\mathbb{E}[R^2] \geqslant pr^2$，$(\mathbb{E}[R])^2 \leqslant (pr + (1-p))^2$，因此累积收益的方差满足：

$$\mathrm{Var}(R) = \mathbb{E}[R^2] - (\mathbb{E}[R])^2 \geqslant pr^2 - (pr + (1-p))^2 \approx pr^2 \qquad (15\text{-}3)$$

由此可以看出，在$r \ll -\dfrac{1}{p}$时，累积收益的方差$\mathrm{Var}(R)$依然会比较大。因此，上述方案存在一定的缺陷，不能在确保策略安全性的同时保证累积奖励的方差比较小，即模型的效果波动性仍然较大。

针对上述缺陷，研究人员提出了改进方案：将确保安全性的边界情况视为不可学习的强制性限制条件，并将驾驶策略分为两大部分，即可以学习的策略和不可以学习的策略。具体来说，驾驶策略可以表示为$\pi_\theta = \pi' \circ \pi_\theta''$，其中，$\pi'$是强制性的约束，可以是人工定义的规则，确保行车安全；π_θ''是可学习的策略（θ是模型参数），它需要最大化上述累积收益。

· 总结与扩展 ·

自动驾驶的决策系统极其复杂，本节所涉及的内容仅仅涵盖了其中一小部分研发中的问题与进展。相比于计算机视觉领域算法在自动驾驶感知领域中的广泛应用，强化学习等相关技术在自动驾驶决策系统中的应用还处在初步尝试阶段。本节介绍了这一研究领域中的前沿进展，希望能为读者在面对和解决类似问题时带来启发，而对这一问题更深入的学习和了解则请读者阅读相关文献。

参考文献

[1] BOJARSKI M, TESTA D D, DWORAKOWSKI D, et al. End to end learning for self-driving cars[J].arXiv preprint arXiv: 1604.07316, 2016.

[2] BOJARSKI M, YERES P, CHOROMANSKA A, et al. Explaining how a deep neural network trained with end-to-end learning steers a car[J].arXiv preprint arXiv: 1704.07911, 2017.

[3] SHALEV-SHWARTZ S, SHAMMAH S, SHASHUA A. Safe, multi-agent, reinforcement learning for autonomous driving[J].arXiv preprint arXiv: 1610.03295, 2016.

作者随笔

hulu

诸葛越

现任 Hulu 公司全球研发副总裁，中国研发中心总经理。曾任 Landscape Mobile 公司联合创始人兼 CEO，前雅虎北京研发中心产品总监，微软北京研发中心项目总经理。诸葛越获美国斯坦福大学计算机硕士与博士学位、纽约州立大学石溪分校应用数学硕士学位，曾就读于清华大学。2005 年获美国计算机学会数据库专业委员会十年最佳论文奖。诸葛越是畅销书《魔鬼老大，天使老二》作者，《百面机器学习》主编。

《百面机器学习》出版时编辑调侃说这是"作者智商总和最高的书"，那么，《百面深度学习》战胜它了！这是 28 位 Hulu 小伙伴们集智慧之精华向大家奉献的又一本有用、有趣、"有深度"的深度学习入门书。这本书不是教科书，不是论文，而是实用的原创深度学习入门书。希望携手所有对深度学习有兴趣的朋友、同行们，共同探索这个方兴未艾的新领域。

江云胜

2016 年毕业于北京大学数学科学学院，获应用数学博士学位。毕业后加入 Hulu 北京研发中心的 Content Intelligence 组，负责与内容理解相关的研究工作。

有一段时间为了写这本书，我每天下班背着电脑回家，经常写作到深夜或凌晨，直到电脑没电。每当这个时候就会想起"你若不休息，它就不断电"的广告词，其本意是宣传电脑续航能力的，而那时我的状态却是"它若不断电，我就不休息"，不免感慨，特别累的时候就在心里安慰自己：也许在深夜里写深度学习的书会显得更加有"深度"吧。在即将成书之际，回望整本书的创作过程，很多时候首先想到的并不是那些里程碑式的事件或时间节点，而是一些点滴细节，甚是奇妙。最后，希望这本书不只是带给你一百多道面试题，如果它能够让你了解到深度学习领域中精彩而有趣的"一面"，亦足矣。

白燕

现北京大学计算机系在读博士，曾任 Hulu 算法工程师，是 ISO/MPEG 国际标准组织专家库成员，拥有多项被国际标准采纳的核心视觉技术。在计算机视觉领域发表学术论文十余篇。

我有着奇妙的经历：硕士毕业后，加入了 Hulu，并有机会参与本书的撰写；而在本书收尾时，我又回到了校园，开启博士的学习生涯。这期间，我的口号也从"做有趣的工作"变成了"做真正有用的工作"。这是一个充满机遇的时代，我们正迎来新一轮的科技革命。而正在看这本书的你，正是这轮革命的重要参与者。在本书中，我们使用了近一半的篇幅深入浅出地分享了深度学习在一些产业中的应用。希望这本书能对你即将开启或已经开启的职业生涯有所助益。

谢晓辉

现任 Hulu 首席研究主管，本科毕业于西安交通大学，获北京邮电大学博士学位，先后在松下电器研发中心、前诺基亚北京研究院和联想核心技术研究室有多年的研究经历，专注于模式识别、图像视频文本等多媒体信息处理、用户理解与智能推荐算法以及人机交互等相关研究领域，并对研究成果的产品化有丰富经验。

"两岸猿声啼不住，轻舟已过万重山。"

近十年来，新的深度神经网络结构、自动化网络搜索算法、网络模型压缩设计等技术层出不穷，如果用上面的诗句来形容深度学习的飞速发展，一点也不为过。掌握深度学习的核心概念，同时把握模型和算法演进的思想，并能深刻理解模型的本质，这些对有志于从事算法研究和开发的同学们而言尤为重要。这本书由多位 AI 算法工程师合力完成，希望它可以成为大家研习深度学习的有力助手。

韦春阳

2012 年毕业于北京大学，毕业后加入 Hulu 北京研发中心，现任广告算法研究主管。从事计算广告相关算法研究工作近 8 年，致力于应用机器学习、深度学习优化广告投放效率和用户观看体验等应用研究。

还记得 2012 年我开始接触深度学习时，仅停留于纸上谈兵，懵懂于如何与手头工作挂钩。近几年，我们欣喜地看到，随着存储计算能力的增长，深度学习以及人工智能在越来越多的领域落地，大展宏图。无论是自动驾驶、人脸识别，还是推荐系统、计算广告，深度学习的应用已慢慢渗透到我们生活中的方方面面。本书除了算法与模型的讲解，还加入了应用的部分。希望本书除了作为一份面试宝典外，还能启发读者探究深度学习背后的奥妙，思考深度学习到底能为人类带来什么。

王雅琪

2015 年本科毕业于清华大学电子工程系，2017 年硕士毕业于清华大学电子工程系，主要研究方向为智能图像处理。曾就职于美国加州思科系统公司创新实验室。现任 Hulu 算法工程师，从事与视频内容理解和用户理解相关的算法研究工作。

深度学习不仅善绘画、精诗赋，能下棋、会开车，而且可以丰富和延展与之相关的每个个体的人生。我从大三时对一个掌纹识别的课外研究项目产生兴趣，到后来从事计算机视觉、生成式对抗网络的算法研究，再到现在将深度模型应用于商业产品，自己也在随着深度学习的日新月盛而不断精进成长。我与深度学习的故事不仅包含在做过和写过的一道道面试题里，不仅包含在"码"过的代码和建过的模型里，更包含在和同事就深度学习展开的各种神奇想法的讨论中。希望这本浓缩了众多作者在深度学习领域的思考和实践经验的书，能够帮助读者在各自的深度学习世界探索道路上披荆斩棘、有所收获。

徐潇然

我 2005 年从河北考入北京大学信息科学技术学院，有幸成为最早一批进入智能科学系的同学。选择 AI 既是我的初心，也是我的使命。在此后人生辗转的岁月，我留过学，创过业，在业内的顶级会议发表过论文，追随过"大佬"的脚步。无论是顺境还是逆境，都未曾动摇我追寻 AI 答案的信念。

　　有时不妨放下论文，把目光从公式图表上移开，去仰望星空，思考一些终极问题。我常想：实现通用 AI，还有哪几步要走？我的答案是这样的。第一步，大一统的模型构造。不为目标分类检测，也不为自动翻译，智能的"大脑"不应仅围绕具体问题设计，而应快速适应解决任何具体问题。第二步，自发的学习动力。学习过程不能简单视作数学优化过程，学习不等于数据拟合，它是知识创造、概念发现的探索过程，数学优化在局部演化中发挥作用。第三步，Agent 任务体系。人非生而聪明，良好的教育体系对人的成才很重要，Agent 的"成才"同样需要好的"教育体系"。第四步，Human-Agent 交互生态。有监督学习，人类扮演老师；强化学习，人类扮演主人；Agent 与人类的交互应更多样。你的答案呢？

邓凯文

现任 Hulu 算法工程师，本科和硕士均毕业于清华大学工程力学系。设计过飞机，也调教过模型。研究领域主要是计算机视觉，在推荐系统和异常检测方面也做了些微小的贡献。

　　我们组里常讨论一个问题，人和机器模型究竟有什么区别？在我看来，人就是一个元学习器的集合，我们在人生的一个阶段遇见了问题，遭遇了挫折，积累了经验，就相当于模型在这个子领域问题上进行了一步迭代。比如在中学阶段我们为提高应试能力不断地刷题，然而当我们跨越这个阶段后则会开始反思"高考是否是唯一的出路""应试能力是否真的重要"等问题，这相当于在"刷题模型"之外包上了一层元学习器。在人生中，我们不仅在一个个问题内进行迭代学习，也在不断地向外和向上走，寻找新的更本质的问题。希望大家在读这本书时能在深度学习各子领域内快速收敛，但更重要的是找到自己喜爱的方向，在人生的超元问题上有所收获，把自我的奋斗和历史的进程结合起来，走出一条与众不同的路。

·高鹏飞

硕士毕业于清华大学电子工程系，2018 年加入 Hulu，现任算法工程师。

深度学习在近十年有了飞速的发展，各行各业中都能找到结合深度学习技术的应用实例。深度学习是在让计算机能够更加自动化地替代人类工作的愿景下诞生的技术，事实也证明，深度学习能够帮助我们摆脱一些重复而且琐碎的日常工作，甚至能够助力一些像自动驾驶技术等曾经只有在科幻电影中才会出现的应用。虽然目前深度学习算法仍不算完美，但是自己能够参与其中，做一些微小的贡献，也是一件足以令我兴奋的事情了。

·向昌盛

2018 年硕士毕业于清华大学软件学院，同年加入 Hulu。现就职于 Hulu 智能广告部门，从事库存预测、无监督聚类等广告算法的研究工作。

很感慨自己能够参与本书的写作，能够在 Hulu 和一群优秀的同事一起完成这样一件很有意义的事情。作为一名普通的程序员，我感到非常幸运，能够处身于这场人工智能的浪潮中，可以利用现在的技术去更好地改变我们的社会。回想当时，自己也是在暑假期间阅读了大量的论文和书籍才对现在的深度学习有了一点基本的了解，也为后来进行更多相关的研究打下了基础。所以衷心地希望本书能够帮助到有志于从事相关研究的读者。

王芃

王芃（péng，形容草木茂盛），本科毕业于上海交通大学信息安全工程学院，硕士毕业于欧盟的 Erasmus Mundus 项目，博士毕业于法国里昂大学，主修计算机视觉。曾任佳能中国信息研究中心高级研究员。2018 年加入 Hulu，从事视频内容分析、用户理解方面的研究工作。

刚刚加入 Hulu 的时候恰恰逢《百面机器学习》一书进入收尾工作，见证了"葫芦娃"不舍昼夜、一丝不苟地完成最后的校对工作。当时的感想主要有两个：一是感叹，感叹"一本书的诞生是如此不易，因为它凝聚了无数人的心血"；二是遗憾，遗憾没能赶上这个好机会，没能为这本书贡献自己的绵薄之力。

没想到，一年之后，"葫芦娃"再次收到了出版社的邀约。这次我们要继续编写一本更加深入细致的深度学习工具书，我也有幸加入到这本书的创作中。这本书结合了自己这些年在工业界的研究工作成果，以及自己对于计算机视觉的一些理解。虽然自己在写作中追求尽善尽美，但难免有考虑不够全面和深入之处，还请大家海涵。

于润泽

本科和硕士均毕业于北京大学，主要研究方向是计算机视觉。自 2016 年开始在 Hulu 实习，从事与视频内容理解相关的算法研究工作。

平时侃侃而谈的理论和想法在写作时要反复推敲、字字斟酌。在阐述问题背景、理论支持、解决方案时要思路清晰、逻辑严谨。同时，为确保内容严谨，还要仔细查阅资料，多方校验后方可定稿。在这个过程中，虽耗费不少时间但也让自己受益匪浅。本书包括理论与应用两部分，先将深度学习的算法理论娓娓道来，随后引出重要的应用场景。本书通过问答的方式简明扼要地梳理知识脉络，让更多感兴趣的人得以了解深度学习研究中正在解决的问题及现有进展。

吕天舒

北京大学信息科学技术学院智能科学系 2015 级博士生，研究方向为图数据挖掘。2018 年至 2019 年，先后在 Hulu Reco、淘宝信息流、Google Payments 团队中实习。

去年看包豪斯设计展，对一个观点印象深刻，"艺术的美感源于自然的秩序与人天生的秩序感"。纷繁的万事万物，其运行的秩序可以抽象为图；人的意识，其生物学基础被认为是神经元网络的活动；机器智能，其工作原理是习得数据之间复杂的关联性。图以简驭繁，是能够关联起数字世界、艺术、自然与人的中间媒介。再次读到一字诗《生活》，"网"，不禁要感叹一句："妙啊！"

有幸撰写了本书的图神经网络一章，感谢有此机会与读者分享我在研究和实习中的一些思考。

马舒蕾

毕业于北京大学信息科学技术学院，主要研究方向为自然语言处理。现任 Hulu 研发工程师，从事与广告算法开发相关的工作。

如果说机器学习的发展史是一幅画，那么深度学习绝对是其中浓墨重彩的一笔：从不被学术界认可到成为主流研究方向，再到 AlphaGo 横空出世，深度学习逐渐成为各个领域突破的关键技术。本书也在这样的机遇下应运而生，书中的每一个问题和解答都凝聚了"葫芦娃"独到的理解和思考。有幸作为"葫芦娃"的一员参与本书的编写，是我人生中一次宝贵的体验。希望本书和前作一样，不论是对处于面试中的求职者，还是对深度学习有兴趣的研究者，都能够有所启发。

杨佳瑞

清华大学博士，Hulu 资深算法工程师，研究方向为推荐系统的算法与实现。

曾有一位智者告诉我，做算法 data > feature > model > trick。我在 Hulu 的工作经历印证了这一论断。模型训练数据集的质量、样本标注的方式对模型线上效果的影响是巨大的。甚至完全一样的模型，仅仅改了一下数据集就可以获得线上效果的大幅提升（例如点击率提升 40%）。特征是模型拟合能力的上限，好的特征工程可以远超模型调优。那么模型真的就如此不堪吗？不是的，基础模型的更新带来的可能是业界范式的革命，比如深度学习就改变了整个 AI 领域。在推荐算法领域，YouTube 双塔神经网络推荐模型就是一个典型的例子。但总的来说，这样的例子并不多。

段祎纯

毕业于北京大学，毕业后加入 Hulu，从事机器学习算法在推荐系统上的应用和研究工作。

机器学习是一种代表着人类不断地对自身的智慧进行努力探索的学问。即使它的理论还远未成熟，也已经能够与现实中的很多应用碰撞出灿烂的火花。它是认识世界也是改造世界的武器，不断对我们的世界产生影响。在理解和运用它的过程中，人们总是能发现新的惊喜和挑战。机器学习理论当然是富有魅力的，我个人却对机器学习与世界发生交互的过程更感兴趣，机器学习的可塑性与现实世界的复杂性在这一碰撞的过程中淋漓尽致地呈现出来。一个算法在真正运用到实践中的时候，往往会呈现出设计者也没有想到的某种特性，用户也往往会有出人意料并值得深思的表现。这个反复学习、理解和迭代的过程，正是这一工作的美妙之处。

很惊讶也很高兴自己能参与到这本书的写作中，为本书做出一点微小的贡献。希望读者能在阅读的过程中体验到机器学习世界的优雅和广阔，更希望读者将来能在相关工作中感受到它带来的乐趣。

·谢澜

2018 年毕业于北京大学，获计算机应用硕士学位。毕业后加入 Hulu Video Optimization 组，从事视频传输 QoS 优化的工作。

随着机器学习技术的发展，它的应用已经渗透到各个领域，从最开始的图像处理、自然语言处理，到后来的推荐系统、人机交互、音视频技术等。前人为机器学习的理论打下了坚实的根基，后人将这些理论灵活地应用。在写作的过程中，我也在更进一步思考自己所在的领域如何能够结合机器学习来进行优化，是否有优化空间，如何进行优化，其中的原理是什么……也许要回答这些问题是求索的过程，但正是这些求索让我们做到极致。

·黄胜兰

本科毕业于北京邮电大学，后于伦敦大学玛丽女王学院获得博士学位。现任 Hulu 北京研发中心 Video Optimization 组高级研究员，主要研究方向为视频端到端的传输网络优化、用户播放体验优化等。在视频相关领域发表论文十余篇，获得 5 项国际专利授权。

尤瓦尔·赫拉利曾在《未来简史》一书中提到，智人之所以在 7 万年前走到地球顶端，是因为认知能力有了革命性的进展。而人类即将要迎来的第二次认知革命，就是人工智能。人工智能对我们人类的改变决不仅仅在于带来自动化的汽车、精准的推荐，而在于改变我们人类本身，包括我们的情感和信仰。我们何其有幸，能在这样一个伟大的时代成为历史车轮的推动者。最后只愿本书为读者带来阅读的乐趣，让我们一起徜徉在科学的海洋，探索未知的魅力。

许春旭

2017 年毕业于清华大学，获得工学博士学位，主要研究方向为计算机图形和计算几何。同年加入 Hulu，从事推荐算法相关研究工作。

从 2017 年毕业算起，在 Hulu 推荐算法组工作的近 3 年时间里，我有幸见证并参与了 Hulu 的线上推荐系统从传统的协同过滤算法转到基于深度学习的排序、召回算法的过程；同样幸运的是，可以参与到这本书的编写中来，可以和对深度学习相关领域有共同兴趣的读者分享一些自己的浅见。虽然在编写过程中尽力完善每个细节，力求准确无误，但限于水平，一些错误和疏漏无法避免，希望得到读者朋友对相关内容的不吝批评和悉心指正。

刘辰

本科就读于西安交通大学，研究生毕业于中国科学院大学。现任 Hulu 资深算法工程师，负责视频编解码算法研究及视频转码处理相关项目，申请相关领域专利十余项。

视频编解码可以说是信息技术领域里比较"古老"的一个门类了，说起人工智能（AI）在这个门类里的应用，想起来一位行业前辈曾说过，视频编解码其实是最早应用"人工"智能的领域。只是 AI 中的人工是人造的意思，而这位前辈说的人工是指人力做的工。在视频编解码领域，大批的研究者人工分析数据、调整参数，使这套编码算法框架不断向最优解逼近。诚然，这位前辈玩了一个谐音梗来回应人工智能和视频编解码的关系，或标榜，或自嘲，我们不妄加揣测。但我们可以看到其中的一层含义，即视频编解码中应用的很多解决问题的思路和以深度学习为代表的人工智能的思路在某种层面上是相通的。

在这个"古老"的、经过数十年"人工"智能优化的领域里，我们梳理了近几年深度学习在其中应用的一些成功案例，并在本书视频处理一章做了较为详细的介绍。我们有理由期待，深度学习和视频编解码在未来能碰撞出更多的火花。

王书润

本科和硕士毕业于北京大学，博士毕业于香港城市大学，学习和研究的方向是基于深度学习的图像视频压缩编码。当前研究方向为异质跨视觉大数据压缩编码方法，主要有面向感知人工智能的视觉数据压缩、基于人工智能的图像视频压缩等。

由于新冠肺炎而度过了最长寒假的自己，回想本书的成书过程，顿觉时光荏苒。我还记得数年前懵懵懂懂步入图像视频处理的大门，感恩于恩师及同门的指导和帮助，也有幸邂逅 Hulu 并参与本书的编写。尽管自己只负责其中一小部分的编写，但仍觉肩负重担，如履薄冰。在编写整理的同时，我愈发意识到未知的广阔和自身的渺小，也希望这本书能给同行者带来启发，同时也鞭策自己不断前行。

郑凤鸣

本科和硕士均毕业于北京邮电大学。2018 年硕士毕业后加入 Hulu 用户科学组，担任算法工程师一职。主要从事为处于不同生命周期的用户在站外运营渠道（邮件、推送）上进行视频推荐的工作。

对我来说，能够加入这本书的作者团队，和同事一起合作完成这本关于深度学习的面试宝典，是件非常荣幸的事。写书对于我来说是一次全新的尝试和挑战。在撰写的过程中，为了将问题和解答清晰、浅显地表达出来，我们查阅了大量的相关资料，反复地校对、打磨文字和修改图片。这段经历也使我认识到自身的不足，对相关的深度学习知识有了进一步的理解。希望阅读本书的读者，能够利用书中的知识解答关于深度学习的一些疑惑，进一步了解深度学习的基础知识及相关应用。这也是我们创作的初衷。当然，书中难免有不足或者不够准确的地方，烦请读者提出宝贵的意见，以帮助我们改正和进步。

武丁明

本科毕业于清华大学自动化系，博士毕业于清华大学，专业方向为生物信息学。在 Hulu 工作 4 年，担任广告组算法研究员。

在大家的通力合作下，我们终于完成了一本专注于深度学习的面试集锦。根据我的了解，在计算广告领域，基于深度学习的方法在一些目标明确可量化、数据维度很高的问题上取得了胜于其他机器学习方法的效果。然而计算广告是一个庞大复杂并且和具体业务场景结合十分紧密的领域，非深度学习的机器学习方法，甚至是非机器学习的其他算法在很多具体项目上也占据着核心算法的地位。

李凡丁

毕业于北京大学信息科学技术学院智能科学系。现任 Hulu 研发工程师，从事自然语言处理相关工作。

一年前完成《百面机器学习》的时候，我其实是抱着功成身退的心态回到工作中的。没想到一年之后又受到《百面深度学习》的召唤，重新加入"葫芦娃"写书团队中。一年的工作和生活经历了很多，也收获了很多。希望本书能对读者熟谙科学研究、数据分析、人工智能之脉络有所助益。

冯伟

清华大学博士，研究方向为社交网络、推荐系统。推荐算法团队负责人，主要承担美剧、电影、直播的排序，以及相关内容的推荐。在数据挖掘、机器学习国际知名会议KDD、ICLR、IJCAI、WWW、WSDM、ICDE 上均有论文发表。平常喜欢广泛涉猎 AI 的最新进展，也喜欢了解 AI 落地背后的种种趣闻。

在参与本书的编写过程中，我致力于用最简单的语言和例子来让推荐系统的内容变得通俗易懂。同时也深深体会到了写作对我理解算法的重要性。对于日新月异的机器学习算法，我既兴奋又焦虑。兴奋是因为同行每天都在突破自己，达到新的高度。焦虑是因为作为个体，我们只能掌握其中一二。希望这本书能给初学者乃至同行带来帮助，提供不同的视角。在工业界实践探索，最有成就感的莫过于看到算法驱动核心指标的增长，而这背后伴随着一次又一次的试错与纠正，希望能与读者共勉、一起进步。

王翰琪

分别于 2012 年和 2017 年在浙江大学计算机科学与技术学院获得工学学士学位和工学博士学位，期间主攻机器学习在跨媒体数据语义挖掘与理解中的应用。毕业后加入Hulu，现任用户科学组资深研究员，在预测用户转化、内容推送的个性化体验等方面做了一点微小的贡献。

记得刚毕业加入 Hulu 时，恰逢同事们热火朝天地撰写《百面机器学习》，得以提前一览了其中不少章节。那时，我时而为书中的独到观点而击节赞叹，时而为其中的疑难问题而埋头苦思，时而又为某个犀利的面试题而暗暗心惊：这题我好像不会！

时光流转，Hulu 的同事们总结新的经验与知识，推出了本书；而今天的我也得以在其中贡献一二。希望本书能绍述前篇，再次为读者朋友们展现算法之美；也希望读到这里的你，与我一道，在工作与生活中不断探索、不断进步。

张昭

毕业于北京大学信息科学技术学院智能科学系，现任 Hulu 广告算法工程师。

曾几何时，算法还是计算机的一个小众领域和方向，如今随着深度学习的爆发式增长，高校和企业也逐渐意识到算法对于实际生产力有着巨大的作用。我作为算法领域的一名从业者，依然时常钦佩于算法中那些绝妙的构想，能够借由此书和读者朋友分享一些看法，我感到非常高兴。

石奇偲

湖北黄石人，2015 年毕业于清华大学交叉信息研究院，获硕士学位，主要研究 NP-Hard 问题的近似算法。毕业后就职于 Hulu，现任 Hulu 研发工程师，从事推荐系统及算法的研发工作。

研究生阶段从事理论计算机科学方向的学习和研究，常常让我感受到理论问题设定之简洁和问题解决方法之优雅，但是偶尔也困惑于它们是否能在工业界的实际应用中起作用。工作之后有机会转向推荐系统及算法的研发工作，发现很多问题的解决方法里都有着它们的身影。譬如多臂老虎机问题，因为在工业界有很多与之对应的场景，而业务上这些场景很重要，甚至有针对业务场景的不同设定，所以反过来促进了学术界在这个问题上的研究发展。

在这本书里，希望能和读者分享一些实际业务中遇到的问题及解决方法。在对实际业务的问题解决过程中，怎样结合已有的理论知识、模型结构，结合具体问题的特性设计出更符合业务场景的模型或做出合适的改进。抽象出这些问题，分析并解决它们是一件既有挑战又有乐趣的事情。